读客文化

人人都会情绪失控

[英]迪安·博内特 著　　王岑卉 译

DEAN BURNETT

EMOTIONAL IGNORANCE:
LOST AND FOUND
IN THE SCIENCE OF EMOTION

文匯出版社

图书在版编目（CIP）数据

人人都会情绪失控 /（英）迪安·博内特著；王岑卉译. -- 上海：文汇出版社，2025.4. -- ISBN 978-7-5496-4464-3

I. B842.6-49

中国国家版本馆CIP数据核字第2025Y5T546号

EMOTIONAL IGNORANCE: LOST AND FOUND IN THE SCIENCE OF EMOTION
by Dean Burnett
Copyright © 2025 by Dean Burnett
Published by arrangement with Faber & Faber Ltd., through Big Apple Agency, Inc., Labuan, Malaysia.
Simplified Chinese translation copyright © 2025 by Dook Media Group Limited.
All rights reserved.

中文版权 © 2025 读客文化股份有限公司
经授权，读客文化股份有限公司拥有本书的中文（简体）版权
著作权合同登记号：09-2025-0034

人人都会情绪失控

作　　者 /	［英］迪安·博内特
译　　者 /	王岑卉
责任编辑 /	邱奕霖
特约编辑 /	冯文姝　刘昀琪
封面设计 /	梁剑清
出版发行 /	文汇出版社 上海市威海路755号 （邮政编码200041）
经　　销 /	全国新华书店
印刷装订 /	三河市龙大印装有限公司
版　　次 /	2025年4月第1版
印　　次 /	2025年4月第1次印刷
开　　本 /	710mm×1000mm　1/16
字　　数 /	295千字
印　　张 /	20

ISBN 978-7-5496-4464-3
定　　价 / 59.90元

侵权必究
装订质量问题，请致电010-87681002（免费更换，邮寄到付）

谨献给彼得·威廉·博内特
我爱你,老爸

目 录

引 言   001

第一章　情绪的基础知识   005

情绪与身体   012
有些科学家认为，身体确实负责"创造"情绪。

情绪与面孔   022
脸的另一个关键属性是什么？是展示情绪状态。

情绪与大脑   030
如今普遍接受的观点是，大脑中没有特定负责情绪的"部分"。

第二章　情绪与思维   036

情绪动机   037
所谓的负面情绪，比如沮丧或焦虑，往往是突破和转变的前兆。

情绪的色彩   048
我们的大脑似乎本能地将某些情绪与某些颜色联系起来。

坏到极致就是好   054
一旦认知参与进来，负面情绪也可以对人有好处。

情绪与思维——其实差不多   064
意识可能是从情绪之中演化出来的。

i

第三章　情绪记忆　　076

回忆美好时光　　077
记忆常常能支配情绪。

情绪的气味　　088
有些科学家指出，嗅觉是与情绪重合之处最多的感官。

播放歌曲　　095
大脑一旦将音乐与某种情绪联系起来，就不愿意再消除那种联系。

噩梦场景　　108
梦是情绪发展的关键组成部分，噩梦则是……情绪发展过程出了错。

第四章　情感交流　　118

我能体会你的痛苦：共情及其在大脑中的运作方式　　119
有许多人提出，人类的利他主义倾向实际上是自私的。

感受会传染：我们如何被别人的情绪吞噬　　129
处于强烈情绪之中的人会把情绪强加给我们。

情绪劳动：职场上的情绪　　136
应对独特陌生的情绪体验有助于增进你对情绪的理解，增强你在情绪方面的能力。

情绪排他性：我们与谁共情，不与谁共情　　147
我们不会自然而然对遇见的每个人产生共情，因为我们的大脑会考虑许多其他因素。

第五章　情感关系　　159

婴儿学步：亲子关系如何塑造我们的情绪　　160
看到可爱的东西会触发强烈的情绪反应，导致我们的认知系统不堪重负。

男人来自火星，女人来自金星：男女在情绪上有区别吗　172
在我看来，我有情绪表达障碍并不是因为我是男人。恰恰相反，正因为我是男人，表达情绪才受到了社会的阻碍。

同甘共苦：浪漫纽带如何形成、变化和破裂　187
爱不是你大脑中的有限资源。

爱上陌生人：我们为何，又是如何形成单向情感关系的　203
这种联系是如此强大，就连死神也无法斩断。

第六章　情感科技　217

社交需求：社交媒体与相关科技对情绪的影响　218
自欺欺人的自我吹嘘是大脑的默认状态。

无法计算：情绪与科技的冲突　234
运用科技手段分享情绪的过程比人们想象中还要充满不确定性。

假新闻，真观点：情绪与科技如何削弱现实　252
情绪是我们接受信息的关键，情绪会通过多种形式维护我们的既有理解。

结　语　271

致　谢　275

参考文献　277

引 言

这不是我原本打算写的书。

从某种意义上说,这不是我想要写的书。

但我很高兴写了,而且写这本书可能是我做过的最棒的事。

你是不是一头雾水?这不怪你,我也有过一头雾水的时候。整件事就是从困惑开始的。

让我先倒回去一点儿,说说写这本书的背景。

这是一本关于情绪的书。[1] 起初,我打算笼统地写一写情绪,聊一聊情绪背后的科学知识,以及情绪在大脑中是怎么运作的。我原本打算起的书名是《情商》(*Emotional Intelligence*)[2],这是个约定俗成的术语,而且书里讲的是情绪的科学知识,是要带上脑子去看的东西。挺妙的,对吧?

只不过,有一个问题。显然,跟许多科学家和自诩知识分子的人一样,我一度认为,情绪从科学角度来看其实并没有多复杂,不像思维、记忆、语言或感官,那些大脑中的"重要"事物。情绪只不过是一种遗

---

[1] emotion在本书大多情况下都译作"情绪",只有在"情感关系""情感联系""情感需求""情感依恋""情感交流""情感科技"组合词中,按词义与中文习惯译作"情感"。affect在本书中统一译作"情感"。——编者注(若无特别说明,本书注释均为作者注)

[2] 直译为"情绪智力"。——编者注

留，或者说是一种阻碍。所以说，写一本解释情绪的书应该不会麻烦到哪里去吧？

但事实很快证明，这种想法简直大错特错，错得令人啼笑皆非。我越钻研越发现，每看到一项支持我对情绪既有看法的研究，都能找出五项反驳我的研究，而且每项研究提出的观点都不一样。

最终，我不得不面对一个无可辩驳的残酷事实：我对情绪的了解根本不足以写出一本解释情绪的书。但不幸的是，我已经签过合同，写不出也得写。这可就麻烦了。

接着，2020年新冠疫情暴发。随着病毒肆虐全球，世界陷入了封闭状态。起初，我觉得自己有条件渡过难关。毕竟，我原本就居家工作，工作没有受影响，家庭关系也挺和睦。我心想：没事的，一切都会好起来的。

然后，同年3月，我爸感染了新冠病毒，被送进了医院。而我什么也做不了。我帮不了他，甚至没法去探病。疫情来势汹汹，我们全都封在家里，医院也被隔离了。所有医务人员夜以继日地工作，试图拯救更多生命。

那个时候，我被困在家里，只能靠转了两三手的信息，或是偶尔打来的电话，通过只言片语了解老爸的病情。最主要的一点是，我被困住了……被情绪困住了。我不知该怎么应对那些陌生的情绪。当然，我以前也担心过，忧虑过，恐惧过，焦虑过，但这次完全不一样。

接着，我五十八岁的老爸，身体一向硬朗的老爸，离开了人世。我没能见上他最后一面，也没能好好跟他道别。我不得不独自一人承受后果，承受这辈子最惨烈的痛苦与创伤。与世隔绝，孤立无援，无人安慰。换句话说，那简直如地狱一般。

当时的情况是，面对这辈子遭遇过的最强烈的哀恸与痛苦，我接受过的神经科学训练发挥了作用。不知怎么的，在我纷乱嘈杂的脑海中，身为"技术宅"的理性部分开始发声，提出了以下令人信服的论点。

引 言

我是一名经验丰富的神经科学家和科普作家，目前脑子里塞满了令人不堪重负的强烈情绪，还得写一本关于情绪的书！从逻辑上说，我应该抓住这个千载难逢的机会，充分利用这些基本不可能凑到一起的元素，深入探究自己感受到的压力、痛苦和不确定性，看看它们对我做了些什么，然后试着解释这一切为什么会发生，意味着什么，又会带来什么影响。我可以把自己的感受放到显微镜底下细细剖析，而且是以科学的名义。

我也正是这么做的。那是一趟漫长的旅程。探索自己的哀恸，剖析自己为什么会经历那些情绪波动，带我进入了前所未见的新领域，也提出了许多耐人寻味的问题。

为什么我们人类是这副模样？

为什么我们的大脑这样运作？

为什么音乐能这般影响我们？

是什么催生了众多科学发现？

现代世界为何会充满不实信息和"假新闻"？

事实证明，上面这些（此外还有很多）问题的答案都是"情绪"。在研究"情绪"这个涉及内心世界方方面面的事物时，我来到了时间之初与宇宙尽头，走到了幻想与现实的边界。我的研究范围极广，从最基本的生命过程到最尖端的科学技术，再到介于两者之间的一切。

因为事实证明，情绪根本不是无关紧要的，而是我们的重要组成部分，也是我们所做一切的重要组成部分。情绪塑造我们，指导我们，影响我们，激励我们。而且没错，它也会让我们摸不着头脑。

刚开始写这本书的时候，我对这些一无所知，根本没法说自己"有情商"。事实上，我对情绪相当无知。这就是我为什么要写这本书。本书一部分是科学探索，一部分是哀恸日记，一部分是自我发现之旅，并且远远不止这些。

可以毫不夸张地说，在我人生中最糟糕的阶段，写这本书救了我一命，消除了我对情绪的无知。本书的书名[1]就是这么来的。如果它也能帮你减少情绪无知,哪怕只有一点儿,能使你不必经历我经历过的一切,那么我写这本书就值得了。

迪安

---

[1] 本书原名为 *Emotional Ignorance*,直译为"情感无知"。——编者注

第一章
情绪的基础知识

最初坐下来写这本书的时候，我满脑子都是丧父之痛。我的终极目标是弄懂自己感受到的情绪，弄清它们为什么会出现，它们对我做了些什么，它们是如何产生的，等等。我承认，我是有点儿贪心了。

如果你想弄清情绪是怎么运作的，该从哪里入手才好呢？如果我过去的科学研究经验靠得住的话，你应该先了解基本原理，也就是所谓的基础知识，然后以此为基础，构建出更复杂也更彻底的理解。

说到情绪，最基本的问题是"情绪是什么"。如果这个问题没有答案，你就什么也做不了，对吧？所以，这正是我做的第一件事。

至少，这是我试着做的第一件事。

不过，我很快就遇上了麻烦：特别奇怪，经过几个世纪的研究和辩论，人们似乎还是没能就"情绪到底是什么"达成共识。可以说，这让研究情绪变得有点儿麻烦。

既然情绪对每个人都如此重要，而且已经存在了六亿多年，你大概会以为，我们早就把情绪搞明白了。但话说回来，自从人类这个物种出现，我们一直在生孩子养孩子，以此类推，如今我们也该就最佳育儿方式达成一致。然而，对于母乳喂养、婴儿睡眠安排或其他类似问题，网上的讨论常常出现"血腥厮杀"，好似两支彼此敌对的游击队在某间废弃仓库里迎头撞上，只不过"战斗"中提到"奶粉"的次数要多一些。

这不是说相关专家没有达成任何共识，也不是说我们对情绪一无所知。我们确实比你想象的更无知,但也没有那么无知。

为了进一步弄清我们为什么还没能在这个基本点上达成共识,我首先拜访了专业情感史学家理查德·弗思-戈德贝希尔(Richard Firth-Godbehere)博士,他也是《人类情感史》(*A Human History of Emotion*)的作者。[1]

我提到,对于他毕生研究的课题"情绪",我找不出一个公认的定义。听闻此话,弗思-戈德贝希尔博士面露苦笑,就像退伍老兵听见别人吹嘘公司组织的彩弹射击比赛有多激烈。他借用杰出情绪研究专家约瑟夫·勒杜(Joseph LeDoux)教授的话,告诉我:

> 有多少人研究情绪,就有多少种情绪的定义,甚至可能更多,因为人们常常改变想法。

我成年后大部分时间都混迹于学术界和科学界,所以我很清楚,专业的科学家和学者常常意见不一。1 这是他们最喜爱的消遣方式,仅次于在学术会议的招待宴上畅饮免费葡萄酒。

但即使如此,我推测在情绪研究领域肯定存在某些共识,对吧?如果人们无法就"哪个器官才是大脑"达成共识,如果一些人确信它是颅骨里那个皱巴巴的玩意儿,另一些人则认为它是肚皮里蠕动的长管子,神经科学就根本没法进行下去了。整门学科会混乱不堪,大家什么也做不了。

不过话说回来,虽说没有那么糟糕,但情绪研究领域确实充满了不确定性。尽管大家都承认存在情绪,但我们对情绪的理解以及情绪概念的不断演变,可能会让你大吃一惊。

---

1 因此,弗思-戈德贝希尔博士跟我分享下面这则笑话的时候,我心领神会地哈哈大笑。那个笑话是:"问:把两个历史学家关进一个房间,会得出什么?答:三个观点。"

而这远不是新近才出现的问题。许多现代研究文献都提到，科学家和心理学家在"最近几十年里""转而关注情绪"，这使我认为情绪研究的历史有一百年到一百五十年。

但事实上，对情绪的研究可以追溯到数千年前。弗思-戈德贝希尔博士认为，它始于斯多葛学派。这一学派奉行斯多葛主义，那是古希腊诞生的众多哲学流派之一。

斯多葛学派由基提翁城的芝诺于公元前三世纪创立，主要理念是接纳事物的自然状态，活在当下，时刻运用逻辑和理性。[2]

斯多葛学派热衷理性和逻辑，充分利用当时可行的设施和研究方法[1]，花费了大量时间思考并研究情绪[3]。他们最早指出情绪是独立存在的"事物"，是人类心智的组成部分，但有别于思维和行为。

可想而知，斯多葛学派通常认为情绪毫无用处，指出"激情"包括欲望、恐惧、痛苦和快乐，宣称它们是非理性的，有悖斯多葛主义的理想状态。[4]人们应该抵制那些激情，因为在感知事物和采取行为时，激情会使人们趋向自己想要的样子，而不是事物本来的样子。

这个结论可谓合情合理。例如，深陷欲望的人可能多次遭到梦中情人拒绝，但仍然坚持不懈地追求对方，因为他们希望得到与实际情况不同的结果，而不是双眼双耳反复告诉他们的。这种行为绝非理性，因此违背了斯多葛主义的理念（也常常违反法律）。

斯多葛学派认为激情会导致动心（pathos）[2]，也就是过度激情干扰理智，使人备受折磨。[5]想要避免动心，唯一的方法就是控制或压抑激情。他们还认为，真正能规避痛苦的做法是不动心（apatheia）。那是一种

---

1 尽管古希腊人拥有当时的先进技术，但还没有开发出脑部扫描技术。
2 pathos在斯多葛学派中，指代非理性的情绪对心灵的影响，此处与apatheia相对，译为"动心"。在亚里士多德的解释中，pathos指"动之以情"的修辞手法。在现代英语中，该词逐渐用来指那些激发人们同情的特质，在下文中译为"悲情"。——编者注

神志清明的状态，也是斯多葛主义的终极目标。处于这种状态的时候，你能在任何情况下有逻辑地思考并做出合理反应。[6]说到底，斯多葛学派就是科幻剧集《星际迷航》中瓦肯人[1]的原型，只不过比那部美剧早出现了两千年。

遗憾的是，古希腊文明最终走到了尽头，斯多葛学派也随之消亡。不过，这个学派留下了大量思想遗产，它们的影响一直延续到了今天。现代认知行为疗法的许多要点就源于斯多葛学派的理念。[7]在英语中，我们还在用"坚忍"（stoic，音译为"斯多葛"）形容不屈不挠的人，用"悲情"（pathos）形容会激起伤悲或忧愁的特质。"不动心"（apatheia）则渐渐演变成了"漠不关心"（apathy）。当然，从斯多葛学派认知的"人类意识的终极表达"变成"不屑一顾"是在走下坡路。可见，时间有自己的平衡术。

但为什么会这样？为什么古希腊哲学的某个特殊分支对现代社会影响如此之大？在我看来，斯多葛学派的理念之所以经久不衰，主要是因为它们融入了宗教，尤其是早期的基督教。[8]例如，斯多葛学派不喜欢非理性的欲望，认为性爱只是为了在婚姻中繁衍后代。[9]许多基督教徒至今仍赞同这一点。斯多葛主义和佛教也有不少相似之处。佛教关注的是通过持戒和冥想浇灭所有世俗欲望，进而实现开悟。

不过，佛教是由释迦牟尼创立的，比斯多葛学派早出现约三百年。那为什么不把情绪研究的起源归功于佛教徒呢？

这是个好问题，背后可能存在某些文化偏见，但斯多葛学派的关键在于唯物主义世界观。他们认为，只有看得见摸得着的东西才能说是真的"存在"。由于我们体验到情绪时会心跳加快，会不禁落泪，会双颊泛红，会露出微笑，斯多葛学派就认为，情绪有实实在在的表现形式。这就意味着，从理论上说，我们可以客观地界定并研究情绪，也就是进

---

1 《星际迷航》中的智慧种族，以讲究逻辑、摒除情绪干扰而著称。——译者注

行科学研究。

而宗教不是这样。佛教虽然有许多积极正面的因素，但仍然包含因果、轮回这类概念。无论你对这些概念怎么看，都很难将看不见摸不着、灵性意义上的信仰与客观分析和实打实的数据联系在一起。遗憾的是，斯多葛学派更多借鉴了（西方）宗教教义和世界观，也就意味着灵性元素较多，分析和数据较少。

在斯多葛主义衰败后的几个世纪里，宗教基本上保住甚至促进了人们探讨情绪的兴趣。但这也意味着，情绪常常与神学和基于信仰的宗教实践纠缠在一起。这对科学来说并不是好事。

不过，当时的情绪并不叫这个名字，而是被称为"激情""原罪""欲望""驱动力"等。这种情况一直持续到了19世纪。那个时候，科学家们参与了进来，宣布那些东西现在通通叫"情绪"了。这个叫法一直沿用到了今天（暂且不论这么做是好还是坏）。

这种"形象重塑"始于英国爱丁堡道德哲学教授兼注册医师托马斯·布朗（Thomas Brown）的普及讲座。有些人将布朗视为"情绪的发明者"。[10] 1820年，布朗的讲稿结集成书并出版后，他的做法——将过去所说的"激情""欲望"和"情感"（affections）通通归入"情绪"——也流行了起来。

另一位苏格兰哲学家、科学家亚历山大·贝恩（Alexander Bain）教授也为此添砖加瓦。他是世界上第一本心理学和分析哲学期刊《心智》（Mind）的创始人。贝恩教授在1859年出版了《情绪与意志》（The Emotions and the Will）一书[11]，这本书被许多人视为史上第一部情绪心理学著作。他在书中写道：

> 情绪这个名称是用来理解那些感觉、感受、愉悦、痛苦、激情、伤感和爱慕的。

另一位当代苏格兰哲学家兼医学教授查尔斯·贝尔（Charles Bell）爵士进一步推动了关于情绪的科学研究。医学领域的"贝尔面瘫"就是用他的名字命名的。[12]贝尔爵士对面部的神经和肌肉颇感兴趣，研究了由情绪引起的面部表情。这些研究有助于巩固一个观点：情绪不是玄而又玄的灵性概念，而是实实在在的生理过程。

贝尔的研究和随后的发现引出了另一部极具影响力的著作——《人类和动物的表情》（*The Expression of the Emotions in Man and Animals*），该书作者就是大名鼎鼎的生物学家查尔斯·达尔文。[13]

所有这些都有助于印证一个观点：情绪在现实世界中有身体为基础，因此可以进行研究。斯多葛学派早在几千年前就秉持这一立场，但正如弗思-戈德贝希尔博士解释的那样，是19世纪的苏格兰科学家真正巩固了这个观点，使它成了公认的"事实"：

> 托马斯·布朗指出情绪发生在大脑中，而不是发生在灵魂中，也就是通过比前人更切实具体的方式，指出情绪是实实在在的大脑产物。

你可能会认为，这将为关于情绪的科学研究指明方向。从许多方面来看，确实如此，但也并非全然如此。

在将一系列现有心理现象重新归类为"情绪"后，牧师兼医生（也是一位著名苏格兰哲学家）詹姆斯·麦科什（James McCosh）在1880年出版了《情绪》（*The Emotions*）一书[14]，书中举了一百多个关于感觉、冲动、渴望、反应等的例子，它们都被归入了新确立的"情绪"这个类别。

说了这么多，"情绪"到底有没有一个深入透彻、易于理解、始终如一、普遍适用的定义，好让你判断这个标签什么时候能用、什么时候不能用呢？

没有，直到今天都没有。到目前为止，相关专家学者都提不出这样一个定义。事实上，正如托马斯·布朗自己所说："情绪这个词的确切含义，很难用言语说明。"[15]

2010年，心理学家卡洛尔·伊扎德（Carroll E. Izard）博士[16]采访了情绪研究各领域的专家，想找出大家对情绪定义和特性的共识（如果真有的话）。这项研究最终得出的结论如下：

> 情绪由（至少部分是专门负责情绪的）神经回路，反应系统，以及促成和安排认知和行动的感觉状态过程组成。情绪也为体验到情绪的人提供信息，可能包括先前的认知评价和正在进行的认知，这些认知包含对感觉、表达或社交信号的解读，可能促成趋近或规避行为，控制或调节反应，本质上与社交或人际关系存在关联。

读过上面这段话之后，你也许非但没能弄清"情绪到底是什么"，反而更摸不着头脑了。其实我也差不多。平心而论，这不是一个定义，而是总结了当前专家一致认同的情绪的特征。即使如此，它也说明了为什么我们对情绪的理解仍然如此有限，尤其是在科学层面上。尽管普通人对情绪并不陌生，似乎仅凭直觉就能理解。

说白了，从科学角度来看，"情绪"这个标签类似于"家畜"。我们都知道家畜是什么：牛、马、羊、鸡是家畜，老鹰、章鱼、鳄鱼则不是家畜。但研究情绪的科学家就像治疗病畜的兽医，他们需要知道具体细节，否则就无法完成工作。你不能只说"家畜病了"。病的到底是牛、鸡、狗，还是猪？需要具体问题具体分析才行。

而且，由于情绪不容易把握，充满不确定性，往往看不见摸不着，科学研究就像兽医没法上门出诊，只能靠打电话远程治疗。

颇有讽刺意味的是，情绪研究人员真正认同的一点是：如果情绪能有一个可靠的定义,一个大家普遍认同的定义,那会大有好处。但至少目前看来,那还遥不可及。

不过,这项工作仍在继续。情绪研究人员一直在发现未知之物,也许最终能弄清情绪到底是什么。

情绪的定义混乱不堪,其实也有一点儿好处,那就是让我对自己的"情绪无知"有了新认识。或许我是弄不懂情绪的运作方式,但跟我一样的人显然并不少,哪怕专家也不例外。所以说,我用不着妄自菲薄。不过,情绪仍然是我关注的东西,也是我研究的目标。

弄不清定义并不是什么大问题。对于像我这样的神经科学家来说,这种情况其实并不陌生。毕竟,像情绪一样,想法、思维、感觉这些东西也很难下定义。大脑里发生的大多数事从本质上说都不容易把握,也看不见摸不着,但我们还是一直在做研究。

要怎么研究呢?研究方法就是关注有形的东西,关注我们能看到、评估、测量和定义的东西。比如说,研究情绪的时候,我们专注于自己体验到情绪时的生理过程。如果我们能弄清情绪涌现时自己的大脑和身体里发生了什么,可能就不需要对"情绪是什么"下定义了。那会让我们更好地了解情绪是什么,它能发挥什么作用。

哲学家和历史学家已经做完了他们分内的事,现在是时候让科学家接过接力棒,继续探索情绪了。这么说吧,我对此感觉棒极了……

情绪与身体

老爸被送往医院的时候,我没有哭。

我其实是想哭的。我真的很担心他,也因为严峻的疫情深感无力。我不是故意装男子汉;那个时候,我跟太太和两个小孩被困在家里,所以哪怕我想装,那也是白费劲。

但不管怎么说，我没有哭。至少不是当场就飙了泪。当然，最后我还是哭了，但那也是一阵一阵的。说真的，跟人们常说的恰恰相反，哭出来并没有让我感觉好一些。我还是跟之前一样难过，只不过现在眼睛湿漉漉、红彤彤的，还鼻涕直流。我发出的怪声甚至惊动了邻居。总之，哭出来并没有让我的情况好转。

之所以唠叨了这么多，是因为我读到过斯多葛学派的著作，读到过那派学者对情绪的看法。具体来说，他们得出的结论是，情绪是看得见摸得着的东西，因为身体会以始终如一的方式将情绪表达出来。我们不光在心理层面上体验情绪，也在身体层面上表达情绪，而且是在不知不觉中做到的。

我觉得，如果能弄清为什么会这样，为什么情绪对身体有这么大的影响，也许有助于弄清情绪到底是什么，是怎么发挥作用的，又是为什么对我影响这么大。

情绪会引起身体反应，大家都熟悉的一个例子就是哭。

话说回来，我们为什么会哭？[1]

我不是指"什么东西会弄哭我们？"，因为那样要说的就多了，从切洋葱到空气中飘浮的尘埃，从令人心碎的丧亲之痛到下身遭到一记飞踢。

不！我指的是，我们会哭到底是为什么？为什么演化论觉得"眼球滴水"是一种有用的能力？

说真的，虽然哭是我们每个人都会做的寻常小事，但哪怕忽略其他所有方面，把它纯粹看成是"分泌眼泪"[2]，它也复杂得出奇。

比方说，人类有三种眼泪。[17]第一种是基础性眼泪。眼睛会不断分泌液体，形成三微米厚的液体膜，时刻包裹我们的眼球，让它们保持清

---

1 或者说，为什么我们哭不出来？这似乎才是我遇到的情况。
2 暂时忽略很多人哭泣时会发出的鼻音和怪声。

澈、湿润、健康。[18][19]

第二种，当灰尘、沙粒或切洋葱产生的挥发性气体进入眼睛时，我们会分泌反射性眼泪，好清理掉侵入眼睛的东西，就像用淋浴花洒把蜘蛛冲进排水口。

第三种是心理-情绪性眼泪。当我们体验到强烈情绪（通常是悲伤，但也可能是愤怒、快乐和其他情绪）时，就会分泌这种眼泪。但是，另外两种眼泪有显而易见的用处，我们伤心难过时流的眼泪又有什么用？你又不能通过眼睛把负面情绪排出去（至少我一直是这么认为的）。

关于心理-情绪性眼泪的作用，目前有许多种理论。[20]有一种理论说，眼泪会把我们的情绪状态传播出去，向周围的人展示我们需要帮助。如果传播的是正面情绪，就是展示我们能伸出援手或与人分享。而研究显示，情绪诱发的眼泪与眼睛受刺激分泌的眼泪，两者的化学成分不同。[21]如果流泪仅仅是为了展示给别人看，那就没必要有区别了。

情绪性眼泪含有催产素和内啡肽，这些"让人感觉倍儿棒"的化学物质被皮肤吸收后能提振情绪。[22]你伤心难过的时候，这大概会挺有用。然而，分泌极少量的此类物质，让它们顺着脸颊流淌，这么做显然效率不高。想必你也不可能光靠自己的眼泪就一下子振作起来（但这可以解释为什么催泪的回忆录如此畅销）。

还有一些研究显示，嗅闻女性的眼泪会抑制男性的性唤起，使他们的睾丸素水平降低。[23]目前还不清楚男性和女性的眼泪会不会起到同样的作用，但我们确实听说过，女性在闻过别人的分泌物后行为会发生改变[24]。[1]不管怎么说，这表明情绪性眼泪会从化学层面上影响我们周围的人。这真有点儿令人毛骨悚然。

这也表明，情绪与生理的联系要比许多人认为的紧密得多，也深刻

---

1 不管你对此是怎么想的，其实并没有那么低俗。

得多。我们的情绪远不是抽象无形的思维产物，也并非如影子一般虚无缥缈，它们会在最基础的生物化学层面上影响我们的身体。显然，我不是最先注意到这一点的人。众所周知，斯多葛学派早在几千年前就提出了这个观点。

另一个显而易见的证据是，形容情绪的词语大多关联的是除大脑以外的器官和身体部位。所有浪漫的东西都与"心"有关，而当恋情出问题的时候，我们会感到"心痛"或"心碎"。我们拥有"发自内心"的直觉，容易不假思索、下意识地做出决定，通常全凭情绪驱动。强烈的情绪会让我们"喘不上气"，影响呼吸系统正常运作。愤怒咆哮通常被称为"大发脾气"。幸福感常常会诱发平静放松的状态，这表明肌肉紧张度降低；我们如果被逗乐了，可能会"捧腹大笑"。许多形容恐惧的词不过是换着花样说"吓尿了"；我们的肠道和排泄系统也会受情绪影响，虽说我们宁可它们别这样。

对人们来说，尤其是对像我这样的神经科学家来说，把大脑与身体分割开来，将大脑视为单独存在的事物，通常会比较方便。我们一般认为，大脑驾驭着身体，仿佛身体是由血肉筑成的精密车辆。但是，如果你觉得两者是完全孤立的存在，那就大错特错了；正如情绪与身体机能千丝万缕的联系揭示的那样，大脑与身体有大量相互交织、彼此关联的地方。毕竟，大脑虽然能力出众，但仍然只是个器官。它的存续和运作都需要身体来维持。总之，我们不能否认大脑控制并影响着身体，但身体同样以种种方式控制并影响着大脑。

大脑和脊髓构成中枢神经系统，它们被颅骨和脊柱包裹在内，所以这些区域受损会造成重大（而且是毁灭性的）影响。中枢神经系统通过外周神经系统与身体其他部分相互作用。[25]外周神经系统是另一套错综复杂的神经与神经元网络，将中枢神经系统与其他所有器官和身体组织联系起来。

外周神经系统由两部分组成。一部分是躯体系统，它将器官发来的感官信息（温度、疼痛、压力等）传给大脑，向肌肉发送运动信号，让我们能有意识地移动身体。[26]

另一部分是自主神经系统，[27]它负责监控无意识的生理过程，也就是我们不用去想就能做的事，比如排汗、心率调节、肝功能等。

自主神经系统本身也由两部分组成，也就是交感神经系统和副交感神经系统。交感神经系统会让我们"火力全开"，好应对危险和威胁；著名的"战斗或逃跑"[1]反应就是由它诱发的。[28]副交感神经系统的作用则恰恰相反：它会使我们的生理过程处于平静放松的"基准"状态，也就是通常所说的"休憩与消化"状态。[29]我们身体和器官内部的一般活动之所以能维持下去，要归功于交感神经系统和副交感神经系统达成微妙的平衡。

最酷的一点是，这些外周神经系统大多（虽然不是完全）受大脑调节。具体来说，它们受大脑更深层、更基础的区域——下丘脑[30]——调节。下丘脑是负责"控制"身体内部种种活动的关键区域。

所以说，下丘脑也监控着内分泌系统。[31]大脑通过激素，也就是直接分泌到血液中的化学物质，影响着新陈代谢和身体机能。从某种意义上说，内分泌系统之于神经系统，就好像纸质邮件之于电子邮件。它们都能收发信息，只是速度和容量有所差别。

告诉你这些是为了说明，无意识的自主神经系统和内分泌系统决定了情绪如何影响身体。[32]这就是为什么情绪体验总是伴随着众多生理反应：心率变化；胃部抽搐或恶心想吐；哭泣；皮肤潮红或发白（取决于血液涌向哪个方向）；出现想要"一泻千里"的冲动。这些都是自主神经系统在起作用。自主神经系统的活动通常受大脑控制，就是那颗常常体验到强烈情绪的大脑。

---

1 不过，现在的叫法是"战斗、逃跑或僵直"。许多物种遇到威胁时会选择保持一动不动，这种反应通常同样管用。

第一章　情绪的基础知识

但这种影响并不完全是单向的。尽管听起来有点儿怪，但身体也能影响大脑中产生的情绪。这种看似本末倒置的情况其实常见得令人吃惊。显然，要是脚趾断了，或是食物中毒，或是得了重感冒，你会非常痛苦凄惨。严格来说，这是你的身体在支配大脑产生的情绪。但我要说的是，身体能通过更复杂、更微妙、更直接的方式影响你的情绪。

比方说，你可能听说过"饿极成怒"（hangry）这个说法。这是一种现象，指你肚子饿的时候会更心烦暴躁。这看起来像是社交媒体上搞笑的谐音词，但大量研究显示，确实存在"饿极成怒"现象。俄亥俄州立大学的布什曼（Bushman）教授领衔的一项令人瞠目结舌的实验发现，已婚夫妇在血糖较低时会对彼此展现出更大的攻击性[1]。[33]

这完全说得通。大脑依赖葡萄糖，也就是所谓的血糖，才能做到它所做的一切。当大脑得不到足够的葡萄糖时，一切就会出问题。[34]因此，从逻辑上说，人体内的血糖水平会影响大脑能做到的事，比如自我约束和控制攻击性冲动。而血糖水平取决于消化系统、肝脏和肌肉，以及它们分泌的各种激素。[35]所以说，这个例子说明其他器官决定了大脑在情绪这方面能做的事。

事实上，消化系统最近备受关注，因为它对我们的情绪和心理状态起着惊人的重要作用。消化系统不光是食物流经的蠕动管道，它异常复杂，还包含一系列特定激素，[36]神经系统的一个专门分支（肠道神经系统，它复杂到常常被称为"第二大脑"[37]），以及由数万亿各类细菌组成的肠道微生物群[38]。说真的，消化系统完全可以向大脑"最具影响力器官"的称号发起挑战[2]。

鉴于前面提到的一切，消化系统似乎对大脑功能和心理健康影响颇大。这并不奇怪。这要归功于科学家所谓的"肠脑轴"（gut-brain

---

1　这项研究评估了"饿极成怒"现象，具体做法是记录代表受试者伴侣的亚毒娃娃身上被戳了多少根大头针。但据我所知，度量指标里并不包含这个。
2　当然，它会输掉。但你懂我的意思。

axis）[39]。"肠脑轴"是身心健康研究的新前沿，也为治疗抑郁症等疾病提供了新途径。[40]似乎科学本身就是"跟着直觉走"（following your gut[1]），而这绝不是毫无意义的陈词滥调。这话比许多人想象中有理有据得多。换句话说，这是身体影响情绪的另一种方式。

但这是怎么做到的？消化系统或其他器官是如何深刻影响大脑产生情绪的过程，又是为什么能做到这一点？

除了血糖，肠道中发生的事也会影响整个身体的化学构成。毕竟，我们生活所需的所有重要化学物质都通过肠道进入身体。可想而知，肠道中发生的事不可避免会间接影响大脑，因为大脑也像其他器官一样，会对周遭化学环境做出反应。

除此之外，还有我们的"老朋友"——内分泌系统。除了生成和分泌激素，我们的大脑也会对激素作出反应。肠道、肾脏、肝脏、体脂等也会分泌大脑能识别并作出反应的激素，这意味着它们对大脑和情绪有直接影响[2]。[41]

不过，身体还会通过一种更直接的方式影响大脑，那就是通过迷走神经。[42]迷走神经极其重要，是十二对脑神经中的一对，直接连接大脑与身体的重要部位，比如耳朵和眼睛。迷走神经是将关键信号（比如大部分感官信息）传给大脑的重要通道。

迷走神经是分布最广的脑神经，因为十二对脑神经大部分都连接头颈部分，而迷走神经则直接连接大脑与几乎所有头部以下的器官。它是副交感神经系统最主要的组成部分，直接影响包括心脏、肺、消化系统、膀胱、汗腺在内的器官和组织。迷走神经之所以与情绪密切相关，是因为构成它的神经元和神经纤维80%到90%是传入神经，这类神经将

1　gut又有"肠道"的意思。——译者注
2　如果你还需要证明才能相信激素会影响情绪，那么你不妨随便找个青少年、孕妇或是"性奋难耐"的男士聊一聊。

信息从器官传向大脑[1]。

这意味着头部以下的器官随时与大脑有直通线路。说白了，迷走神经让大脑"知道"身体不同部位每时每刻发生了什么，以便作出相应的反应。

你有没有想过，为什么有些人会说"我关节疼，说明要下雨了"？原因可能就是这个。关节这个部位对实质性的压力非常敏感，下雨之前气压降低，有些人的关节可能对此作出了反应。这种感觉通过迷走神经传给大脑，功能强大的大脑意识到这种情况经常发生在下雨前，就将一切联系了起来。

可想而知，迷走神经活动，也就是所谓的"迷走神经紧张"，是从生理层面上影响情绪的一大要素。[43]有些人认为，肠道就是通过它来影响心理健康的。[44]因为，如果至关重要的肠道出了问题，迷走神经会让大脑立刻知晓。如果大脑从某个极其重要的来源收到信号，不断提醒你："不好了！出事了！"这大概会导致负面情绪反应，而且是频繁出现。

因此，迷走神经刺激越来越多地被用于治疗抑郁症和焦虑症。这两种常见疾病都与难以控制情绪密切相关。[45][46]

但需要注意的是：即使将前面提到的一切都纳入考量，如果说有一点大家意见一致，那就是产生情绪的是大脑，对吧？身体可能会发送重要信息，那些信息会决定出现哪些情绪，但产生那些情绪的仍然是大脑。即使身体提供了原材料，但它并没有"创造"出情绪，就像运砖卡车并不负责盖房子。

毕竟，你怎么可能指望大脑以外的器官产生情绪？要是这么说下去就没完没了了。难不成我们要用肺来做算术题，用肾来储存记忆，用膀

---

1 传出神经的作用则恰恰相反，是将信号和命令从大脑传向器官和组织。

胱来认地图？[1]所以，如果说有一点是每个研究情绪的人都赞同的，那就是情绪来自大脑。但即使在这一点上，大家也不是百分之百达成了共识。因为有些科学家认为，身体确实负责"创造"情绪。

有一种理论叫作"躯体标记假说"（somatic marker hypothesis），[47]认为大脑只有在收到身体传来的特定信号后才会产生情绪。比方说，先发生了某件事（比如过马路时差点儿被车撞倒），然后身体才通过感官传递的信息作出反应（心率加快、肌肉紧张、面色发白等）。往往在有意识的大脑有机会"思考"之前，身体就作出了明显的反应。

这些来自身体的无意识信号，比如心率加快和肌肉紧张等，势必会传给大脑。它们就是所谓的"躯体标记"。随着时间的推移，大脑渐渐学会了在身体产生这些躯体标记时需要的情绪反应。因此，如果我们遇到的事再次导致心率加快、肌肉紧张，这种特别的躯体标记组合就会通过大脑使我们体验到恐惧。

这表明，情绪更多是由身体而不是大脑决定的。身体反应的特定组合决定了我们会体验到哪种情绪，大脑的作用则是以合理的方式诠释那些情绪。

这个区别也许很微妙，但相当重要。以前面提过的"盖房子"为例，这表明身体的作用不是为大脑这个"情绪建造者"提供砖头。相反，身体才是真正的建造者，它提供情绪的蓝图，而不是原材料，大脑则按照身体的指示创造出情绪。

这个说法相当耐人寻味，也有不少支持它的证据，[48]但躯体标记理论并没有被普遍接受。许多科学家都强调它存在局限性，[49]比如常常并没有事件触发，我们也会体验到情绪。

我们都有过这样的经历：你正在路上瞎溜达，想着自己那点儿破事，脑子里却不知怎么浮现出了过去（通常是十几岁时）的尴尬经历，

---

1 不过，鉴于公路旅行常常被上洗手间打断，也许这个说法也并没有那么荒谬。

让你恨不得在地上找条缝钻进去。此时此刻,并没有外物让我们的身体出现这样的反应。然而,我们却常常在没有明显"躯体标记"的情况下体验到情绪。这个例子肯定在某种程度上驳斥了躯体标记理论吧?

为了回答这个问题,躯体标记理论的支持者提出了"似身体回路",[50]也就是大脑会有效模拟身体信号,"好似"那些信号是由身体发出的,这样就能仅靠大脑产生情绪了。然而,这个过程效率很低。大脑必须模拟出情绪被触发前身体做的事,这会给大脑这个一贯节俭的器官增加好几层"管理机构"。鉴于情绪反应通常是即刻出现的,这似乎根本说不通。[51]

总的来说,从神经生物学意义上看,躯体标记假说只是解释情绪运作方式的众多理论之一。但这一假说得到了学界的认真对待,就表明我们需要摒弃以下观点:情绪是纯粹的抽象过程,完全发生在心智和(或)大脑之内。

情绪对生理影响极大,生理也对情绪有很大影响。比方说,伤心难过会改变眼泪的化学成分,肠道里的细菌会影响我们的情绪。不可否认,我们的身体里充满了情绪,而且情绪显然是实实在在、看得见摸得着的东西。如果确实如此,那么情绪就是科学可以观察、记录甚至控制的东西。

这不禁让我想到:也许在那段情绪剧烈波动的时期,是身体阻止了我哭出来?也许"不正常"的不是我的大脑(我承认,它一直让我受益匪浅),而是我的身体。毕竟,我感觉缺失的是情绪反应中与身体有关的部分。我承认,虽然自己多年来用脑用得不少,但确实没怎么在意过身体。

开始居家工作以后,我去健身房的次数有所增加,但我的身体却更不喜欢锻炼了,而且经常抱怨。所以说,也许它早就在跟我作对了?也许它早就罢工了,所以在我最需要它的时候,它拒绝让我做出至关重要的情绪反应?

然而，这种解释是假设我的身体与大脑存在明显区隔。但前文已经反复明确指出，事实并非如此！我写这本书是为了减少自己的情绪无知，而不是让它愈演愈烈。

再说了，要是我继续把自己的身体拟人化，仿佛它是某种独立存在的实体，而不是我本人，我的"科普执照"就会被没收的！

但不可否认的是，情绪远不止存在于大脑中，它在身体上的体现远比我想象的要多。

如果真是这样的话，难道不该像对待记忆和疼痛等感觉一样，至少大致了解特定情绪在我们体内的基本生理形式吗？为什么不反过来利用这一点，弄清情绪是如何运作并影响我们，又是为什么会影响我们？

毫无疑问，这么想完全合乎逻辑。不幸的是，我很快就发现，真正执行起来是个大挑战，也是我不得不面对的挑战。

情绪与面孔

听说我爸住院以后，不少人都跟我取得联系并询问情况。很多人都问道："你感觉还好吗？"我的回答很诚实："我也不知道。"

严格说来，这个回答从两方面看都十分准确。首先，我确实不知道该怎么形容自己的感受。那对我来说属于未知领域，我既没有相关经验，也找不出恰当词汇。其次，我也不知道一般意义上的感觉是怎么一回事。也就是说，我不了解感觉和情绪在大脑中的运作方式，也不知道我们最终是如何体验到它们的。总之，我巧妙地承认了自己在情绪上的无知。在此声明，我很清楚大家想问的不是这个。但我要辩解一句，当时我的精神状态糟糕透顶，人畜无害的咬文嚼字恐怕便是我的应对机制。

不过，这确实让我想知道：这种时候我应该有什么感觉？这种情况下适当的情绪反应是什么样的？显然，我应该感到伤心。或者是害怕？甚至因为天理不公而愤怒？或是既伤心又害怕还愤怒？

你能把这些截然不同的情绪结合起来，同时感受到上述所有情绪吗？还是说，情绪体验"一次仅限一种"？是不是每种可能存在的场景都有对应的情绪反应？还是说，世界上存在某些"基本情绪"，我们只是以有趣的方式将它们结合起来？就像钢琴黑白键的音域有限，却能创造出各式各样的协奏曲。

事实证明，这个问题在情绪研究领域中极其重要，而且极具争议性。

蒂姆·洛马斯（Tim Lomas）博士正在进行"积极词汇编纂"（Positive Lexicography）计划，[52]搜集整理描述特定情绪体验但"不可译"的外来词。其中最著名的例子也许是德语中的Schadenfreude（幸灾乐祸）。此外，还有挪威语中的utepils（在阳光明媚的日子里坐在户外畅饮啤酒）、印尼语中的jayus（某个笑话实在太不好笑，以至于逗得你哈哈大笑），以及我的母语威尔士语中的hiraeth（对故土或浪漫过往的怀旧之情）。

目前，这部词典有一千多个条目。这是不是意味着人类能体验到一千多种不同的情绪？

我觉得不太可能。它们其实是我们更为熟悉的"基本"情绪的变体或组合，只不过特定的文化给它们贴上了独特的标签。比方说，挪威语中的utepils肯定只是"幸福"的一种特定表达。英语中也有类似的词。比如，弗思-戈德贝希尔博士就描述过恐惧与厌恶的混合，西方人给它贴上了"恐怖"（horror）的标签。

但如果说这上千种情绪体验都是基本情绪的组合或变体，那么基本情绪有哪些？你要往下挖多深，才能找出情绪的基石呢？

目前，没有人能给出确切答案。但这很可能正是关键。当我们发现病菌是众多疾病的基础后，这个认知彻底革新了医学和公共卫生领域，拯救了数百万人的性命。或许弄清情绪的基本要素会带来类似的好处，虽说那更多是心理层面上的。它将彻底改变人们的心理健康，而不是身体健康。

在这个问题上，情绪研究界似乎分成了两派。一派认为，确实存在少量基本情绪，它们是每个人的大脑与生俱来的，引发了其他所有已知的情绪状态。另一派则认为，其实并不存在所谓的基本情绪，情绪的基本物质是更深层、更笼统的东西，叫作"情感"（affect），我们的大脑学会了在需要的时候"即兴"创造情绪。

这两派都有充分理由坚持自己的观点。有趣的是，许多争论都集中在令人惊讶的一点上：人脸。

脸对我们人类来说相当重要，这是事实。我们的大脑有一个专门的神经区域，叫作"梭状回面孔区"，[53]专门用来识别和辨认面孔。这就可以解释，为什么我们这么善于识别某人的微笑是否"真诚"，[54]为什么眼神交流是信任与沟通的重要因素，[55]为什么我们会把各种各样的东西看成人脸，[56]等等。我们的大脑已经演化成了能在众多情况下利用人脸，还会持续不断地寻找人脸。

脸的另一个关键属性是什么？是展示情绪状态。我们的面部肌肉不断变化，形成表情，反映出我们正在体验的情绪。这就是为什么，如果某人感到伤心、愤怒、快乐、厌恶等，我们通常一眼就能看出来。

这通常是自然而然发生的，我们不用刻意思考。事实上，对于自己目前并没有体验到的情绪，我们很难有意识地摆出令人信服的面部表情。你也许对此深有体会。比如拍结婚照的时候，你已经连拍了742张，摄影师还叫你"再笑一个"。

由于人脸总在展示情绪状态，而且是在不知不觉中发生的，这表明大脑与人脸之间存在直接的神经联系，使得大脑中产生的情绪反映在脸上（前面提过的查尔斯·贝尔和达尔文早在19世纪就指出了这一点[57]）。

因此，按照逻辑推论，你可以通过研究人脸了解大脑中的情绪运作，[58]就像可以通过野兽在灌木丛中留下的痕迹了解到很多东西。许多最顶尖的情绪研究都建立在这个前提之上。

保罗·艾克曼（Paul Ekman）博士是情绪研究领域最有影响力的科学家之一。在他的著作于20世纪70年代出版之前，人们普遍认为，标志情绪的面部表情是我们从周围人身上学来的，[59]就像我们学会流利运用语言一样；面部表情不是与生俱来的——它是后天教养的产物，而不是先天遗传的结果。

然而，艾克曼的研究表明，来自不同文化的人常常以同样的面部表情展现同样的情绪。[60]这一点非常重要。因为，如果面部表情真是学来的，真的与文化密不可分，那就好比世界上所有文化的人都独立演化成了说英语的人。这个前提不但可笑，而且压根儿不可能[1]，最好还是留给《星际迷航》去演绎吧。

艾克曼的研究结果显示，更能说得通的解释是，情绪化的面部表情是大脑的基本演化属性。出现某些情绪时，人们会摆出同样的面部表情，这很正常。就像绝大多数人类，无论文化背景如何，每只手都会长五根手指。没有谁能"学会"长出五根手指。

具体来说，艾克曼界定了六种情绪，它们在不同文化群体中对应的表情高度一致。这六种情绪分别是快乐、悲伤、愤怒、恐惧、厌恶和惊讶，艾克曼称之为基本情绪（basic emotions）。直到今天，我们仍然常常这样称呼它们。

起初，批评者指出，来自不同文化的人拥有相同的面部表情，可以用人类历史上众多文化交融来解释，其中大部分发生在艾克曼于20世纪70年代出版研究成果之前。

艾克曼对此的回应是，那就将他的研究方法应用到巴布亚新几内亚的弗雷部落身上。那是一个与世隔绝的偏远部落，很少接触外部世

1　尽管众多英国游客都秉持这一观点。

界。[61]如果艾克曼的批评者说得没错，大多数文化的人之所以使用同样的面部表情，是因为他们在几个世纪的交往中学会了那些表情，那么弗雷人的表情应该明显与众不同。由于他们几乎没有经历过文化交融，应该拥有自己独特的情绪表达方式。

可事实上呢？弗雷人用来表达特定情绪的就是我们熟悉的表情。这将基本情绪理论推上了情绪研究领域的前台，也成了众人关注的焦点。从那时起，六种基本情绪理论影响了大量领域的研究，包括心理评估、面部识别软件乃至市场营销算法。

不过，六种基本情绪理论绝不是毫无问题。比方说，为什么其中包括"惊讶"？它比大多数情绪更转瞬即逝，而且与惊跳反射等更基本的生理过程相关联。[62]对于"惊讶"能不能算作情绪，学界尚且存在争议，更别说它是不是"基本"情绪了。[63]

这种争论不利于让人接受基本情绪理论。就好比有人自称流行音乐史专家，却一口咬定霍默·辛普森[1]是披头士乐队的创始成员。这会让人怀疑他们所说的其他一切。

同样，格拉斯哥大学2014年的一项研究运用先进的计算机模拟表情，指出愤怒与厌恶、恐惧与惊讶的表达方式存在共同特征，应该合并成一种核心体验。也就是说，只有四种基本情绪。[64]这还只是目前我了解到的一部分发现，但那些发现都对基本情绪理论发起了挑战。

另一个问题是，虽然不可否认人脸会展示情绪，但并不能据此推论出，所有基本情绪都会诱发不由自主的面部表情。比方说，感到自豪或满足的人会有什么表情？此外，你的脸也能摆出你并没有感觉到的表情，所以才会有"天生臭脸"这种说法。

艾克曼自己也承认这一点。后来，他扩展了自己提出的基本情绪系统，加入了"看不见"的情绪，比如自豪、内疚、尴尬等。[65]

1．动画片《辛普森一家》中的一名角色。——编者注

因此，即使在基本情绪理论的支持者当中，也存在不确定、分歧和争议。此外，由于后来浮出水面的众多问题和隐患，也有一些人对艾克曼最初的发现和后来的主张不以为然。

例如，艾克曼研究使用的面部表情照片是由（美国）演员拍摄的，摄影师叫那些人摆出"害怕"或"厌恶"的样子。但情绪化的面部表情平时真是这么起作用的吗？因为，当大多数人感到害怕或厌恶的时候，他们并不会像研究中那样有意识地把表情挂在脸上。

其他类似的研究使用抓拍（偷拍露出表情的人）。结果，对于照片上显示出的情绪，受试者的辨识率从约80%直接降到了26%![66]此外，运用现代先进方法的研究显示，来自不同文化的人的面部表情，以及他们如何识别和回应面部表情，确实存在明显差异。[67]

我们还可以继续讨论上述研究的衍生后果和阐释解读，但目前看来，基本情绪理论（通过面孔表达和识别情绪）是越来越站不住脚了。在情绪研究领域中，越来越多的人尝试对这一理论的主导地位发起挑战。

其中一大领军人物是美国东北大学的莉莎·费德曼·巴瑞特（Lisa Feldman Barrett）教授。她在著作《情绪》（*How Emotions Are Made: The Secret Life of the Brain*）中解释了，[68]在20世纪90年代，作为一名抱负远大的研究人员，她如何研究情绪对自我认知的影响。只不过，她的实验和研究没能成功，因为受试者根本区分不了悲伤和恐惧、焦虑和抑郁。

按照常识推论，不应该发生这种事。悲伤和恐惧这两种基本情绪对应的面部表情放之四海而皆准，普通人应该能轻易区分。然而，每当巴瑞特试图让受试者做区分，他们都难以做到。最终巴瑞特发现，越来越多的其他实验和数据显示了类似的问题。随后她发现，哪怕是稍稍改变艾克曼当初实验中使用的方法，也会得出截然不同的结果。[69]

例如，当初的研究要求受试者将面部表情与情绪表述对应起来。比如,"这个人刚刚赢了几百万美元"对应"快乐"的表情。但如果你只给受试者一张照片,问"这个人展示出了什么情绪",平均准确率就会直线下跌。

要么是巴瑞特和其他几十位经验丰富的研究人员都犯了错,要么是基本情绪理论本身就存在缺陷。

因此,如今越来越多的研究人员认为基本情绪并不存在。相反,他们提出了"情绪建构论"(constructed emotions theory)。这一理论认为,情绪,甚至是所谓的基本情绪,都不是大脑与生俱来的,而是在需要的时候,根据原始感官数据、记忆和经验、身体反应,以及大脑能获取的其他信息(有很多很多),在当下创造出来的。

情绪建构论提出,我们时时刻刻都在创造自己的情绪。这个观点虽然看似有悖常识[1],但正被越来越多的人接受,也得到了越来越多的证据支持。

不妨这么想:我们每次体验到某种情绪时,都会摆出一模一样的表情吗?随便哪个靠谱的演员都会告诉你,当然不会。对于同样的东西,我们每次都会有同样的情绪反应吗?绝对不会。某些歌曲、食物、艺术品或名人会令一些人快乐无比,却让另一些人深恶痛绝,还有一些人则觉得无所谓。

即使是同一个人,对同一样东西的情绪反应也不尽相同;关键在于具体情境。比方说看见恋人,热恋时的你会幸福万分,分手一周后的你则会心如刀绞。

如果像艾克曼的理论主张的那样,我们的情绪是大脑与生俱来的,与面部表情相随相伴,那么情绪应该更前后一致才对。因此,越来越多的人认为,大脑会根据情境和背景重新创造情绪。哪怕我们脑中的情绪与脸上的表情存在直接联系,大概也只是碰巧罢了。

---

1 根据我的经验,许多被称为"常识"的东西都既不常见,也谈不上有见识。

此外,"大脑时时刻刻都在自发创造情绪"的说法绝不是牵强附会。比如,视觉始于简单的神经元活动脉冲,这些脉冲通过眼睛的视网膜传到大脑,而视网膜只能识别三种不同波长的可见光。[70]说白了,我们的眼睛只能"看见"三种颜色。然而,就靠着这些微不足道的信息,大脑却能持续构建出千变万化、丰富多彩的视觉体验。

有人认为,大脑对记忆也是这么做的。在有需要的时候,大脑会借助储存在皮质中的离散元素"重建"记忆。[71]这就可以解释,为什么我们的记忆这么容易受影响,会随时间和环境的变化发生改变。

说到底,如果大脑不断依靠基本元素创造视觉和记忆,为什么它不会对情绪做同样的事?情绪建构论基本上说的就是这个,而这也是建构主义的主张。

事实上,"基本情绪论对阵情绪建构论"的争论还远远没有落幕,双方都有大量支持本方的证据。而且,鉴于情绪难以把握、定义不清的特性,再加上研究大脑很难得出可靠数据,结论性的答案仍然遥遥无期。

但这确实让我很想知道,为什么自己在情绪这方面如此无知又无能。我哭不出来,又说不清自己的感受,这是怎么回事?根据基本情绪理论,可能是我大脑中的基本回路出了问题。但如果情绪建构论才是对的,那可能是我的大脑还没弄清该怎么创造和处理"适当"的情绪反应,因为我以前没有过类似的经历。

前者意味着我的脑灰质出现了生理问题,这甚是令人不安;后者则表明我可以通过耐心和加深熟悉度来弥补这一缺陷。如果说我没有因此偏向情绪建构论,那绝对是撒谎。但紧接着我想起来,科学研究不是这么做的,你不能因为某个理论看起来更"顺眼"就选择站在它那一边。

只因为某种情绪理论看着让人舒心,就偏爱它而不是另一种理论,这其实还挺讽刺的。但这也表明,我的情绪感知能力发育得挺正常。

但话说回来,我不能以此为借口摒弃科学原则。从"情绪无知"变成通常意义上的无知也绝非好事。于是，我本来想研究情商，却引出了一个显而易见的问题：如果说身体反映了大脑中产生的情绪，那么情绪究竟来自大脑的哪个部分？

情绪与大脑

哪怕在最理想的情况下，单独观察大脑的某个特定区域，并证实它在执行某项特定功能，都是极其困难的事。如果你寻找的东西还没有准确的科学定义，那就更是难于上青天了。

另一个问题让情况变得更加棘手：对于情绪在大脑中是如何运作的，存在不少广为流传的假设和观念；我们明知这些理论在科学上站不住脚，可它们就是不肯乖乖消逝，就像大作家托尔金笔下的某个精灵，或是特别烦人的绿头苍蝇。

最常见的例子可能是"左脑或右脑"的说法：左脑负责逻辑分析，右脑负责创造和表达情绪。因此，如果你为人矜持稳重，左脑会用得比较多；如果你性格外向、感情用事、喜爱艺术，右脑会用得比较多。社交媒体上的许多小测试都基于这种说法。据说，只要你做几道无聊的选择题，或者盯着某个旋转的图案看一会儿，它就能给你做个心理分析（那个分析当然是问题多多）。

请明确一点：这种左脑或右脑的说法是错误的。或者说，对于大脑是如何运作的，这种说法实在过于简化。不过，我在试图彻底（换个说法就是"毒舌"）驳斥它的过程中，却发现它背后其实有一些科学依据。坦白说，这让我相当恼火。

首先，人类的大脑确实包括两个部分，分为两个半球。它类似于两只底部相连的大核桃，或是一对晒干了的屁股蛋。需要注意的是，我们的大脑确实拥有明显的左右两边。

第一章 情绪的基础知识

目前我们还不清楚大脑为什么会以这种造型出现。但数亿年来，几乎所有生物体的大脑都呈对称形式，这可能在演化上有好处。[72]但无论是出于什么原因，我们的大脑有明显的左右半球之分，并通过胼胝体相连。胼胝体是一条宽厚的横行神经纤维束，在左右脑之间来回传递信息，就像一条功能强大（只不过又湿又软）的宽带电缆。

有证据显示，胼胝体越宽厚，智力就越高。[73]这完全说得通：胼胝体越宽厚，意味着左右脑之间的连接越多，大脑也就越能获取并使用两侧的信息，进而表现为更高的智力。这种大脑左右半球之间的连接相当有用，因为虽然左右脑看似互为镜像，但两者的功能有所不同，也就意味着它们做的事不一样。

左脑似乎在语言处理方面起主导作用，[74]右脑则负责处理声调、音高和其他基本声响。[75]研究还显示，左右脑分别强调全局和局部感知。也就意味着，左脑更关注"大局"，右脑则负责处理细枝末节；左脑看到的是树林，右脑看到的则是一棵棵树木。[76]

所以说，大脑的左侧和右侧确实在做不同的事，或者是以不同方式做类似的事。而且没错，人通常有一侧大脑起主导作用，所以有些人是左撇子，有些人是右撇子。[1]还有证据显示，占主导地位的一侧大脑会影响你的情绪能力。[77]这是不是意味着"右脑负责所有情绪"的说法有可能是对的？

并非如此。

在脑部扫描技术刚刚普及的时候，确实有越来越多的证据支持"情绪由大脑不同半球处理"的观点。[78]不幸的是，更先进的现代分析研究方法显示，情况要比这复杂得多。[79]

但如果退一步想，从逻辑上看，考虑到大脑的体积，大脑里有多少

1　左右脑分别控制对侧身体：如果你是右撇子，左脑就占支配地位；如果你是左撇子，右脑就占支配地位。

事在上演，大脑内部的相互联系有多紧密，以及大脑中每个部分有多细小，却同时扮演着众多不同角色，将某种特定功能（比如情绪）归功于整个大脑半球就有点儿可笑了。这就像一口咬定地球上南半球的每个人都是出色的舞蹈家，而北半球的每个人都不会跳舞，因为他们要做纳税申报。这种说法实在荒谬，就跟说"情绪完全由右脑负责"一样可笑，无论网上有多少表情包和小测试鼓吹这种观点。

所以，如果情绪不是由大脑的某一侧负责的，那么它是从大脑的哪个地方产生的？

长期以来，研究人员一直认为情绪由边缘系统负责，[80]这个脑区基本位于"爬行动物脑"的顶上。爬行动物脑（从恐龙时代就已存在，所以叫这个名字）是大脑最原始的部分，负责最原始的生理过程，是所谓"三重脑"[81]模型的最底层。"三重脑"模型提出，大脑分为三层，底层是最古老的，顶层则是"最新"也最复杂的。

较新较聪明的脑区从较低层、较原始的脑区生长演化出来，就像玛芬蛋糕胖乎乎的顶部从底部膨胀出来。或者说像树的年轮，从内到外越来越新，越来越大。只不过，随着新年轮一圈一圈增加，那棵树会变得越来越聪明。

就像前面提到的，爬行动物脑位于大脑底层，负责基本的生理功能，比如呼吸等。最顶层是大脑皮质，或者称为新皮质[82]（具体要看你在跟谁聊这个），也就是构成大脑主体的皱巴巴的部分。它就是所谓的"人类脑"，做的是令人惊艳的智力工作。

夹在两者之间的是"哺乳动物脑"，通常被称为边缘系统。[83]"边缘"（Limbic）这个词源自拉丁语limbus，意为"边界"，因为边缘系统构成了大脑皮质的边界，再过去就是爬行动物脑。

在很长一段时间里，人们一直认为边缘系统负责的大脑功能比基本生理过程要复杂，但比真正复杂的涉及智力的功能要基础。它涉及智力的大脑功能包括学习和记忆、动机和驱动力、奖赏和愉悦、有意识的运动控制，当然还有情绪。[84]比它高一层的"人类脑"，也就是最后演化的那个部分，产生了"有意识"的东西，比如分析、语言、注意力、推理和抽象思维。

结论很明显：情绪是潜意识过程，由边缘系统产生，这个脑区比我们所知的意识早出现。所以说，情绪发生在大脑中意识之下的地方。看起来相当清晰明了，对吧？

不幸的是，情况并没有那么简单，因为情绪研究领域中另一个争论是：情绪在多大程度上是有意识或下意识产生的。主要是因为，早在一百三十多年前就有人提出"有明确定义的边缘系统负责处理情绪（还有其他事务）"，但根据现代证据和我们对大脑运作的最新理解，这个观点已经失宠。"边缘系统"这个叫法如今仍广为沿用，但面对不断累积的证据，"边缘系统是功能明确、自成一体的脑区"这个观点已经摇摇欲坠。[85]无数证据显示，大脑中的一切几乎都彼此相连。[86]

有一个事实驳斥了"情绪肯定是潜意识的东西，因为它们来自边缘系统"这个观点。那就是，我们现在知道，边缘区域与上层意识区域存在广泛的双向联系，所以两者能通过多种方式相互影响。[87]因此，有意识的脑区很容易通过与边缘区域的广泛联系诱发情绪。许多人指出，这正是大脑中发生的事。[88]问题在于，哪怕情绪确实是通过边缘系统产生的，我们也没法打包票说，情绪源自边缘系统。那就像一口咬定你收到的信都是邮递员写的。同样，这也是情绪研究领域争论不休的一点。

如今普遍接受的观点是，大脑中没有特定负责情绪的"部分"。你没法指着哪个脑区说"情绪就来自那里"。恰恰相反，情绪涉及众多大脑网络或回路。[89]大脑中的不同区域协同运作，创造出了我们熟悉且认可（只不过很难描述出来）的情绪体验。

不过，这仍然没有真正回答情绪在大脑中的"来源"，以及情绪是由什么生理过程产生的。更现代的观点[90]是，情绪及其引起的反应和行为由一套神经回路处理，涉及背外侧前额叶、腹内侧前额叶、眶额皮质、杏仁核、海马体、前扣带回和岛叶。

这听起来似乎挺详细具体的，但这些区域从大脑的最顶端、最前端（所有重要的认知过程都发生在这里）一直延伸到位于大脑中央的边缘系统最核心的部分，还包括两者之间的众多脑区。而这份清单还没有囊括所有关键脑区呢。即使如此，上面提到的脑区在其他关键过程中也发挥着重要作用，比如记忆、注意力、前瞻规划、疼痛感知等。它们不仅仅参与情绪过程。

此外，即使百分之百证实了某个脑区在情绪体验中发挥着重要作用，也不意味着情况会变得清晰明了。杏仁核就是一个很好的例子。它是大脑颞叶边缘系统中一块小小的神经区域。[91]在相当长的一段时间里，杏仁核都以"处理加工恐惧情绪并对恐惧做出反应"而为人熟知。可以说，直到如今杏仁核最著名的功能仍是这一点。[92]但随着研究数据不断累积，杏仁核的作用变得更多样化了。现在，我们知道它在其他方面也扮演着关键角色，包括提供记忆中的情绪元素，[93]赋予我们感知他人情绪的能力，[94]甚至决定我们在体验或感知事物时需要的情绪反应。[95]

杏仁核远不止在单一情绪（恐惧）中发挥作用。如今，它被视为大脑的关键区域，甚至是体验情绪的"枢纽"。[96]但坏处是，我们更难把握情绪在大脑中的运作方式了。

因此，虽然我们的理解比"整个一侧大脑负责处理情绪"已经进一步，但仍然存在许多模糊和不确定之处。尽管我们在科技领域取得了长足进步，也在数十年的研究中收集了大量数据，但"情绪来自大脑中哪个地方"仍然是个难以回答的问题。

部分原因在于，在"如何定义情绪"这个问题上，人们仍然没有真正达成共识。如果一间实验室采纳某个定义，另一间实验室采纳另一个定义，哪怕他们使用相同的研究方法，得出的结果也不太可能一致。就好比两组人分别调查全国有多少宠物，一组对宠物的定义是"猫、狗、兔子或金鱼",另一组对宠物的定义是"生活在某人家里的非人生物",也就是说还得加上蚊虫、蜘蛛或白蚁。上述两项调查在寻找相同的信息,但由于对宠物的定义不同(一个太狭隘,一个太宽泛),最后会得出截然不同的结果。

除此之外,即使我们可以给情绪下具体的定义,被研究的各类情绪体验[97](比如是愉快的还是不愉快的)在大脑中的表达肯定也不一样。我觉得,没有谁会对"不同情绪会以不同方式影响我们"这一调查结果提出异议。

这也取决于你调查的是情绪体验,还是情绪的感知与表达。[98]人脑在这两样东西上的重合之处要比你想象的多得多。

而这还没有考虑到进行调查的现有技术局限。如果光看媒体报道,你也许会认为脑部扫描仪能读取你大脑中发生的事,就像你我能看懂电视屏幕上的画面一样。但可悲的是,脑部扫描仪远不具备这种能力。

例如,目前常用的功能性磁共振成像脑部扫描仪间接测量脑部活动,[99]需要好几秒钟才能检测出脑部活动变化。但情绪往往发生在一瞬间,相关脑部活动可能在几毫秒内就结束了,脑部扫描仪根本来不及弄清发生了什么事。有时候,用脑部扫描仪研究情绪,就像在赛马结束三小时后去调查马场终点线旁的蹄印,试图弄清是哪匹马跑赢了比赛。

当然,并不是说这种研究毫无价值,它们当然有价值。只不过,研究人员还有很长的路要走。但为了我们(尤其是我)能够理解,也许"情绪来自大脑中哪个部分"这个问题本身就问错了?

更好的做法也许是缩小范围,观察每种情绪可识别的表达和表现,看看在每种情况下具体发生了什么。也许这种方法有助于我们抽丝剥茧,解开更大的"一团乱麻",也就是弄清通常意义上的情绪。

我希望能成功,因为这正是我选择迈出的下一步。

第二章
情绪与思维

我是个铁杆科幻小说迷。但首先我要承认,如果你看的科幻小说足够多,就会觉得它们有点儿重复,因为某些概念和老梗反复出现。比方说,"尽管演化史毫无关联,但外星人看起来很像人类,只是额头或耳朵长得有点儿怪"。再比如,"哪怕某件事再危险,也总会有阴险的大公司试图借此谋利"。

还有,"缺乏情绪或对情绪免疫的智慧生物总会对人类构成威胁,或者说那种智慧生物比人类高出一筹"。比如电影《终结者》和《黑客帝国》系列中无情的人工智能、冷酷高效的机械战警,或是科幻剧集《神秘博士》中的赛博人,还有《星际迷航》中智力超群的瓦肯人,摒弃情绪是他们文化的根基。[1]无论是无意之举还是精心设计的结果,科幻作品常常暗示情绪是一种短处、一种弱点。

不可否认,现实世界并没有比科幻作品好多少。早在几千年前,斯多葛学派和佛教徒就坚持认为情绪会阻碍理性和开悟。说某人"太情绪化"绝不是一种赞美。

因此,人们普遍的共识是,情绪是理性思考的障碍;大脑已经演化到了超越情绪的程度,但情绪仍然在附近徘徊不去,阻碍我们的思维运

---

1 根据《星际迷航》系列,瓦肯人并不缺乏强烈情绪,但几乎都能压抑下去,只有在七年一次的"发情"(pon farr)期才会无法抑制。或者说,每当剧情需要的时候。

作；从心理层面上看，情绪相当于发炎的阑尾。

我以前从来没把这些说法放在心上，认为它是反乌托邦小说的专属设定，或是网上伪知识分子的故作姿态。但当我爸病倒后，我才意识到自己不会表达情绪，也无法接受自己的情绪反应。

我爸的病情时好时坏，每天起起伏伏，所以我努力理解或应对的情绪从早到晚一直在变，害得我什么事也做不好。我真心觉得，情绪对我没有任何好处，只会阻碍我的正常思维能力。结果就是，我越来越想抛开情绪，免得思维受到影响，以至于去研究了这在科学上有多大的可行性。

你知道吗？情绪不是这么运作的，根本不是。

事实证明，情绪在我们的思维、感知和头脑中发挥着许多耐人寻味、至关重要的作用，甚至可能是我们拥有这些东西的原因。所以说，我没抛开情绪其实是件好事，不然可能早已酿成大错。

不是说我真的能选择抛开情绪。毕竟，我只是个普普通通的科学家，又不是科幻小说里的科学狂人。但你如果想知道该如何看待情绪，就必须知道"思考"这种行为在许多方面依赖情绪。这正是我在这一章想要探讨的。

情绪动机

老爸住院令我百感交集。在试图应对那些情绪时，我发现自己总想做点儿什么。什么都行！比方说，把自己的情绪写成书！没错，就是你现在读到的这本书。

这让我大为惊讶。通常来说，人们认为悲伤、焦虑和哀恸会使人虚弱、丧失信心或忧心忡忡，什么事都做不好。这可能会导致人们（至少我是这样）相信，深陷负面情绪的人会缺乏动力。我认为这个假设完全说得通，因为"缺乏动力"是抑郁症的决定性特征之一。[100]然而，当我本该最悲伤的时候，却涌出了一股强烈的冲动，想要尽可能做点儿什么。

这是不是预示我的大脑在某些方面有毛病？我以后尝试算数的时候，会不会开始引吭高歌？还是说，我在情绪层面上还没能彻底接受现实？也许我的理性思维已经接受了，但感性思维还在产出错误信息。

事实上，尽管动机是现代生活的重要组成部分，公司和管理者一直在努力激励员工，广告商则拼命激励人们购买某些产品，但很少有人理解这个概念有多复杂。

从科学角度来说，动机是使我们想采取某些行动或行为的认知"能量"。这听起来似乎直截了当，但动机的表现方式却五花八门。

饿了要吃，渴了要喝，远离危险，繁衍后代——这些极其基础的"基本驱动力"[101]指导着所有物种的行动。它们都属于动机。不过，耗费数年时间创造一件伟大艺术品，或是从无到有建立一家成功企业，做这些事所需的恒心也属于动机。而介于上述两者之间的一切，从为达目标不惜一切的"目标导向"行为，[102]到让挚爱亲友（除了自己以外的人）过上美好生活的欲望，也属于动机。

动机之所以如此复杂，是因为它与我们的情绪和有理性、有逻辑、有意识的思维过程（为了方便起见，接下来我会称它为"认知"）都存在内在联系。我们最终受到激励去做的事，似乎主要取决于情绪和认知在大脑中的紧密关联。

从一方面来看，动机与情绪的关系似乎比与认知的关系更密切。动机"motivation"和情绪"emotion"都来自同一个拉丁语词movere，意为"趋向"（to move）。科学家早已接受情绪和动机存在联系。著名心理学家西格蒙德·弗洛伊德就描述过"享乐动机"，指出我们有动力追求会带来快乐的事物，规避会引起痛苦的事物。[103]

我们常常会犯错误，去做某些会令人心情愉悦，但从逻辑上看并不明智的事。大家都有过这样的经历：在工作日晚上"再多喝一杯"（或是再多喝好几杯）。这表明，情绪是比认知更强大的动机。因为，尽管我们在理智上知道怎么做更好，比如应该保持头脑清醒，早早回家休息，但如果那没法让我们感觉良好，就很难唤起照办的动机。

但这远远不是故事的全部。

在探讨情绪的科学文献中，"情感"这个词反复出现。当你体验到某种情绪时，就处于"情感状态"。如果你研究的是情绪在大脑中的运作方式，那你就是在做"情感神经科学"研究。以此类推。

说白了，情感是指情绪体验，也就是当情绪出现的时候，你的身体和头脑中发生了什么。所有科学家都赞同，情绪会影响我们。情感就是这种"影响"。

情感由三大元素组成。其中之一是"效价"，也就是某种情绪让你感觉好还是坏。效价可正可负。比如，快乐的效价是正值，恐惧和厌恶的效价则是负值。

情感的另一个要素是"唤醒"，也就是某种情绪对我们身心的刺激程度。自动售货机吞了找零带来的轻微沮丧感，属于低度唤醒。差点儿撞车时的强烈恐惧和惊慌，则是高度唤醒。唤醒度提升通常与交感神经系统活动增加存在关联。[104]

情感的第三个要素是"动机突显"（motivational salience），或者称为"动机强度"（motivational intensity），也就是由情绪体验引起的采取行动、做出反应的欲望。看到恶心的东西，你会挪开视线，这就是强动机。吞掉你找零的自动售货机带来的动机则很弱。[1]

因此，从某种程度上说，所有情绪体验都可能刺激我们做某些事。有证据显示，大脑中处理情绪和动机的系统有许多重合之处。[105]

另一方面，我们并不总是根据情绪采取行动。我们不会尖叫着逃离

---

1 当然，除非是在你心情不好的日子里。

每一样令人害怕的东西，也不会持续不断地吞下自己渴望的美食。我们可能会有冲动，想要那么做，但终究会控制住自己。我们能做到这一点，是因为动机、情绪和认知在人脑中以有趣的方式相互交织。

很多人将大脑中某个部分视为动机的"枢纽"，那就是我们的"老朋友"下丘脑。下丘脑除了具备维持生命的功能，在动机和行为方面也发挥着公认的作用。[106]具体说起来相当复杂，但从某种意义上说，下丘脑"创造"了动机。它通过与脑干和其他基本运动控制区相连，[107]引发了以某种方式采取行动的冲动。如果把身体比作木偶，那些区域就是牵动木偶的引线。下丘脑不断通过拽动"引线"控制身体。

研究显示，特定的下丘脑系统负责本能行为，主要包括进食、繁衍和防御。[108]边看电视边心不在焉地吃完了一整包薯片，想也不想就盯着某个身材火辣的帅哥美女看，碰到滚烫的东西以后马上缩回手……这些都是出于本能的反射行为，即你有做这些事的动机，而并不会想了想再去做。这要感谢（就前面两个例子而言，也可能是怪罪）你的下丘脑。

不过，下丘脑连通大脑的每个部分。[109]所以说，负责控制动机的不仅仅是下丘脑，大脑的其他所有部分也都参与其中。

其中，一些部分是位于皮质之下、负责情绪的边缘区域；另一些部分则是前额叶和颞叶区域，也就是认知区域。它们都能调节或限制下丘脑的本能驱动力。比如，我们可以（通常也应该）有意识地阻止自己盯着帅哥美女看。同样，如果我们感到厌恶，吃东西的本能动机（又称为食欲）就会减退。

这意味着情绪过程能引发特定动机，不需要大脑的认知区域输入信息。反过来也成立。[110]我们偶尔会在纯粹的兴奋、恐惧或愤怒驱使下做出一些事，而如果是在认真思考过后，则通常不会那么做。反之，我们常常不带任何情绪地做家务。我们有动力这么做，是因为我们清楚地意识到需要去做。我们很少有情绪冲动去做家务。

从这个意义上说，产生动机的下丘脑就像汽车的发动机。情绪和认知坐在前排座位上，一个握着方向盘，另一个拿着地图，不断争论谁该做什么。

然而，即使我们接受"情绪和动机从根本上彼此相连，通常由情绪催生动机"[1]的说法，我们最终有动机去做什么通常还是由认知决定的。大脑额叶中更聪明、更新的区域，尤其是前额叶，赋予了我们执行控制的天赋。

执行控制是众多功能的总称，[111]包括冲动控制、问题解决、工作记忆、自我调控和评估等。执行控制就是能推翻自己身上更原始的动物性特征（比如情绪），用理性和逻辑来指导思想和行为。

这属于我们心理的"智力"部分，对动机发挥着实质性作用。当我们下决心要做某件事的时候，绝不是从"做"或"不做"中简单作出选择，而是需要考虑众多变量，比如要付出的努力或成本[112]、潜在的回报[113]、涉及的风险[114]等。这些计算背后都有不同的神经过程，而那些神经过程都会影响我们最终采取的行为。

比方说，你特别爱吃纸杯蛋糕。这就意味着，只要你看见纸杯蛋糕，就有本能的动机去吃掉它。但如果你看见一座活火山，火山口上悬着一道摇摇欲坠的绳桥，桥的另一端摆着一只纸杯蛋糕，你并不会自然而然产生动力去拿它。你的执行控制功能会介入，对情况进行评估，推翻追求享乐的情绪动机，阻止你去拿纸杯蛋糕。

当然，跟其他大多数情境一样，上述情境也有许多诱发情绪的因素，而且可能彼此矛盾。比如，有情绪说"蛋糕超棒！去拿蛋糕！"，也有情绪大喊"火山好烫，会死人的！千万别去！"，但是，将这些相互矛盾的信号纳入考量，对我们的行为有最终决定权的，似乎还是大脑中的逻辑认知系统。

---

1 有趣的是，情绪很少由动机催生。你很难激励自己体验到某种情绪。我们没法只靠"下决心"就开心起来，哪怕众多表情包和"励志"名言都坚持认为我们能做到。

有确凿的证据显示，大脑中负责将情绪冲动融入理性决策（以及接下来的动机）的部分是眶额皮质。虽然眶额皮质的许多功能还在研究阶段，但它显然在自我控制（尤其是在情绪动机这方面）中发挥着关键作用。[115]

比方说，如果你在派对上看到帅哥美女，你可能会情欲高涨。那是出于本能的情绪驱动力，你会想跟对方共赴云雨。因此，你在情绪和本能的驱使下，可能采取实现这一目标的行为。[1]

然而，你周围全是你认识的人，其中一个还是你情欲对象的伴侣。向那位尤物"主动出击"可能会带来正面的情绪体验，但负面的情绪后果（比如在社交上遭到排斥，破坏有价值的人脉关系）要严重得多。因此，你事实上有动机压抑或忽略自己的性冲动，而不是顺水推舟采取行动。

这正是眶额皮质造成的。它会权衡情绪欲望的利弊，判断是否值得去做。它就像站在我们肩头的天使，不断询问我们："你确定要这么做吗？"

在最基本的神经层面上，动机体现为"趋近"或"规避"。在前面提到的"火山上的纸杯蛋糕"情境中，你可以选择去拿蛋糕，也可以选择远离它。显然，你在这种情况下会规避。不过，以上两种动机也适用于无数日常情况。

你是会接近还是远离堆满脏盘子的厨房水槽？有时候我们会叹着气，不情不愿地戴上橡胶洗碗手套。有时候我们会绕路走，希望家里其他人先洗干净盘子。在以上两种情况下，趋近动机和规避动机分别胜出。

研究显示，对于到底是趋近系统还是规避系统占主导地位，情绪状态发挥着很大作用。因此，在这种情况下，认知受情绪影响，而不是情

---

1 尽管这些目标非常主观，而且因人而异。

绪受认知影响。

就拿会令我们激动难耐的愤怒为例吧。它会促使我们跟不知道变通的办事员大吵一架，或是冲凌晨两点还在大声放歌（已经不是第一次了！）的邻居大吼大叫。

如果没有办法解决具体诱因，愤怒也会促使我们使出一切招数缓解压力。人们会抡起拳头捶墙，把脸埋进枕头尖叫，或是把凑巧进屋的人臭骂一顿，无论对方有多无辜。

正如斯多葛学派早在四千年前就认识到的，愤怒肯定会给人动机，尽管这并不公平，也不符合逻辑。愤怒会使我们想要做些什么，完全不顾风险也无须理由，也不管要付出多少努力。[116]这是因为，愤怒会使前额叶中的"趋近"动机系统大大活跃起来。[117]

恐惧则会发挥相反的作用。体验到恐惧的时候，我们更有可能规避某些东西。[118]在阳光明媚的公园里愉快漫步时，树枝折断的声音根本无关紧要。但换成夜深人静的时候，如果你在幽暗的丛林中摸索前进，听到树枝折断的声响，肯定想撒腿就跑。你有强烈的动机逃离发出那种声音的东西，哪怕并没有合情合理的理由。这是因为你体验到了恐惧。

情绪的重要作用还体现在两方面，分别称为外在动机和内在动机。外在动机是指我们做事是因为"被逼无奈"，或是有奖赏（比方说，如果你来上班，老板就会给你发工资），或是有惩罚（比方说，如果你不去上班，老板就会炒你的鱿鱼）。内在动机是指我们有动力去做某事，是因为发自内心想要做，做起来很享受，或是能从中受益。[119]

如果画家作画是因为有人出钱委托，那就是外在动机。如果画家作画是因为想展示给世人看，那就是内在动机。这两类动机通常可以适用于同一件事。[1]

但有证据显示，内在动机更强大也更持久。在1973年进行的一项研

---

1 比方说，我就靠写自己感兴趣的东西养家糊口。

究中，[120]研究人员给一群拿了绘画工具去玩的孩子提供奖励，而给另一群孩子虽提供了绘画工具，但只让他们想做什么就做什么。后续调查显示，拿同样的绘画工具玩耍，与最初就喜欢画画的孩子比起来，被奖励的孩子动机没有那么强。在那之后，内在动机的主导地位得到了学界的认可。[121]

事实上，为了"实现梦想"辞去赚钱糊口的无聊工作，过着朝不保夕的生活，是无数演员艺人的亲身经历，也是"内因比外因更有激励作用"的最佳例证。

情绪受到某物刺激时，内在动机应运而生。如果那是我们的激情（情绪过去的叫法）所在，我们就会动力十足、数年如一日地追求它，哪怕不一定能得到回报。除了情绪上的回报，我们这么做没有任何理性客观的理由。

不少公司似乎都领会了这一点。如今，当我们走进星巴克这样的地方，通常会被大海报和品牌宣传广告包围，表示我们属于"家中一员"。它们提供的不光是咖啡因，更重要的是一种情感联系（emotional connection）！[1]

不可否认的是，情绪、认知和动机一直在大脑中以错综复杂的方式相互影响。弄清三者的关系是许多研究的核心，尤其是在教育和学习领域。[122]

谢菲尔德大学的克里斯·布莱克莫尔（Chris Blackmore）博士就在从事这类研究。他研究的是在线学习平台中情绪元素的作用。[123]我问他，关于情绪和动机如何相互影响，目前最新的研究进展如何。

> 人们似乎越来越意识到，"正面情绪对学习有利，负面情绪对学习不利"的说法其实过于简化了。通过研究在线学习者，

---

1 我个人觉得这有点儿过火了。我只是想来杯咖啡喝喝，又不想加入什么大家庭。

> 我发现,所谓的负面情绪,比如沮丧或焦虑,往往是突破和转变的前兆。

这一席话相当耐人寻味。虽然人们常说"追求自己的梦想,做自己喜欢的事,做让自己快乐的事",但显然,让我们觉得沮丧、倍感压力的事也能成为动力。想要规避某些一定或可能导致痛苦不适的体验(可以是情绪方面的,也可以是其他方面的),也能成为去"做"某事的强大动机。

这就可以解释我在老爸病重期间的古怪欲求——特别想要忙得停不下来。不是我拒绝接受自己生活中发生的事,而是强烈的负面情绪影响了我的动机,逼着我不得不去做些什么,随便什么都行,只是为了规避正在发生的事带来的不适感。

不过,布莱克莫尔博士告诉我,这种现象远不会使人陷入虚弱或混乱,而是会带来极其深远的影响。历史上有许多伟大的哲学家和思想家,他们不一定是受探索的激情或对知识的热爱驱动,而是受存在主义的恐惧驱使。[124]世界和人生是如何运作的,这么基本且重要的东西我们竟然不了解?这使他们满心担忧。

我们的大脑不擅长应对不确定性。俗话说得好,"等待才是最折磨人的"。研究显示,不知道糟糕的结果会不会出现,比糟糕的结果本身还要糟糕。[125]无论结果有多么令人不快,至少它是确定不变的。

说白了,提出史上最深刻见解的伟大哲学家,都是受到了某种恐惧的驱使。布莱克莫尔博士很好地总结了这一点:

> 我认为哲学家克尔恺郭尔说得很对。他说:"谁学会了以正确的方式焦虑,谁就掌握了终极之法。"[126]鉴于我们通常认为情绪会阻碍逻辑和理性,而许多最伟大的思想家竟然受情绪驱动,这事就很奇怪了。

不过，那些著名哲学家生活在很久很久以前，那时宗教和迷信的影响力比现在大得多。也许这就是为什么他们的动机并非百分之百理性？同等地位的现代思想家也会受制于情绪因素吗？

为了回答这个问题，我找到了一位类似的人物。如今，弄清宇宙及其相关一切是粒子物理学家、天体物理学家和宇宙学家的工作。X[1]上的@AstroKatie就属于这个圈子。这个账号背后的大活人是北卡罗来纳大学的天体物理学家和助理教授凯瑟琳·麦克（Katherine Mack）博士。麦克博士是一位杰出的科学传播者[2]，也是《万物的终结》（*The End of Everything*）的作者，那本书阐述了宇宙的终极命运。她告诉我：

> 我经常收到人们发来的私信，希望我向他们保证，宇宙不会立刻终结。问题在于，作为物理学家，我可以说这不太可能发生……但我能百分之百保证吗？不，我没法保证。

"宇宙会如何终结"可以说是现代科学领域最重大的问题，所以我想知道，她研究这个问题的动机是什么。为了回答我的疑问，麦克博士讲述了自己的顿悟时刻：

> 我还在读本科的时候，有一次参加天文系学生例行的甜点之夜，我们聚在教授家里，他准备了茶和饼干，跟我们聊宇宙膨胀。[3]具体来说，就是早期宇宙如何加速度膨胀，塑造出我们如今所知的宇宙。他指出，我们不知道这种加速膨胀为什么开始，也不知道它为什么结束。所以，没人能打包票它不再发

---

[1] 国外社交平台名称。——编者注
[2] 我想说她是科学界的"明星"，但这对天体物理学家来说可能不算赞美，就好比夸某位建筑师是块砖头。
[3] 如果你是科学家，这就是标准的社交聚会方式。

生，比如就发生在此时此刻。

我掌握的知识几乎都局限在人脑之内，所以"整个宇宙可能突然发生变化"这个说法令我大为震撼。麦克博士注意到了这一点，便努力从较小的维度解释给我听，但那仍然涉及行星的毁灭。这无疑彰显了天体物理学家思考问题的方式。

> 就像你看到了流星撞击的证据，比如历史悠久的陨石坑。对我来说，它让我清楚地认识到，世界上某些已经发生、可能发生也确实发生了的大事，能彻底改变我的生活和周遭环境。那是我无法控制的。我只是住在一块大石头上的一个小黑点，所有我认为稳固不变的因素都由宇宙力量决定。我始终铭记这一点。

假设麦克博士是她所在领域的可靠代表（证据显示她确实是），那么看起来研究"存在"这个基本问题的科学家仍然受到焦虑感的驱动，因为他们关注宇宙是如何运作的。

对于宇宙的命运和它的运作方式，目前我们什么也做不了。如果你理性的一面喜欢思考这些东西，那你肯定会觉得不舒服。试图减少存在的不确定感，弄清它是如何运作的，并不会改变这种不适感，但可以带给我们掌控感和自主性。无论那种感觉多么微弱，都有助于减少我们的焦虑。[127]

但话说回来，也许是我想得太深了？谁知道为什么智者哲人会做他们做的事？情绪可能起到了一定的作用，但那些去宇宙深处寻找答案的人对认知的依赖远远超过情绪。

但接着，麦克博士又说道：

> 在为写书做研究的过程中，我找许多宇宙学家聊过。我总是问："宇宙将会终结，这让你有什么感觉？"宇宙将会"热

寂"，一切都会化为黑暗。许多人都觉得这个观点令人沮丧。有些人甚至说"我就是不信会那样"，还提出了替代理论和观点，因为他们就是不喜欢"宇宙终将消逝凋亡"这个说法。

对于宇宙将如何终结，即使是面对堆积如山的数据和经过同行评议的证据，无数极其聪明的人还是拒绝接受。因为它实在太令人沮丧、太惨淡凄凉了。

麦克博士阐明了一点，她可敬的同事们不仅仅是因为不喜欢宇宙的终结方式，才受到驱动进行相关研究，毕竟他们的观点和理论都基于实际数据。不得不承认，当你研究的是数万亿年后发生的事时，当然会存在许许多多的不确定感，但那种促使他们不断钻研，激励他们寻找替代理论的情绪，很难被彻底抛开。

事实证明，即使是大脑最发达的人，仍然受到情绪的激励。在某些情况下，情绪能改变宇宙的命运。或者说，至少是改变关于宇宙命运的模型和理论。或许从现在开始，我们应该更尊重情绪？

尽管前面已经说了这么多，但"宇宙将如何演进"仍然是个理论上的问题。所以说，既然情绪能影响我们的思维，那么它能有这么大的影响力也许并不奇怪。

相较而言，情绪肯定不会影响我们如何看待实实在在的环境吧？你大概会这么想。但这么想就大错特错了。情绪确实会给我们对周遭世界的感知染上一层色彩。我这么说可不是打比方哦。

情绪的色彩

当你一天中大部分时间都在担心老爸的时候，不可避免会花更多时间思考自己的童年和成长经历。那是父母在你一生中最重要的时期。但

第二章 情绪与思维

当你的大脑不断挖掘年少时的随机记忆,它最终会刨出某些超现实的离奇体验。

对我来说,这发生在吃完晚饭准备洗碗的时候。我盯着洗碗池下方一大包色彩鲜艳的洗碗海绵,脑海中突然冒出了一段格外古怪的记忆。

我快满十八岁的时候,一群朋友里年纪最大的那个搬出了父母家,住进了自己的新房。他马上就请我们这一大帮好友去家里玩,我们也都去了。

先说说当时的背景吧。那是20世纪90年代末,我们全是十来岁的青少年,住在英国南威尔士一座偏僻的矿业小镇上,既没有智能手机,也没有互联网。我们的社交生活主要是去朋友家里玩,这意味着不得不忍受总在旁边转悠的父母。他们不断提醒我们该好好学习,或是偷听我们越来越不堪入耳的聊天(我们都是十几岁的男生,可以说是睾丸素爆棚)。

现在,我们中的一个有了自己的小窝。在那里,我们可以想说什么就说什么,想做什么就做什么,既不用挨训也不用被人唠叨,真是再理想不过了!

不过,我那个朋友一搬进新家,就把每个房间重新粉刷了一遍,通通涂成了鲜艳的颜色。前厅是刺眼的紫色,客厅是艳丽的橙色,厨房是荧光绿,卧室则是火一般的红。那就像《蝙蝠侠》漫画里恶棍巢穴的夸张升级版。哪怕他家地下室里有个小丑主题的刑讯室,也没人会吃惊。

我不是想批评朋友的室内设计选择,但当你被室内装潢搞得头昏脑涨的时候,会很难放松下来喝几杯小酒。

但为什么会发生这种事?说到底,颜色只不过是特定波长的光子打在视网膜上罢了[128]。这么基本的东西怎么会引起如此强烈的情绪反应?

事实上,颜色会对大脑造成相当有趣且令人惊讶的影响。它们会影响我们的情绪,进而影响我们的思维。有一门完整的学科,也就是所谓的色彩心理学,[129]专门研究某些颜色如何对我们造成心理影响,又是为什么会这样。

正如前面提过的，我们人类（和其他灵长类动物）拥有三色视觉。也就是说，我们的眼睛能感知红、蓝、绿三种颜色。但有些物种走的演化路线不一样，它们根本看不见颜色。还有一些物种（通常是鸟类或海洋生物）能感知四五种甚至更多种颜色。[130]目前的世界纪录保持者是螳螂虾，它的眼睛对十二种颜色敏感，真是太离谱了！

我想说的是，尽管颜色本身（对应光的波长）也许（相对）简单，但我们感知和识别色彩的能力却一点儿也不简单。这要归功于我们大脑中经过数百万年演化形成的复杂系统。[131]这意味着，感知色彩的神经机制与大脑的情绪系统有许多重合之处。

如果要做类比的话，不妨想一想现代城市的道路网和下水道网。尽管它们的用途和目的截然不同，发挥作用的方式也不一样，却相互依存。尽管它们通常独立运作，但无疑也常常相互影响。一方的拓展或改变必须考虑到另一方。如果道路下方的下水道突然喷发，使用地面道路的人肯定会受影响。

但证据显示，彩色视觉与人脑中的情绪处理机制没有那么"泾渭分明"。

视觉是人类最主要的感官。据估计，我们80%到85%的感知、学习、思考和一般大脑活动都通过视觉进行。[132][133]因此，"看到某些颜色会引起情绪反应"的说法并不是瞎扯。

这可能就是为什么我们常常用颜色描述情绪体验。悲伤会导致我们"心情郁闷"（feeling blue）。愤怒与"两眼通红"或"涨红了脸"相连。觊觎别人的财物则会让我们"嫉妒得眼睛发绿"。还有许多类似的说法。

当然，这些联想可能是学来的，也可能与文化有关。也许历史上某些画家纯粹出于审美把愤怒的人涂成红色，结果一下子爆火，那种联系一直沿用到了今天。

第二章 情绪与思维

不过，虽然文化因素无疑起到了一定作用，但有证据显示，颜色与情绪的关联其实更基本也更"自然"。首先，它们在不同文化中呈现出惊人的一致。[134]鉴于历史与社会发展的巨大差异，在"哪些情绪与哪些颜色相连"这个问题上，各种文化间的一致性要远远超出你的想象。

红色是被研究得最多的颜色。[135]证据显示，人们常常将红色与愤怒[136]和（或）危险（恐惧）联系在一起。[137]其他颜色与情绪的关联也得到了反复印证，比如蓝色和绿色代表"冷静"或"平静"。[138]

关于这些联想是如何演变而来的，目前有许多种理论。如果我们的远祖看到了血迹，很可能意味着周围曾有捕食者，或是捕食者仍然在附近不远处。因此，我们学到了红色意味着危险。也许绿色意味着厌恶，是因为有害的腐败物质常常因为腐烂发霉而变绿。有些人甚至认为，蓝色与悲伤相连，是因为我们伤心时会哭泣，而眼泪是水，水是"蓝色"的。这有点儿牵强，但严格来说，我没法排除这种可能性。

一个特别有趣的事实使我不得不说回我们的"老朋友"——人脸。有些研究显示，灵长类动物的彩色视觉对血流变化引起的面部肤色改变尤为敏感。[139]

如果我们太热，血液就会流向皮肤，以便排出体内热量。于是，我们会看起来脸色泛红。相反，当我们很冷的时候，血液会从皮肤流向体内，以便尽量减少热量流失。由于光的散射、缺氧血液的化学成分、血管收缩加上视觉处理过程，[140]我们会看起来脸色泛青，至少是比较青。

不仅仅是温度，情绪也会造成类似的影响。有些情绪代表高唤醒、高能量的状态，这意味着我们会"脸红"，无论是因为愤怒涨红了脸，还是由于尴尬羞红了脸。[141]其他一些情绪，比如恐惧，会使血液流向体内重要器官，为战斗或逃跑做好准备。于是，当血液离开面部时，我们会面色苍白或发青。说白了，情绪会改变我们的脸色。

这种脸色变化看似只是偶然的副产品，就像你把充气嬉水池搁在草坪上，几周后草坪上会出现一圈枯黄的痕迹。这块黄草坪对你没有任何用处。它不是你本打算要的，但还是出现在了你眼前。

不过，这种脸色变化可能相当重要，比其他生理过程造成的偶然结果重要得多。首先，虽然人类的体毛显然少于其他灵长类动物，但实际上所有灵长类动物都是"身体毛茸茸，脸上光秃秃"。[142]除了我们人类和我们演化上的表亲猿类，所有其他长毛的生物面部都覆盖着毛发。

显然，对灵长类动物来说，看到面部裸露的皮肤是相当重要的事。虽然我们确实会靠面部表情传递大量信息，但严格来说，做到这一点并不需要裸露的皮肤。裸露无毛的皮肤只能给面部表情增添一种信息，那就是肤色变化。

还有数据显示，灵长类动物的彩色视觉对血流变化引起的不同色调极为敏感。[143]这意味着，我们的脸色传递了非常重要的信息。但那是什么呢？

一些研究显示，我们面部的某些区域，也就是眼、口、鼻周围的区域，会根据我们正在体验的情绪以特定方式改变颜色。美国俄亥俄大学2018年的一项研究报告[144]称，受试者能根据"中性"面孔的脸部色彩模式判断出情绪。这就意味着，特定的面部色彩模式代表特定的情绪。

有些人提出，灵长类动物之所以演化出裸露的面部和精密的彩色视觉，正是因为这些代表情绪的面部色彩模式。这暗示着，某些颜色与某些情绪之间的基本联系绝非巧合，而是我们能看到颜色的根本原因！

这个说法相当有趣，但跟前面提过的观点一样，也存在一些问题。例如，不是每个人的肤色都一样。这会造成什么影响？这个问题已经有人研究过，影响似乎相当深远。[145]

还是说，结论应该是倒过来的：也许我们演化出了能展示某些颜色（对应某些情绪）的面孔，是因为我们这个物种最擅长看到那些颜色？此外，这个理论坚持"面部表情直接对应基本情绪"，而我们知道，这个观点并不像许多人认为的那样不可动摇。

尽管如此，我们的大脑似乎本能地将某些情绪与某些颜色联系起来。这可能会造成一些奇怪的效应。

例如，暴露在某种特定颜色之下，我们对温度或声响的感知会发生改变。[146]此外，暴露在枝叶繁茂的绿色环境中，我们能更迅速地从压力、精神疲劳乃至身体伤害中恢复过来。[147]针对这种"注意力恢复"现象的研究显示，哪怕不是身处大自然中，只是接触到绿色，也能起到同样的作用。[148]

蓝色常常被视为令人平静的颜色（取决于色调深浅）。也许这就是为什么医护人员的服饰通常是绿色或蓝色，或者是中性的白色。这些颜色有助于安抚病人，让病人平静下来。毕竟，生病的人很可能满心焦虑（这也可以理解嘛）。

相反，你绝不会看到医护人员一身鲜红（除非手术出了大问题）。红色与愤怒、危险和威胁的感觉密切相连。许多警告标志都是红色，无论警告的内容是什么。

这些出于本能的"颜色-情绪关联"会以古怪的方式显现出来。若干项研究显示，穿红色能提高你在竞技体育中获胜的概率。[149]怎么会这样？这可能是因为，我们从根本上将红色与威胁联系在一起，所以大脑会本能地把注意力放在红色物体上。当你参加节奏快、对体能要求高的竞技运动时，哪怕是分心几秒钟也可能扭转比赛结果。

感知到威胁会使人将注意力从手头任务上转移开，研究人员通常将这个过程称为"目标转移"（goal distraction）。[150]有趣的是，一项研究报告称，面对穿红色球服的门将时，足球运动员罚球得分的概率大大降低。[151]也就是说，目标转移会导致字面意义上的射门转移[1]。

也许这就是为什么，我朋友令人眼花的室内设计和色彩冲突会激起如此负面的情绪反应。问题不在于颜色本身，而在于表现形式。它们太

1　goal distraction既可翻译成"目标转移"，也可翻译成"射门转移"。goal既有"目标"的意思，也有"射门、进球"的意思。——译者注

过鲜亮，而且打破了固定色彩模式，不符合人们通常的期待，结果吸引了太多注意力。这就意味着，我们很难集中注意力，也没法放松下来。而我们的大脑不喜欢这样。

在我越扯越远之前，必须承认一点：色彩本身并不能决定我们的情绪反应。人脑远比这复杂得多。我们的成长、经历、环境和生活背景都会发挥作用，使整个问题变得更为复杂。

比如说，没错，红色常常与愤怒和威胁相连，但它也与性唤起相连，还与温暖舒适相连。对于仅仅一种颜色来说，它能引起的联想可谓相当多了。而且没人会说，圣诞老人穿红衣是因为他是暴脾气。我想说的是，决定我们体验到的情绪的不仅仅是颜色，还有其他许多因素。[152]

但根据前面提到的一切，已经越来越难以否认一个事实：颜色能影响我们的大脑中基本的情绪和认知。所以，我不会否认，至少不会再像以前那样矢口否认。

不过，我确实觉得有一点很奇怪：所有数据都显示，红色与危险、威胁和攻击性相关联。但即使这是真的，人们仍然喜欢红色。这种颜色广受青睐。也就是说，某种联想本该诱发负面情绪，却使无数人体验到了正面情绪。

情绪不该是这么运作的吧？

……还是说，就该是这样？

坏到极致就是好

老爸病倒住院以后，为了推倒阻挡情绪的"大坝"，让自己能哭出来，我开始看催泪电影。具体来说，是皮克斯公司制作的动画电影。我和太太都是皮克斯的铁杆影迷，而皮克斯似乎特别擅长煽情。

这在一段时间里还挺管用，但没过多久就遇上了麻烦。还记得吗，

第二章　情绪与思维

当时疫情导致封城，我和孩子们一起被困在家里。我女儿喜欢跟我一起看电影，但她只有四岁，所以对鲜艳的色彩和有趣的场景更感兴趣，对角色成长和情节发展则没那么感冒。她会为《飞屋环游记》里的彩色气球鼓掌欢呼，或是为《头脑特工队》中的彩虹马车情节欢呼雀跃，然后转身却看见我在掉眼泪，为她觉得有趣的东西掉眼泪。

我担心，在那段本就人心惶惶的时期，这会让女儿更摸不着头脑。于是，我决定寻找其他东西来激起自己需要的负面情绪。选项实在太多，让我挑花了眼。市面上有那么多电影、电视、书籍、文章和音乐，都是为了让人感到悲伤，或是愤怒、恐惧，甚至是厌恶。

能激起那些通常让人避之不及的情绪的艺术作品，要比能让人感觉良好的东西更受推崇。不是说没有人因为惹人大笑而获得奥斯卡金像奖，但那种情况相对少见。如果你的表演能引得足够多的人潸然泪下，他们绝对会排着队给你颁奖。

我不禁要问……为什么？为什么表面上会引起负面情绪反应的东西，竟然这么受欢迎？这完全有悖直觉嘛。

我在前面提到过效价，[153]也就是区分一种情绪是正面还是负面的情感（情绪）属性。大多数人都赞同，某些情绪会让我们感觉良好，某些情绪则会让我们感觉更糟。只不过，情况当然没有这么简单，否则我们就不会主动寻求能激起负面情绪的体验了。那么，为什么我们的大脑会喜欢上本不该喜欢的东西和体验？

这在很大程度上要归结于情绪与认知相互作用的方式。人们喜欢从客观上说负面的东西，最显而易见的例子就是辛辣食品风靡全球。[154]辣椒中的化学物质辣椒素会刺激舌神经中的感受器，其中有一些是温度感受器，所以无论辛辣食品的实际温度如何，我们都会觉得它们火辣辣的（刚从冰箱里拿出来的墨西哥辣椒吃起来仍然火辣辣的）。

此外，辛辣食品不但尝起来火辣辣的，还有种灼烧感。如果你曾在切完辣椒后揉眼睛、挠鼻子或是擦屁股（老天保佑你！），你肯定对此不陌生。这是因为,辣椒素也会激活触觉感受器,也就是神经中传递疼痛的感受器。[155]

为什么我们如此酷爱吃令人痛苦的东西?人们针对这个问题进行了许多研究,也得出了许多可能的答案。比如,历史上人们往食物中加入辣椒,是因为辣椒能抗菌[156],或是人类喜欢寻求刺激[157],或是男性的支配行为和逞强称能[158]。总的来说,许多潜在因素都导致我们的大脑享受字面意义上的痛苦体验,这些因素的涉及范围极广,从最基础的生物化学层面(比如基因和大脑发育的小意外)到较为抽象的理性层面(比如所属文化的烹饪传统影响了饮食偏好)。

不过,有一点似乎清晰明了:我们并不是生来就喜欢吃辣。嗜辣是后天形成的口味,我们是随着时间推移渐渐喜欢上吃辣的。所以说,根本没有"辛辣婴儿食品"这个品类。

说到后天形成的口味,还有一个领域的人似乎也很享受"不愉快"的感觉。那就是性虐恋领域,具体来说就是绑缚、支配、施虐与受虐。这是一种性行为模式,相关人士享受对心甘情愿的伴侣施以痛苦、束缚或羞辱,或是享受对方施与自己的痛苦、束缚或羞辱。

尽管性虐恋是(通常激情澎湃的)伴侣之间你情我愿的安排,但在主流社会中常常受到蔑视或质疑。不过,鉴于人类往往"喜欢本不该喜欢的东西",公众通常对此相当着迷,就像《五十度灰》风靡全球显示的那样[1]。这无疑是性虐恋提供的另一个绝佳案例,展示了人们喜欢能实实在在造成痛苦的东西。

正因如此,科学界长期以来也对性虐恋颇感兴趣。它促使我们重新思考疼痛在大脑中是如何运作的。

我们的大脑已经演化出了一套复杂精妙的疼痛管理系统,包括在相

---

1 不过,性虐恋社群坚持认为,《五十度灰》展示的不是真正的性虐恋,而是一个女人与一个反社会人格、喜欢伤害他人的亿万富豪之间不健康的关系。我并没有读过那本书,但如果喜欢挨鞭子的人觉得某本书"还算能忍",那绝不是好兆头。

关区域释放神经递质内啡肽,以便抵消疼痛,提供愉悦和纾解。[159]神经递质内源性大麻素[1]也发挥着类似的作用。[160]结果就是,如果做得恰到好处,疼痛能够带来愉悦。

对人类的性行为来说,这一点千真万确。尽管性行为五花八门,但哪怕是"口味最清淡"的性行为也是亲密的身体接触。任何一种性行为都很容易引起疼痛,哪怕你完全无意那么做。

幸运的是,在发生性行为的过程中,大脑会通过中脑导水管周围灰质等区域调节我们对疼痛的感知。[161]性是人类生存繁衍的基础,如果性行为总是令人痛苦,就没有人会乐意去做。因此,在性行为过程中感受到的疼痛与在其他时候感受到的截然不同。

说白了就是,我们的大脑把性行为中的疼痛变成了享受。大脑对初始感受采取了不同的处理方式,以便增强整个体验,而不是破坏体验。这就像是,在我们现代人看来,生肉吃起来恶心,甚至会带来危险。但如果把肉煮熟,吃起来就会相当美味,而且一点儿也不危险。同样的物质,同样的成分,只是处理方式不同。

这是否解释了性虐恋的魅力?在某种程度上也许是吧。但除此之外还有许多因素。人类的性行为不只纯粹的身体交合,通常还伴有强烈的情绪。如果缺少情绪成分,性爱可能会令人不满,甚至感到不适。

性虐恋拥有强大的情绪成分。参与者通常是臣服者或支配者,喜欢受到伤害或施加伤害。为了理解这一点,不妨想一想:与其他人类交往互动并建立亲密联系,确实会通过大脑的奖赏回路给人带来愉悦。[162]

会让我们出于本能地做出反应的另一样东西是地位。提升自己的社会地位,使自己比别人高出一等,会激起正面的情绪反应(快乐、满足、自豪等)。[163]反之,社会地位低则会带来压力和焦虑。甚至对非人

---

1 内啡肽是大脑自有的阿片类物质(例如吗啡、海洛因等),内源性大麻素则相当于大麻。鸦片类物质和大麻之所以能起作用,是因为它们会刺激或劫持大脑中原有的系统。

类生物来说也是如此。[164]

性虐恋似乎会强化上述一切。对性虐恋爱好者的研究[165]显示，臣服者会在整个过程中体验到更强烈的愉悦。他们把对自己身体的绝对控制权交托给了别人；很难想象还有比这更亲密的人际联系。

相比之下，似乎只有在出现"权力游戏"元素，也就是能彻底控制臣服者的时候，支配者才享受性虐恋。这种比臣服者高出一等的地位大概相当令人愉悦。此外，对于像我们这样的社会性生物来说，彻底的信任（得到对方的许可，能够直接控制他人的身心健康）肯定也相当令人上头。

所以说，没错，性虐恋包含极其强烈的情绪因素。身体上的性接触在性虐恋中只占极小的一部分。性虐恋爱好者常常表示，愉悦主要源于情感联系和情绪体验。[166]

说到底，大脑在性爱过程中对疼痛的再处理，并不能充分解释性虐恋的魅力，因为往往并没有发生性行为。也许是强烈的情绪体验压倒了疼痛感？或者说，情绪与疼痛以某种有趣的方式结合起来，形成了一种全新的体验？

事实上，一些研究显示，性虐恋体验会引起"意识状态改变"，类似于正念冥想过程中的体验。[167]将性虐恋爱好者视为现代僧侣也许是有点儿奇怪，但请想一想，有多少宗教纳入了酷刑或自我鞭笞。[168]痛苦与意识增强状态的联系其实是个古老的话题，性虐恋群体只是从中找到了更多乐趣罢了。

无论辛辣食品和性虐恋有多吸引人，撕心裂肺的疼痛却并不是多数负面情绪体验的组成要素。不过，人们仍然能从引发疼痛的事物中获得愉悦。这背后显然还有许多东西值得一提。

比方说，有些人热爱极限运动、恐怖电影或其他令人害怕的东西（虽说恐惧的意义就在于让我们规避引发恐惧的东西）。对此有一种解释，叫作"兴奋转移理论"（excitation-transfer theory）。[169]

不可否认，恐惧是相当刺激的；"战斗或逃跑"反应会让整个大脑和身体兴奋起来，使我们处于意识增强状态，以便更好地应对迫在眉睫的危险。当你背着降落伞顺利着陆，或是关掉恐怖电影的画面后，恐惧状态并不会立刻消失，而是会再持续一段时间。因此，当你处于这种状态时，体验到的一切都会显得更刺激，更激动人心，更……令人享受？

引发恐惧的东西消失了，这会让人感到释然。对大脑来说，"消除坏东西"和"接触好东西"[170]一样能得到奖赏，大脑就是这样学会什么行为值得鼓励并可以重复的。这就解释了，为什么引发恐惧的活动和娱乐项目会让人欲罢不能。

将情绪"转负为正"的另一样东西是新奇感。像很多物种一样，人类生来就喜欢新鲜事物（只要它们是安全的）。我们的大脑自发学会了忽略太过熟悉、太可预测的东西。[171]因此，新奇的体验更刺激，新奇感会让大脑中产生愉悦的区域活跃起来。[172]

所以说，人类无一例外会被新奇体验吸引。每个人的遗愿清单上都写满了自己从来没做过的事，没有谁会想在离开人世前再体验一次每日上下班。

由于我们经常规避会引起负面情绪的东西，所以负面情绪体验通常比正面情绪体验更少见，也就更新奇。所以说，我们能从令人不快的情绪中获得小小的奖赏，纯粹是因为它不同寻常。

此外，一旦认知参与进来，负面情绪也可以对人有好处。你有没有遇到过这样的情况：突然想做某件坏事。别担心，你不是精神变态。意识中经常会冒出令人不快或令人警惕的场景，比如"要是我跳下这座悬崖会怎么样？""要是我偷了那个陌生人口袋里的钱会怎么样？""要是我放火烧了那栋废弃的房子会怎么样？"，等等。

我们知道那些突然闯进脑海的侵入式思维[1]是错的。它们会让我们感

1　当它们涉及我们认为是错的事物时，有时会被称为"禁止"或"禁忌"思维/想法。"侵入式思维"这个词通常指大脑中时常冒出的空想或怪念头，而不仅仅是阴暗的想法。

觉很糟糕，但我们似乎无法阻止它们出现。这是因为它们有用。它们激起的负面情绪反应会强化我们的是非观，是非观会告诉我们怎么做才对。[173]

这就好比大脑是一座守卫森严的堡垒，士兵们被派出去巡逻，检查薄弱环节，甚至进行军事演练，好让大家时刻保持警惕。思考突然闯进脑海的念头，并作出预期的情绪反应，是大脑在检查自己对事物运作方式的理解是否依然可靠。这对我们有好处。

但我要再说一遍，认知与情绪的关系是双向的。情绪对认知的影响相当明显。例如，研究发现，正面情绪会扩大认知范围，负面情绪则会缩小认知范围。[174][175]换句话说，当我们处于正面情绪状态时，大脑倾向于接纳一切，而不是把注意力集中在某个特定事物上。反之，当我们处于负面情绪状态时，注意力会更多集中在某些具体事物上，我们会更密切关注手头正在处理的任务。这就又说回了前面提过的"大局与细节"。[176]

从某种意义上说，如果认知是一部戏剧，那么情绪就是灯光。正面情绪会把全场的灯都打开，使演员、道具和布景一览无余。负面情绪则像只开一盏聚光灯，于是我们的注意力只集中在被光束照亮的演员和布景上。

这么听起来似乎正面情绪更好，但事情并没有那么简单。我们大脑的注意力相当有限；[177]注意力分散意味着我们会遗漏掉某些东西，最终只好依赖大脑中已有的东西，比如过往经验、既有信念和既存理解。

不幸的是，我们过往的经验和理解可能并不正确，或是与当下情境无关。心情好的人，也就是处于正面情绪状态的人，似乎更容易犯错，比如把事情归咎于无辜的人，过于轻信他人，甚至陷入种族刻板印象或其他偏见。[178]

换句话说，快乐也许会让你感觉良好，但似乎会阻碍你善待他人，或者说至少会影响你的专注力。这就解释了，为什么数据显示，快乐的员工并不像当代企业思维设想的那么高效。[179]

反之，负面情绪会使你更加专注。这意味着你会花时间深思熟虑，将更多神经资源投入做出需要做的决定。[180]这就解释了，为什么负面情绪会使我们不那么容易受骗，不那么容易歧视他人，还能让我们更客观地评价别人，更清晰地回忆事件，更顺畅地与人沟通，等等。[181][182][183]如果负面情绪会让你更密切关注身边发生的事，根据所处情境的细节做出决定并采取行动，而不是依赖既有假设和过往经验，那么一切就都说得通了。

为什么会这样？一种解释是，负面情绪会激活我们的威胁检测系统，这套神经机制会使我们格外关注危害和危险。[184]也许负面情绪对认知的影响（虽然对我们很有用）能解释受苦受难与创造力的紧密联系。[185]这就是为什么有那么多伟大艺术家和思想家都心魔缠身。

负面情绪不仅会间接影响其他神经过程，它们本身也很重要，甚至对身心健康至关重要。[186]

情绪体验不会从大脑中转瞬消失。就像食物不会在吞下后立刻化为乌有，疼痛也不会在打击结束后马上停止。关于某种情绪及其影响的记忆会留存一段时间。如果情绪极为强烈，记忆会久久萦绕不去。

前面已经提过，大脑中许多不同的区域、网络和程序都与情绪有关。大脑中处处都能感受到情绪，所以根据逻辑推论，情绪有可能引起大脑运作方式的实质性变化。因此，情绪对我们和大脑的影响不会像镜子上的水蒸气一样自动消退，而是需要处理和应对的。

上面这句话中的关键词是"处理"。一般来说，经历悲剧或创伤事件的人"需要时间消化处理"。最为人熟知的例子可能是哀悼过程。[187]情绪处理[188]是将情绪体验及所有相关神经心理元素整合进大脑的现有结构，以便大脑恢复正常运作（或是尽可能恢复正常）的过程。

如果把大脑比作繁忙的办公室，那么强烈的情绪体验就像被派驻过来的新员工。这并没有什么不同寻常的。不过，新员工会需要办公桌、工牌和网络账号，还有职责要求和任务安排，等等。这虽然是标准流程，但还是要耗费时间、精力。

同样，为了有效纳入情绪体验，大脑也需要耗费时间和资源。通常情况下，大脑的运作极其迅速高效，我们甚至都意识不到。日常情绪体验会嵌入我们的心理状态；它们不是进驻办公室的新员工，而更像是现有员工在上班时进进出出。这没什么可担心的。

那么，强烈而陌生的情绪体验，尤其是负面的情绪体验，比如痛失亲友，或是遭遇车祸这样的暴力事件呢？那就像不期而至的新员工。他根本不想进办公室，甚至压根儿不喜欢工作，纯粹因为公司经理是他叔叔的朋友，才得到了这份工作。要想让他融入办公环境，需要耗费大量时间、精力。但必须这么做，否则他就会到处乱晃，妨碍大家工作，还会满口怨言，扰乱办公秩序，还想领薪水。

大脑也是一样。未经处理的强烈情绪会导致大脑的整体运作出问题。这就解释了，为什么如果情绪体验处理不完全或不成功，就会引发心理问题，尤其是创伤后应激障碍（简称PTSD）。[189]没有得到适当处理或无法通过正常方式处理的创伤性情绪体验会扰乱大脑运作，导致认知、情绪、感知、行为、记忆难以整合（通常情况下这种整合会顺畅得多）。

显然，大多数针对创伤后应激障碍的心理疗法都是通过某种方式触及创伤的根源（或是关于创伤的记忆），那种方式不会触发恐惧和焦虑，不会使人陷入虚弱状态。[190]

请把正常的脑部功能想象成一条主干道，中间要穿过一段长长的隧道。有一辆大到无法通过的油罐车高速冲进隧道，导致现场一片狼藉。主干道惨遭阻断，隧道随时可能坍塌。油罐车就是创伤性事件，受损的隧道则是创伤后应激障碍。

直接把油罐车拽出来（直面创伤性记忆）可能导致隧道坍塌（再次经历情绪创伤）。针对创伤后应激障碍的心理治疗，就像派工人巧妙地加固隧道，逐步去除障碍物，在不造成进一步损害的前提下恢复通行。这可能会留下不可避免的伤痕或长久的改变，但基本上能让道路恢复正常。

这个比喻极其贴切，因为解决问题就需要与它直接互动。大脑中的情绪也一样。鉴于大脑中的神经连接灵活多变且广泛丰富，处理情绪的脑区也就是产生情绪的地方。大脑无法完全避免体验自己正在处理的情绪，哪怕那种情绪令人不快。就像学开车的人无法避免钻进车里，哪怕他们有幽闭恐惧症。

结果就是，鉴于大脑的灵活性和适应性，体验负面情绪有助于你更好地处理情绪。[191]你的大脑会得到更多练习。如果能以不造成破坏或创伤的方式体验负面情绪，那就更好了。这就是为什么诱发（所谓的）负面情绪的艺术和娱乐形式如此令人愉悦，如此好处多多。[192]不是因为催泪的音乐会让你陷入悲伤，而是因为那是极为安全、无须代价的悲伤，你不用体验到通常引发悲伤的痛苦或失落。大脑得到了所有好处，又不用付出任何代价。

这就是为什么忧伤的音乐会让我们感觉好一些，[193]愤怒的音乐（比如重金属音乐）会让我们更平静。[194]除了在毫无风险的情况下宣泄情绪，那些娱乐形式还像短暂的心理治疗，能提高大脑的情绪能力和复原能力。

这也解释了，为什么青少年比成年人更喜欢听忧伤或愤怒的音乐，或是追求其他负面情绪体验。[195]青少年的大脑还在发育中，还没"搞清"该怎么处理强烈的情绪，却持续不断地遭到负面情绪"轰炸"。所以，能在毫无风险的安全环境中体验负面情绪，对他们来说极具吸引力，而且大有好处。

这里又出现了另一个关键词："环境"。爱听忧伤音乐的人是不是真的喜欢分手？如果真的遇上挥舞着鲜血淋漓大砍刀的连环杀手，恐怖片爱好者会不会兴奋不已？如果某个陌生人踹开大门并抡起皮鞭，性虐恋爱好者会不会倍感愉悦？我敢打赌，以上每个问题的答案都是斩钉截铁的"不"！

我们体验到的情绪，情绪对我们的影响，以及我们如何处理情绪，都与当时的环境密切相关。[196]这表明认知（识别并决定自己周围发生的事）能够左右我们体验到的情绪。我们大脑的理性部分在说："这个环境很安全，在这里没什么可担心的，你可以随时放下书或关掉电视，所以接受这种情绪刺激没问题。"于是我们就照办了。

再强调一遍，情绪与认知的界限远没有许多人想象的那么清晰。情绪在"我们如何思考问题和将事情合理化"上起着关键作用，认知则在"我们体验到什么情绪，为什么体验到这种情绪"上起着重要作用。这也许是支持情绪建构论的另一个论据？

所以说，如果你喜欢催泪的电影或书籍，或是喜欢听愤怒的重金属音乐，别人说这么做很怪，或是对你没好处，你可千万别信以为真。你热爱的东西在为你的大脑服务。这就像带上大脑去锻炼，只不过掉的眼泪多一些罢了。

也可能掉的眼泪会少一些——如果你对锻炼的热情跟我差不多的话。

不过，到目前为止有一个说法反复出现，那就是情绪和认知其实很难分割开。正因为如此，我不禁问自己：它们到底能不能分开？又该不该分开？

情绪与思维——其实差不多

我在前面提到过科幻作品中常见的老梗。那就是，任何能够抑制、消除或通过其他方式去除情绪的生物，都比我们这些孱弱的人类高出一等，因为毫无用处的情绪阻碍了我们头脑的运作。

第二章 情绪与思维

我也承认，鉴于老爸病倒后我的情绪反应（或者说是缺少情绪反应），我开始接受那个观点，认为暂时"关闭情绪开关"，完全靠认知运作，可能会挺不错的。随着时间的推移，情况并没有太大变化，"关闭情绪开关"的做法对我的诱惑越来越大。

但正如这一章反复揭示的那样，情绪与认知的相互纠缠远远超乎我（可能还有很多人）的想象。那么，问题就来了：情绪和认知能分开吗？我们真的能摒弃直觉感受，以纯粹的理性状态存在吗？如果可以的话，我们应该这么做吗？考虑到大脑的运作方式，这么做真的是个好主意吗？

这绝不仅仅是我的胡思乱想或毫无根据的猜测。例如科学研究就是在通过各种各样的方式，限制或消除研究人员的情绪对实验产生的影响。

各种实验方法都在尽可能减少观察者偏差[1]。[197]假设一群科学家花了若干年时间开发一种减肥药，研究进展顺利，最终需要在人类身上做测试。如果人类受试者服药后体重减轻，就证明减肥药管用，科学家会得到巨大的回报——事业欣欣向荣，拿到药厂的大合约，在国际上声誉卓著，诸如此类。

但是，如果人类受试者的体重没有减轻，就表明减肥药不管用，科学家犯了错，必须重新来过，多年的工作、金钱和努力通通打了水漂。

显然，科学家希望避免这种负面结果。因此，他们可能会想"插上一脚"，调整实验方法，使正面结果更有可能出现。

如果他们确保所有受试者都开始节食和锻炼，显然会增加实验结束时体重减轻的可能性。或者，如果有些受试者的体重没有减轻，就找些听起来合情合理的理由，把那些人排除在外。比如，"这个人有糖尿

---

1 指观察者自己的动机、期望和先前经验等因素会妨碍观察的客观性。——译者注

病,那个人年纪太大,这个人原本就身体不好",等等。说到底,有很多种实验方法都能使得到预期结果的可能性大大提升。

问题在于,这不是科学。这样得出的结果完全没用。就好比老师批改试卷时只算正确答案,这样每个学生都会得一百分,好成绩会让老师很有面子。但是,这些数据非常不准确。并不是全班人都是早熟的天才,而是老师篡改了成绩,让他们看起来像天才。如果这位老师因为惊人的好成绩得到提拔,负责全校的管理工作,那将是一场灾难。

这也适用于科学,甚至可以说更适用于科学。根据有缺陷、有偏差的数据得出的结论,如果应用到现实生活中,会造成严重的问题,尤其是在医学这样人命关天的领域。

科学家对这一切心知肚明。然而,科学家也是人,拥有人类的大脑。所以,他们的行动和思维既受到理性和逻辑引导,也受到情绪(对失败的恐惧、对成功的渴望、对竞争对手的愤怒等)引导。这就意味着,进行和观察实验的科学家会有意无意[1]施加影响,以便得出自己想要的结果。也就是说,他们会引入观察者偏差。

这就是为什么科学研究方法会包含控制组、随机、双盲、单盲等。[198]这些实验方法之所以存在,就是为了防止做实验的科学家听凭情绪行事,进而破坏研究。[199]如果科学家设法发表了存在缺陷、对自己有利的研究成果,但事后被发现了,就会被剥夺头衔和职位,乃至落入更悲惨的境地。

不过,这造成了一些有趣的结果。你有没有注意到,主流媒体经常把科学家(或是类似的"知识分子")描述成聪明绝顶却难以(或拒绝)建立有意义的人际关系的形象?从科幻大师阿西莫夫笔下的机器人心理学家苏珊·凯文(Susan Calvin),到现代版的神探夏洛克,再到

---

[1] 还记得吗?鉴于大脑的运作方式,情绪确实可以在没有认知和意识过程参与的情况下催生动机。

热门美剧《生活大爆炸》里的天才谢尔顿，绝顶聪明的天才却对情绪问题"一窍不通"，这在主流媒体上时有呈现。

考虑到科学本身就是不断试图从实验过程中去除情绪，这种刻板印象也许不足为奇。但仅仅在这一章中，我们就看到了许多例子，表明事实并非如此。通过麦克博士、布莱克莫尔博士和众多杰出的哲学家，我们看到，许多伟大的科学家和思想家并没有压抑或忽视情绪，而正是由于情绪才走上了科学道路。

受情绪驱使去干扰实验其实根本没用，尤其是因为做实验通常需要投入许多时间、精力，哪怕是最简单的实验，也需要大量的规划、资金、运作和分析。用更贴切的词来形容，真正的科学研究是在艰辛前行。仅仅一项实验可能就要耗时数年，而且无聊透顶，不过是每天一次又一次重复，还不一定能得出有用的结果。[1]

从纯客观角度来看，科学界实质性的回报极其有限，尤其是考虑到你需要呕心沥血并刻苦学习，只不过是为了能够做科研。

这就出现了一个悖论：如果科学家完全依照逻辑，完全客观理性（很多人似乎都认为科学家就是这样，或者应该是这样），他们就不会选择当科学家。只要有更轻松便捷、回报更大的职业道路可供选择，他们就绝不会走上科学道路。

尽管如此，还是有无数人选择了这条路。为什么？为了得到同行的尊重？想成为某个领域的佼佼者？想要帮助别人，或是让世界变得更美好？有强大的动机证明自己的观点和理论是正确的？对不确定的事物充满恐惧，担心重大问题没有答案？因为他们就是喜欢研究和发现新事物？

显然，纯粹的逻辑和理性解释不了这个问题。人们之所以成为科学家，忍受走科学道路的艰辛困苦，似乎是因为他们投注了情绪。归根到

---

[1] 在这件事上，我可谓经验丰富。

底，科学家也需要情绪，只不过在工作场合没法表达出来。我们大脑中的认知区域也许对科研至关重要，但它们无法独立发挥作用。

这算是另一种双向影响吗？如果说情绪使我们更理性、更善分析，促使我们成为科学家，那么理性思维和认知会不会导致我们体验到非理性的情绪？

没错，确实如此。怯场就是一个很好的例子，科学界称之为"表演焦虑"。但不管怎么说，这种现象相当常见。它是指，只要想到将在观众面前做某件事，不管是什么事，你都会体验到强烈的恐惧和忧虑，有时甚至会达到身体不适的程度。[200]

乍看起来，怯场似乎是情绪在捣乱，在给你惹麻烦。在观众面前做某件事，无论你做得有多糟糕，其实并没有实质性的危险。[1] 观众可能会对你留下坏印象，再来几条"毒舌"差评，但最多也就这样了。

但无论我们怎么有意识地、理性地试图说服自己，恐惧情绪还是会不断涌现。你甚至可能在上台前几天、几周甚至几个月就开始怯场。只要知道自己将要上场表演，就足以激起强烈的情绪反应。

令人沮丧的是，哪怕你有丰富的舞台表演经验，还是可能出现严重的怯场。不少职业音乐家都有严重的表演焦虑，[201]许多人甚至靠服药（比如β受体阻滞剂）来减少怯场症状，因为怯场确实会干扰表演。

这一切都表明，我们大脑中的情绪过程存在缺陷或故障。我们对实际并不存在的危险做出了强烈的情绪反应，以至于大脑中负责理性和认知的区域试图夺回控制权。

为什么认知会如此苦苦争抢？也许认知要对怯场造成的混乱负责。或许它是没能管住闯进瓷器店大搞破坏的公牛，但最初也正是它把容易被激怒的巨兽带进了那个不恰当的地方。

1　除非是某种肉搏战，比如拳击、综合格斗等。但即使如此，危险也并非来自观众。

有些人认为，怯场是由左右脑交流不畅引起的。两者不是高效合作，而是彼此妨碍。至少有一项研究显示，如果减少左脑的活动，让右脑占主导地位，怯场会明显得到改善。[202]这符合前面提过的"左脑处理大局，右脑处理细节"。[203]我们站在台上的时候，左脑会更多地意识到观众（我们害怕的东西）；右脑关注的则更多是任务本身，也就是自己的表现。从逻辑上说，让左脑（而不是右脑）安静下来，确实会有帮助。

还有人提到了耶克斯-多德森曲线。[204]这一曲线显示，压力和焦虑可以在一定程度上促进表现。这符合前面提过的"负面情绪体验带来注意力和专注力提升"。因此，上台表演的时候，一定程度的压力其实有好处。表演焦虑也许确实有用，因为它使我们害怕失败和尴尬，这种恐惧有助于提升表现，也就意味着不太可能出现"表演失败，陷入尴尬"的结果。

但如果压力超过一定的限度，我们就会不堪重负。表演焦虑会起到适得其反的作用，让我们打不起精神，表现得一团糟。那么，为什么会有这么大的压力？

我们人类是无与伦比的社会性动物。在演化史的大部分时间里，我们都依赖部落或群体的支持和亲缘关系。因此，人脑演化成了会警惕任何可能导致别人不认可的情形。我们的大脑通常对社会互动反应良好，[205]但对社会互动出错或陷入尴尬的状况极其敏感，那些状况会对我们产生极大的负面影响。[206]

我们的大脑通常在社会认可与社会排斥之间维持平衡。但有人提出，重度表演焦虑（或其他社交恐惧症）患者大脑中两者的关系出现失衡，与他人交往的潜在负面结果远远超过正面结果。[207]每次社交都会让他们神经高度紧张，就像试图一边跳踢踏舞一边穿过睡狮的巢穴。

当然，不是每个人都有表演焦虑。有些人更容易出现这种状况。许多人格特质都与怯场存在关联，比如神经质、完美主义、害怕失控，等等。[208][209]就连看似平常的情形也可能引起表演焦虑，比如对自己的演讲能力不自信。[210]还有一些心理问题，比如灾难化思维，也就是总想着最坏的结果，不管那有多么不可能或不合理，也会增加怯场的可能性。

这些倾向和特质自有源头。虽然最终的人格类型受遗传因素影响，[211]但大多数人认为，出现表演焦虑（或是容易引起表演焦虑的人格特质）的关键因素是个人成长经历。[212]

例如，表演焦虑常常与依恋问题[213]相连。孩提时代与父母（或是主要照料者）的联系对个人成长非常重要。因此，如果父母极其冷漠，绝少表示赞同，儿时的你可能会更重视他们的认可，以及（或是）害怕他们的不认可。由于他们极少给予认可，不认可似乎就意味着你的失败。

这一切发生在你小时候，当时你的大脑尚在发育，还在学习世界是如何运作的。因此，这种童年经历可能为你对"认可"的感知和理解打下基础，导致你成年后本能地过度重视他人的认可，同时对他人的不认可极为敏感。于是，你就出现了严重怯场。

说到这里应该很清楚了，情绪绝不是造成怯场的唯一原因。如果我们的认知没有认定那种结果真实存在，甚至只是有可能发生，我们就不会对"被观众嘘下台"充满恐惧和焦虑。怯场往往可以归结为对相关情况想得太多。支持这一观点的研究显示，如果你换种方式思考问题，通过训练将"唤醒"和"紧张"重塑成"兴奋"，就能减少或缓解表演焦虑。[214]

总的来说，怯场揭示了所谓的"理性大脑过程"容易导致不合逻辑、毫无益处的情绪体验。

情绪和认知竟然对彼此影响这么大，这一点时常令我感到惊讶。最终我意识到，这是因为我过去的想法是基于这样的假设：情绪和认知是截然不同、彼此独立的事物，它们是我们大脑和心智中明显不同的两方面。

只不过……如果它们并不是这样呢？如果情绪和认知（所谓的"执

行功能"）不像同一间办公室里的两名同事，而更像同一个人的双臂和双腿呢？就像四肢拥有不同的特性和功能，但属于同一具身体那样。

有令人信服的证据显示，情况确实如此。

正如前面提过的，意识可能是从情绪之中演化出来的。[215]很久以前，原始生物对与生存有关的事物有某些感觉（体验到的情绪），但从来没有实实在在"思考"过。但随着时间的推移，演化得越来越复杂的物种处理情绪的方式也越来越复杂，进而出现了我们如今所说的认知和思考。总之，理论上是这样。

这就好比说，人类是由更原始的灵长类动物演化而来的，但经常会有质疑演化论的人问："如果人类是从猴子演化来的，那为什么现在还有猴子？"他们也许还会扬扬自得，大肆庆贺自己提出了绝妙的论点。只不过，很快就会有人指出他们纯属瞎扯。

因为这话确实荒唐可笑。人类不是从猴子演化来的；人类和现代的猴子是由同一个祖先演化而来的，就好比铅笔和扫帚柄可能是由同一棵树的木材制成的。目前存在两种不同的木制品，并不意味着那棵树就没有存在过。[1]

当然，共同的演化起源并不意味着情绪和认知是一回事。但越来越多的证据显示，在现代人的大脑中，情绪和认知并不像许多人想象的那么泾渭分明。

一些研究显示，孩提时期的情绪体验是发展执行控制功能（认知）不可或缺的要素。[216]正是处理和回应情绪刺激的行为，让大脑形成了这些重要的认知能力。由于不得不处理和应对情绪，孩提时期大脑得到的塑造和发展，使我们能够练习自控、期待和推理，比如"如果我这么

---

1 问"如果人类是从猴子演化来的，那为什么现在还有猴子"，就好比问"如果成年人是从婴儿长大而来的，那为什么现在还有婴儿"，演化论可不是这么一回事。此外，如果有成年人仅仅因为世上有猴子就否定演化论，那我们就迫切需要脑子更好使的成年人。

做，就会发生那件事"。它们都是执行控制功能的基本组成部分。

但也有一些研究认为情况恰恰相反，有意识的控制和执行功能对情绪的正常发展至关重要。[217]众多研究指出，就神经系统活动而言，情绪和控制情绪的基础过程（有意识的自控和执行功能）似乎基本相同。[218]这进一步突显了大脑并不像人们假设的那么容易区分情绪和认知。

将大脑分成"三个不同演化层次"的三重脑模型提出，大脑不同部分之间存在明确界限，有意识的自我是它们联合输出的产物。大脑就像三个小孩在"叠罗汉"，一个站在另一个肩头，外面罩着长风衣，试图混进电影院。这听起来荒唐可笑，但能解释得通。因为其他人的大脑也是三个罩风衣、"叠罗汉"的小孩，所以没有谁觉得不对劲。

只不过，解剖学、生理学和神经心理学证据早已否决了这种明确的功能划分。大脑实际上由众多错综复杂、彼此相连的网络组成，大脑中每个区域要负责许多不同的功能。也就是说，每个脑区通常身兼数职。

我在前面描述过大脑中的某个回路，我们的情绪乃至处理情绪的独特方式都来自那个回路，[219]它涉及前额叶、杏仁核、海马体、前扣带回等。我们看到了它的范围有多广，功能有多强，以及它的不同部分是怎么做到那么多事的。比如，杏仁核是情绪处理中枢，发挥着众多作用，与其他部分联系极广，跟认知系统和情绪网络都存在联系。

前扣带回也是如此。它是情绪回路的另一个组成部分，很早就被视为与情绪有关的脑区。[220]它的功能极为广泛。从制定决策到感知疼痛，再到指导社会行为，通通由它负责。此外，它也负责给特定的刺激分配适当的情绪，并决定我们如何对刺激作出反应。

鉴于前扣带回功能众多且重要，它与大脑的其他部分存在大量联系，并负责处理加工情绪和认知信息。直到最近，人们还认为扣带回会将那些信息流区分开，以为扣带回的一部分负责意识信息，另一部分负责情绪信息，两者之间存在明显区分。

但最近的证据显示，其实并非如此。我们原本认为专门处理意识的区域，其实也处理情绪，反之亦然。[221][222]这一切都表明，情绪和认知实际上更像同一事物的两种表达方式，也像是同一具身体的不同肢体。或者说，也许两者的划分并没有那么僵化？也许它们就像一条大河，在奔流入海前分成两条支流，一条是情绪，另一条是认知。同样的水流，同样的源头，只是目的地不同罢了。

上述不确定性的根源在于，相关研究领域中长期存在一个问题：提到情绪的时候，我们谈论的究竟是什么？是对情绪作出的反应？是情绪带来的驱动力？是我们对情绪的看法？还是情绪对思维的影响？情绪体验包括上面所有这些，甚至远远不止这些。这些都是情绪的必要组成部分吗？如果不是的话，为什么不是？你要怎么把大脑中"纯粹"的情绪过程与偶然出现的情绪过程区分开来？这似乎超出了我们目前谈论的范畴。

或许……这是件好事？鉴于我目前为止发现的一切，试图在大脑中找出情绪的"真相"，就像试图删除冗余字词来找出笑话的笑点。你根本办不到。世界压根儿就不是这么运作的。

我可以肯定地说，"将情绪与理性思维分开，仅仅依赖理性思维"的想法似乎并不明智，而且完全不切实际。

我想起了弗思-戈德贝希尔博士跟我聊天时提到的另一件事。

鉴于弗思-戈德贝希尔博士研究的是情绪，他提起了科幻剧集《星际迷航：下一代》中的戴达（Data）少校。演员布伦特·斯皮内（Brent Spiner）饰演的戴达是个毫无情绪的高级机器人。他显然比任何人类都更强壮、更聪明，速度更快，能力更强，但他仍然常常试图变得更人性化，尤其是在情绪这方面。

戴达是《星际迷航》系列中广受欢迎的标志性角色，但根据我们如今了解的情绪及其在认知能力中发挥的作用，现实生活中的戴达（没有情绪但有自我意识的智能机器人）肯定跟剧集里很不一样。正如弗思-戈德贝希尔博士令人难忘的解释：

严格来说,如果你请戴达选一种口味的冰激凌,他根本做不到。他怎么可能做得到呢?

　　毕竟,戴达的思维基于纯粹的逻辑推理……但喜欢某种口味的冰激凌而不是另一种,这件事毫无逻辑依据。更别提戴达是机器人,根本不需要摄入食物了。如果不调用随机性(计算机和软件一直难以做到这一点),[223]戴达就没有理由选择某种口味的冰激凌而不是另一种。

　　不妨想一想那幅景象,肯定会很有意思:超级先进的机器人站在冰激凌店的柜台前盯着菜单,身子仿佛被冻住了似的,像冰激凌一样僵硬。他身后的队伍越排越长,排队的人也越来越恼火。不过,这幅景象的意义要比这深远得多。

　　如果说我们从这一章中学到了一点,那就是,对于我们感知到的大量信息,我们如何感知到那些信息,我们有动机去做的事,我们如何思考和评估信息,情绪都起着重要作用,而且往往是至关重要的作用。

　　因此,虽然许多科幻作品都暗示,消除情绪影响会让我们变得更优秀、更聪明、更睿智、更无情,但实际上那只会使我们陷入认知瘫痪,无法思考也无法采取行动。

　　即使可以将大脑中的认知和情绪过程完全分开,抑制或消除情绪也跟清除障碍物不一样。那不像动手术切除发炎的阑尾,也不像从昂贵的复印机里拽出卡住的纸张。那更像是挖掉墙上所有砂浆,只留下砖块。[1]那么做没有任何好处,只会导致房倒屋塌,只余残垣断壁。

　　这就是为什么我不再想消除自己的情绪。我或许是对情绪一无所知,或许是在人生中的这段艰难时期对情绪摸不着头脑,并为此感到愤怒或沮丧,但显然情绪并没有拖我的后腿。我的情绪就是我!它们深深根植在我的大脑中,是我的心智和身份认同不可或缺的一部分,使我作

---

1 至于怎么才能做到,那就是另一个问题了。

为会思考的人类存活于人世间。这对其他人来说也一样。

哪怕我一直跟情绪不太对付,也不意味着就该抛开它。那就好比因为脚趾扎了刺就砍掉整条腿。甚至比那更糟糕,因为如果你真的砍掉了腿,事后你还能回想起自己有多蠢。

在这段奇异之旅中,无论情绪引我走向何处,我都会留住它,永远不会抛开它。

当然,我根本没得选。我只是现实世界中的科学家,又不是科幻小说里的科学狂人。

但我得承认,目前为止了解到的情绪相关信息已经让我难以招架了。不过,如果说情绪对一样东西影响深远,那就是记忆。我将在最惨痛的情况下亲身体会到这一点……

第三章
情绪记忆

2020年4月下旬,尽管医疗专家竭力抢救,新冠病魔还是夺走了我爸的性命。

当时我哭了吗?当然。阻挡我情绪的大坝决堤了,许多东西奔涌而出。但它们通常是在诡异的时间点、以古怪的方式涌现出来的。得知老爸去世以后,我怪异地陷入了麻木,而且持续了好几个小时。直到当天晚上,我才彻底垮掉,整个人完全崩溃。

那种状态持续了好几天。随便什么东西都触发我:看见老爸送给我的五彩圣诞衬衫;闻到他用的须后水的味道(他浑身上下都飘着那股味道);别人提起他再也参加不了的生日派对……任何能让我想起老爸的事,想起他已经不在的事,都好似一记重锤,令我痛苦万分。

不过,我大脑中负责分析的部分一如既往地快速运转。这让我注意到了一件怪事:想要安慰我的人通常会建议我"想想美好的回忆"。这话挺有道理,但有一个问题:关于老爸的美好回忆突然变得令人痛苦,会带给我强烈的失落感。

我们一般认为,记忆是对体验和知识固定不变的记录,就像电脑里的文件或日记里的文字。然而,大脑并不是这么运作的,记忆其实要灵活易变得多。

我本该知道这一点。毕竟,我读博的时候研究的就是大脑如何形成和提取复杂记忆。[224]我们知道,有一样东西对记忆的运作至关重要,那就是情绪。

不过,从科学意义上说,我从未真正深入研究过情绪究竟是如何影响记忆的。我(和许多同事)认为这是理所当然的。我们没有研究这个,而是投入无数精力,从认知或神经学角度研究大脑的记忆系统。现在我意识到,从神经科学意义上说,那就相当于称赞骑师赢得了比赛;我们都会夸骑师"干得漂亮",但这对真正付出汗水的马儿来说似乎有点儿不公平。

因此,我下决心要弄明白,情绪究竟是如何在记忆中发挥如此重要的作用,又是为什么会发挥如此重要的作用。也许在研究这些的同时,我也能弄清该如何处理自己矛盾又混乱的记忆。

或者说,这至少能让我分分心,能有几个小时不陷入痛苦。哪怕只能取得这个效果,当时的我也已经求之不得了。

回忆美好时光

我写下这句话的时候,老爸去世刚刚几周。令我痛心的是,那段记忆非常清晰。但我不禁想知道:如果几个月后我再重温这个章节,老爸去世的记忆会不会变淡变模糊,不再那么令人揪心?

我对此表示怀疑。我自信地预测,那些记忆将依然历历在目,甚至可能永不褪色,因为它们饱含强烈的情绪。与"中性"记忆相比,情绪记忆不可避免地会更强劲也更持久。[225]

这种事时有发生。我们都有过这样的体验:花费无数时间为重要考试或报告做准备,而一旦考试完毕或报告结束,曾费劲记住的信息就只能模模糊糊想起一点儿了。

不可否认,我们的大脑更善于留存与尚未完成的任务有关的信息,在任务完成后则会迅速遗忘。这被称为"蔡格尼克效应";[226]它最初的研究对象是餐厅服务员,他们给一大群食客服务时往往能记住复杂的点单,但上菜后就会立刻将这些忘得干干净净。

此外,参加大考或做报告对一般人来说并不是常事。毕竟,在日常生活中,你的老板有多常提起第三季度预估销售额?那就像极其小众的智力问答题。如果那些记忆没有被激活,它们就会像没有被充分运用的肌肉一样萎缩掉。

不过,我们之所以很难回忆起抽象信息,还是因为它们没有附带情绪元素,所以更难被大脑写入记忆。至于为什么会这样,关键在于人类的记忆极其复杂,以多种方式运作,并以不同形式表现出来。[227]

有些记忆是在无意识中形成的,那就是所谓的内隐记忆。比如骑自行车。你只要跨上自行车,就知道该怎么骑,根本不用去多想。这是内隐记忆的一种类型,又称为程序记忆或肌肉记忆。

内隐记忆还有其他类型,包括习惯(比如每次都以同样的方式刷牙)、联想和条件反射(比如别人端上你曾经吃完后恶心呕吐的食物,你会条件反射式地摆手拒绝,甚至犯起恶心)。习惯、联想和条件反射都需要记住一些东西,但我们并没有意识到自己在记。根据定义,内隐记忆并不一定涉及意识,也就是我们大脑中的认知部分。

程序记忆,例如骑自行车这样的运动技能,主要依赖小脑;[228]小脑是大脑底部的皱纹状凸起,位于脑干背后。联想和条件反射则由纹状体等区域处理,[229]纹状体是基底核[1]的重要组成部分;这些区域能存取重要记忆,并且不需要认知参与。而小脑和纹状体在情绪的发生中扮演着重要角色,[230][231]所以情绪会在内隐记忆中发挥作用。根据逻辑推论,如果你看到恶心的食物会下意识往后缩,说明你肯定在过去某个时候体验过"厌恶"这种情绪。

我们更熟悉的一种记忆是外显记忆,也就是能够有意识存取并回想

---

1 它由位于大脑中枢深处的一系列基本神经区域组成,拥有众多重要功能。

起来的记忆。外显记忆由海马体[232]形成,通过前额叶检索和存储。[233]

外显记忆可以分为两类:语义记忆和情景记忆。语义记忆是指没有上下文的抽象信息。用大白话来说,就是你知道某些东西,但不一定知道自己是怎么知道的。比方说,我知道蒙得维的亚是乌拉圭的首都,但没法告诉你我是什么时候、从哪里知道的。因此,这是一种语义记忆。

情景记忆(或自传体记忆)是我们生活中的一手经验,包含形成记忆的背景信息。你可能已经注意到了,最快乐、最心碎、最尴尬、最愤怒、最害怕或涉及其他强烈情绪体验的记忆通常最难以磨灭。

之所以会出现这种情况,是因为情绪会直接强化大脑的记忆系统。外显记忆由海马体形成。[234]我们的每一次特定体验都由不同元素组成,包括大脑在那个特定时间点接收到的感官反馈,以及我们的体内和脑内的活动,比如情绪,身体舒适度,有多累、热、冷,等等。所有这一切都会被传送到海马体,海马体则为这种特殊的元素组合创造出记忆。

记忆作为突触的特定集合被存储在大脑中。突触是神经元之间的连接,[235]也是记忆的基本组成部分。突触之于记忆,就犹如电脑硬盘里的0和1之于软件。[1]海马体在人成年后也会产生新神经元(脑细胞),大脑中像这样的部分可不多。[236]这对于创造新突触(记忆)是必需的。

但请想一想,一次体验中有多少元素需要感官注意:周围能看见的每样东西,听见的每个声音,闻到的每种气味,跟你在一起的人,他们的表情和肢体语言、光线、时间,甚至是你腿上的刺痛感。当你百无聊赖地站在超市里排队结账时,所有这一切(甚至更多)能在一秒钟之内传至大脑。

海马体无法将每次体验的每个元素都转化成记忆,哪怕是功能强大的人脑也不具备那样的处理能力。即使大脑能做得到,你每时每刻的体

---

1 形成特定记忆的突触组合称为"印迹"(engram)。鉴于目前技术的局限性和大脑令人费解的复杂性,严格来说"印迹"还是理论上的概念。不过,现代研究似乎越来越证明了它确实存在。

验真的全都重要吗？因此，海马体和相关系统会优先关注某些体验。

尽管从认知角度客观来看，通过考试或做报告所需的信息对我们很重要，但记忆并不是这么运作的。记忆形成系统比更为复杂的认知能力早出现。因此，记忆系统通常会认定，越是触及心灵的刺激，越是意义重大的体验，就越需要牢牢记住。而这种刺激或意义在很大程度上由情绪塑造。

这个过程是通过负责情绪处理的神经区域，也就是杏仁核来实现的。杏仁核紧邻海马体，两者的相互作用对记忆形成过程极为重要，尤其是在涉及情绪记忆的时候。[237]正如前面提到的，杏仁核与大脑中其他无数部分广泛相连。例如，看到别人的面部表情时，你能迅速识别出它代表的情绪，甚至自己也会在某种程度上感受到那种情绪。这源于杏仁核与感知面部的视觉皮质之间迅速而直接的联系。[238]

如果说传入大脑的信息好比生产线上的原材料，那么杏仁核就是站在传送带旁边的工头。杏仁核会给与情绪有关的原材料通通贴上"高优先级"标签，迅速将它们送往相关目的地，并附上该如何处理的指示。

这就是为什么，正如前面提过的，某次体验的情绪特征会影响我们对那次体验的关注度。研究显示，在完全相同的实验环境中，[239]与情绪中立的图片相比，人们能更快找出蛇或蜘蛛的图片。这表明，在我们还没意识到的时候，注意力就被引向了构成威胁（引起恐惧）的事物。其他情绪似乎也会起到类似的效果。[240]

有趣的是，有证据显示，快乐记忆比负面记忆包含更多外围信息。所谓外围信息，就是与主体事件没有直接关系的细节。比如，向伴侣求婚时播放的背景音乐，生日惊喜派对上服务员头发的颜色，等等。相比之下，负面情绪记忆则缺少这类外部细节。[241]

这符合前面提到的"正面情绪会扩大认知范围，负面情绪会缩小认知范围"。所以，关于情绪体验的记忆会反映记忆形成时大脑获得的信息，这完全说得通。

第三章 情绪记忆

杏仁核似乎为记忆纳入了情绪元素。如果杏仁核遭到损毁，就会降低乃至消除海马体形成情绪记忆的能力。[242]杏仁核缺失的情况下，海马体仍然能对情绪化事件形成记忆，但那些记忆会不那么重要。

比如，你有没有过这样的经历：喝醉后对某事感到非常难过或生气，酒醒后却不记得自己为什么那么难过了，而且对自己当时的反应困惑不解。酒精会破坏记忆的形成，[243]所以醉酒也许会干扰杏仁核与海马体的交流，阻碍情绪元素整合进记忆。海马体记录了各种细节，以及"你有过情绪反应"这个事实，却遗漏了情绪本身。

杏仁核还会通过提升海马体和其他处理记忆的区域的活跃度，直接促进记忆形成。这就是所谓的"调节假说"（modulation hypothesis）。因为在体验到强烈情绪的时候，杏仁核会调节（改变）海马体（和其他区域）内的活动。[244]

说到底，体验到强烈情绪的时候，杏仁核就像调音师，把调音台（海马体）上所有的音量推子都一推到底，使一切都增强放大。所以，这个时候形成的记忆更强大、更重要，也更容易回忆起来。

反过来也成立。海马体和其他记忆系统可以作用于杏仁核，影响我们体验到的情绪。简而言之，记忆常常能支配情绪。

比如，你害怕坐飞机吗？第一次登上飞机的时候，你有没有感到惶恐不安？这意味着你的杏仁核在疯狂发送信号，对它识别到的危险做出回应。

但为什么它要这么做？你以前从来没有坐过飞机，所以潜意识情绪过程应该没理由产生恐惧反应。然而，大脑哪怕从来没有靠近过飞机，也能了解飞机及其相关信息。因此，我们哪怕从来没有亲身体验过，也会害怕"做某事"的念头。

换句话说，关于飞机及其含义的抽象记忆足以引发强烈情绪。杏仁核的反应一如既往地迅速，但在这个例子中，它产生的恐惧反应来自记忆，而不仅仅来自感官。所以说，记忆会影响我们感受到的情绪，正如情绪会影响我们留存的记忆。

与怯场一样,"害怕坐飞机"背后有众多复杂因素。[245]科学家以更直接的方式展示了这种现象。在一项研究中,受试者被告知,看到蓝色方块代表受到电击。[246]随后,看到蓝色方块的时候,他们展现出了明显的恐惧反应。也就是说,完全基于记忆的危险认知表征引起了情绪反应。情绪与记忆之间的神经学关联显然是双向的。

记忆一旦形成,就需要有效存储,整合进庞大的现有记忆和信息网络,以便最终出现在适当的地方。这不是说新形成的记忆不能立刻投入使用,因为它们当然可以。只不过,要让记忆变得尽可能稳固、持久且高效,还需要花上一点儿时间。这个过程称为整合。[247]

这就好比一车新书被运到了图书馆,它们可以马上就拿来读,但要对图书馆有用,还需要先编目、归档并摆上适当的书架。大脑加工处理新记忆的方式跟这差不多。

至于为什么整合要花这么长时间(至少一开始是这样),学界的争论主要围绕"情绪"展开。在最初的巩固阶段,新记忆慢慢从海马体转移到需要它们的地方,而这个过程是逐渐进行的。有人提出,这种缓慢节奏是演化而来的特征,因为情绪体验是重要记忆的关键组成部分,但通常出现在事件发生之后。[1]

当我们感到愤怒、尴尬、内疚或高兴的时候,大脑通常要过几秒钟才会意识到这是必要的情绪反应。你刚吃掉最后一块比萨,你的伴侣又说想吃,于是你感到内疚。开会的时候,有个同事对老板说了些什么,几分钟后你才意识到,他是在诋毁你和你的工作,于是你生气了。在上面两个例子中,情绪都出现在事件本身发生之后。[248]

这种现象也发生在化学层面上。压力激素(比如皮质醇)会进入血

---

1 杏仁核的反应速度并没有变,它还是一如既往地反应迅速。但在下文这两个例子中,杏仁核直到事后才意识到有东西需要做出情绪反应。

液,对大脑和记忆系统产生众多影响,但这仅仅出现在造成压力的事件发生之后。[249]

不过,当你回忆起那些事件时,会记得自己感受到的情绪,哪怕它们是事后才体验到的。你不会有两段分裂的记忆,一段是同事说了你的坏话,一段是你似乎无缘无故生了气。

记忆巩固的过程比较缓慢,好在新鲜记忆"尘埃落定"之前添加情绪反应。[250]这就好比记忆的其他元素都上了电梯,等着下去工厂车间,情绪还在走廊里慢悠悠晃荡着。由于情绪对记忆如此重要,大脑会让电梯门一直敞开,在情绪上电梯前谁也走不了。

但重点在于,显然情绪不仅仅能在记忆巩固阶段改变记忆。比如,对我来说丧父之痛就意味着,所有与老爸有关的美好回忆如今都浸透了悲伤,而那些记忆散布在我四十年的人生之旅中。因此,哪怕是多年前就已彻底巩固的旧记忆,也可能由于后来的情绪体验发生改变。这就带来了许多深远的影响。

比如你在参加聚会,被介绍给了某个朋友的朋友。你跟他打了个招呼,寒暄了几句,但转头就跟自己真正的熟人聊了起来。你可能再也不会跟那个朋友的朋友说话,甚至不会再想起他。关于那次相遇的记忆会被判定为"毫不重要",最多也就是躺在大脑深处落灰。

但后来,你某天看电视的时候,新闻里突然出现了那人的脸,因为他犯下了一连串发生在水族馆里(此处纯属我瞎编)的血腥谋杀案。说时迟,那时快,关于那人的记忆突然变得极其重要。在此之前,你可能根本想不起见过他。但现在,你清清楚楚记得与臭名昭著的"海洋生物杀手"相遇的经历,而且可能永远都忘不掉。

这种现象就是所谓的"追溯性记忆增强"(retroactive memory enhancement)。最近的研究显示,人类的记忆很容易出现这种情况。[251]这意味着,当下的情绪体验能强化很久以前的记忆,哪怕在后来的情绪体验出现之前,那段记忆基本毫不重要而且很少用到。

这是不是表明,尽管我在前面说过不可能,但我们确实记得自己经历过的一切,哪怕那件事平平无奇且无关紧要呢?并不完全是。

导致遗忘的神经过程相当复杂。有时候,较新的记忆会干扰或否决旧记忆,于是大脑会默认保留较新的记忆。[252]有时候,支持新形成记忆的新神经元会改变海马体网络,于是现有记忆(尤其是依赖海马体存取的记忆)会遭到破坏并消失。[253]

近年来,科学家发现了"内在遗忘"。也就是说,某些专门的脑细胞会主动删除没有使用过的记忆。[254]这似乎是一个持续不断的过程,而记忆巩固过程会跟它"对着干",就像在涨潮时不断加固并重建海滩上的沙堡。

尽管可能有悖直觉,但遗忘似乎是大脑记忆系统的默认状态。由于海马体会记录每次体验包含的众多元素,如果永远保留下去,大脑容量很快就会耗尽。于是,我们不需要或不使用的记忆会被不断清理掉。

此外,并不是每次体验都会导致新记忆形成。记忆基于大脑中的连接:大脑可以存取所有现存的记忆痕迹,将它们整合进正在形成的新记忆,从而节省能量、空间和资源。所以,我们的大脑中拥有关于伴侣的特定记忆,那段记忆与你们一同经历的所有记忆相连。与每次见到伴侣都形成新记忆比起来,这么做要高效得多。

至关重要的一点是:连接是记忆的基础。因为,如果说特定记忆是众多连接的组合,那么就没有理由不能往某段记忆中添加更多连接。

比如,老爸经常给我买衣服当圣诞礼物,所以我有许多件他买的衬衫。以前我穿那些衬衫毫无问题,但老爸去世后,我每次穿上它们都感觉怪怪的,甚至会陷入感伤。我并不会在看见它们的时候心想:"现在它们成了令人难过的衬衫。"它们之所以让我难过,是因为会让我想起老爸。丧父之痛为所有与老爸有关的记忆平添了几分悲伤色彩,包括那些挂在我衣橱里的衬衫。那些毫无生命也并无变化的衣裳如今会引起情绪反应,是因为它们与关于某人的记忆相连。

第三章　情绪记忆

研究显示，人们之所以会珍藏纪念品和传家宝，很大程度上就是因为这个。[255]不是说那些冰箱贴或飘雪的玻璃球本身能让我们开心，而是它们能帮我们忆起与它们有关的人或事。

这对上了年纪的人尤为重要。人到暮年，回忆更多，而值得期待的东西更少。爷爷奶奶喜爱的照片和小摆件在我们看起来可能毫无意义，但研究显示，缺少纪念品与老年人情绪低落或抑郁倾向存在关联。[256]

这个过程也可能是消极负面的。但凡你经历过糟糕的分手，扔掉（甚至烧掉）过与前任有关的东西，你就会对此深有体会。其实道理是一样的：你并不讨厌也无意破坏那些没有生命的物件，但它们会让你想起如今确实讨厌的某人。如果说那些物件"代表"了你记忆中的某人，毁掉它们有助于你宣泄压抑的怒火，又不会伤到任何人。[1]

不过，这么做也有坏处。压抑或逃避不愉快的记忆似乎会抑制记忆巩固，进而影响回忆。[257]换句话说，不积极接触记忆，事后会更难想起。

这听起来似乎挺不错的，尤其是在分手特别糟糕的情况下。然而，情绪记忆如此强大是有原因的：它们很有用。清楚记得一次糟糕的分手可能会令人不适，但如果你后来跟另一个人展开新恋情，而那个人跟你的前任有诸多相似之处，那要怎么办？毕竟，大家通常喜欢的人都有"固定类型"。记住上次的痛苦经历也许能阻止你犯下类似的错误，免得你做出有害无益的决定。所以说，压抑类似的情绪记忆就像忘记自己对某物过敏；那不是美好的回忆，但肯定能派上用场。

但话说回来，我们的大脑有时候会做得太过火。某次糟糕分手的情景历历在目，可能会使你质疑未来任何恋情，甚至陷入偏执。这是一种自我破坏，会阻碍你向前迈进和寻找幸福。同样，不断唤起对已故亲人的回忆，会让哀恸变得极其强烈，阻碍你应对和接受现实（或者说"向前走"）。[258]

---

1 这对物件本身来说是不好，但总比放火烧你的前任好。

说到底，压抑情绪记忆有时好有时坏。你怎么知道什么时候是好，什么时候是坏呢？要是你弄明白了，千万记得告诉我。

总的来说，越来越清楚的一点是，由于大脑内部相互连接且充满可塑性，现有记忆（甚至是重要记忆）会因新体验而改变或更新。[259]这就好比在更新密码时多加一位数字。[1]密码其实只改了一点点，但这个改动至关重要，因为旧密码现在不管用了。

从演化角度来看，这具有深远的意义；周遭世界不断变化，因此调整自己经常使用的既有记忆是有意义的，否则我们就会一直根据过时的信息采取行动并做出决定。而且，正如前面提过的，记忆系统在很大程度上受情绪影响。因此，情绪体验可以在很大程度上改变记忆。

但这对我来说意味着什么？老爸去世后我体验到的负面情绪，是不是就像滴进清水里的一滴墨水，弥漫在与老爸有关的所有记忆中？情绪记忆的持久性是不是意味着那些记忆已经永远改变？不是说"时间能治愈一切伤痛"吗？情绪会影响记忆，不就代表这个说法是无稽之谈吗？

幸运的是，答案是否定的。似乎这次大脑帮了我们一个忙。大脑中有一套系统防止这种情况发生，也就是所谓的"情感衰退偏差"（fading affect bias）。[260]

负面情绪通常比正面情绪更强烈，对人的影响也更大。[261]大多数人都会意识到这一点：生命中最快乐的体验对你的影响，远不及最痛苦的体验对你的影响那么深刻持久。随便哪个表演艺人都会告诉你，面对台下观众的时候，你只会记住无数笑脸中唯一的一张臭脸。

这可能源于负面情绪与威胁检测联系在一起。从逻辑上说，我们会本能地更关注对自己构成"危险"的事物。也可能是负面情绪体验更多元，包括生气、厌恶、害怕、内疚等，而正面情绪主要是快乐的各种变

---

1 我知道很多人都会这么做，但这据说不利于网络安全，所以我绝对不赞成这么做。这里只是打个比方。

体。因此，当我们体验到负面情绪时，大脑中活跃起来的部分更多，也就使负面情绪更显突出。[262]

值得庆幸的是，情感衰退偏差意味着，负面情绪记忆即使比正面情绪更突出，也不会像后者持续得那么久。记忆中的负面情绪内容会较快消散，正面情绪内容则会萦绕不去。[263]

不是说我们会忘记情绪化事件，更像是记忆诱发情绪的能力会随时间推移而减弱。回忆起自己受过的不公平对待时，我们一度会想"我现在对此很生气"，但最终会变成"我曾经对此很生气"。这也适用于其他情绪体验：我们还记得自己当时的感受，但回忆那段经历已不会再勾起当时的感觉。

正面情绪记忆则有所不同，正面情绪往往会在我们脑海中留存更久。童年时期不愉快的经历除非特别痛苦，否则通常会淡去，而快乐的童年回忆在几十年后仍会让我们露出笑容。这就解释了为什么英语世界里人们常常说"戴着玫瑰色眼镜回首往事"。哪怕往昔的经历并没有多美好，人们仍会满怀深情地追忆童年，因为只有美好的部分才会留在记忆深处。

有证据显示，这是另一种演化而来的特质，它不但有益身心健康，赋予我们自我价值，还有助于保持动力。从逻辑上说，抛开糟糕的回忆并保留美好的回忆，长远来看有助于我们感觉良好。

还有一点也值得一提，那就是在烦躁的人身上，情感衰退偏差不那么明显，甚至完全不存在。[264]烦躁是抑郁症患者和类似情绪障碍患者常见的不安或不满状态。这种状态可能相当顽固，持续时间也比较长。鉴于上述患者大脑中可用于摆脱负面情绪的默认机制受损，会出现烦躁也就不足为奇了。

当然，大脑形成记忆的方式要比我们想象的复杂得多，而情绪在其中发挥着很大作用。尽管情绪能以消极负面的方式改变记忆，但那种影响不会一直持续下去。至少，随着时间的推移，坏事会消失，好事会留下。

所以，人们告诉我应该多想想与老爸有关的"美好回忆"，我却难以办到。因为，哀恸的情绪改变了记忆，那些记忆已不再是真正的"美好"回忆了。

不过，由于大脑的运作方式，那些记忆很快就会重新变得美好起来。毕竟，时间能治愈一切伤痛，对吧？

话虽如此，如果以我近期的经历为鉴，可能还要再过一段时间我才敢闻老爸的"招牌"须后水，而不会被它掀起的情绪大潮淹没。事实证明，这有充分的理由。

情绪的气味

最近，我晚上出门散步时闻到了烟味，那让我暂时感到舒心快乐。

这可就怪了，因为我不是烟民，从来都不是。我一直觉得抽烟令人不舒服。哪怕是我十几岁的时候，身边不少朋友开始吞云吐雾，我也从来没动过心。

不是说我从来没尝试过，因为我确实试着抽过烟。我想知道，抽烟是不是有某些积极的方面，只是被我忽略了。毕竟，我是科学家，什么都想做个实验。

此外，当时我还是个学生，而且喝高了。

我还记得试着抽第一根烟的时候，确实体验到了一种模模糊糊的愉悦感。不过，那立刻就被肺部涌上来的强烈反应淹没了。我的肺发起了严正抗议！更别提我嘴里还残留着一股恶臭，活像有只大小便失禁的獾在里面冬眠。结果就是，直到今天我都对抽烟敬谢不敏。

后来我又试过一次，那次完全没沾酒，纯粹是为了弄清抽烟究竟有什么好。结果反应一模一样。所以说，哪怕忽略所有已知的健康风险，抽烟显然还是不适合我。

第三章　情绪记忆

然而，尽管仅有的两次抽烟体验糟糕透顶，最近闻到烟味的时候，我却觉得舒服又安心，还有一种古怪的满足感。简而言之，我体验到了正面的情绪反应。为什么会这样？

我断定，那肯定是我的记忆系统搞的鬼。老爸刚过世不久，我显然一直在想他，也在想念家人，追忆童年。我出生于20世纪80年代，在威尔士矿区一间热闹的工人酒吧里长大，我爸是酒吧的房东。英国的禁烟令要到几十年后才颁布，所以我童年的大部分时光都烟雾缭绕。因此，虽说我自己的抽烟体验并不愉快，但烟味仍然与无忧无虑的欢乐时光相关联，也与积极正面的情绪记忆相关联。

然而我受过的神经科学训练没有白费，它让我意识到这个解释并不成立。问题在于，试着抽烟的时候，我发自内心地觉得恶心。鉴于大脑的运作方式，如果某些东西让你觉得恶心，不管在此之前发生过什么事，"恶心"通常是你记忆中最主要的联想。[265]比如，你爱吃哈罗米奶酪，而且一直吃它，那么最终就会形成许多关于它的正面回忆。但如果你吃了一块变质的奶酪，结果吐个不停，你的大脑就会牢牢记住那件事，不管以前发生过什么。这个联想过程威力巨大。[266]

但似乎只有气味不是这样。对我来说，尽管抽烟的体验并不愉快，但烟味仍然与正面情绪记忆相关联。为什么气味如此不按常理出牌？

事实上，多年来许多人发现，气味触发情绪反应和情绪记忆的效果远远超过其他大多数感官刺激。[267]那么，嗅觉在大脑中是不是与记忆和情绪有特殊关联？

答案是肯定的，绝对是！

我们人类通常不会过多考虑嗅觉。人类的嗅觉能力远不及我们的动物朋友，比如猫和狗。我们更多依赖视觉[268]和听觉。[269]尽管如此，嗅觉还是会以我们通常意识不到的方式对我们施加影响。

我们的嗅觉由嗅觉系统产生。空气中的气味分子进入鼻子的上腔，也就是鼻腔。鼻腔内有嗅上皮，这层组织包含众多嗅觉受体，那些受体嵌在嗅神经之中。嗅神经能检测并识别气味分子，将相关信号发送给大脑。[270]嗅上皮对嗅觉的作用就像舌头对味觉的作用一样。

嗅上皮表面覆盖着一层持续补充的浓稠黏液，气味分子溶解在这层黏液中，能增强嗅觉受体检测气味的能力。来自嗅觉受体的信号被传送到嗅球，也就是处理加工气味信息的脑区。[271]与大部分脑区一样，它也有许多复杂的亚区，与其他神经区域和神经网络广泛相连。不过，如果再深究下去，就会出现出人意料的转折。

为嗅觉受体编码的基因占人类基因组的3%。[272]嗅觉也被认为是最早演化而成的感官。[273]考虑到视觉和听觉等感官都比嗅觉精密得多，而嗅觉竟然是最早出现的，这似乎很了不起。但如果考虑到地球上最早的生命形式由基本细胞构成，只不过是在富含化学物质的环境——比如原始汤[1]或古代海洋[2]——中生存的复杂化学物质的集合，那么嗅觉最早出现在演化意义上完全说得通。

从演化角度来看，最早的生命形式为了生存，最需要感知的不是光、声、热或压力，而是周遭环境的化学变化。嗅觉不就是检测周遭环境中的化学物质吗？从原始汤中的物质到如今的人类，我们已经演化了许多，但在某些方面并没有那么多。

嗅觉极为重要，这使它在大脑中的运作方式相当有趣。处理加工其他主要感官（听觉、视觉等）的神经区域位于大脑的顶层[3]，也就是新皮质。相比之下，嗅觉皮质位于边缘区域，也就是大脑中比较靠下层，更靠近中央的位置，恰好位于负责情绪和记忆的脑区之间。

事实上，人们刚发现海马体的时候，还以为它是嗅觉系统的一部

---

1 苏联生物化学家奥巴林提出的生命起源假说，认为自然生成的简单有机物浸泡在暖水里，构成蛋白质和核酸等分子，进而形成原始生命。——译者注
2 目前我们尚不清楚地球上的生命最初出现在何处。毕竟，如今活着的人当时都不在现场。
3 不过，它们一如既往地与低层脑区广泛相连。

分，因为海马体与已知跟嗅觉有关的脑区十分接近，而且有重合之处。它在记忆中扮演的关键角色是后来才确认的。

这并不是巧合。海马体与嗅觉系统绝不是碰巧凑到了一起，就像某支重金属乐队恰巧搬到了某位古板牧师的隔壁。绝不是这样！有证据显示，嗅觉系统和海马体是一道演化而来的；它们影响了彼此的形成，因为两者从根本上相互联系。

为什么气味和记忆的结合如此紧密？如果你知道海马体的另一个关键功能（也许是演化之初就有的关键功能）是导航，那么一切就顺理成章了。[274]无数研究显示，海马体对我们在周遭环境中寻找方向至关重要。例如，一项著名研究显示，由于花了若干年时间记住如何穿梭于路线复杂的大城市中，经验丰富的伦敦出租车司机脑部的海马体大于常人。[275]

为了导航，你需要知道自己目前身在何方，此前曾在何处。海马体会记录周围地标的位置，这意味着大脑可以利用这些信息，根据地标相对自身位置的变化，绘制出周遭环境的认知地图，[276]以便判断自己现在在哪里，要去的地方又在哪里。

说到底，海马体之所以能帮助我们导航，是因为它能识别并储存感官元素的特定排列，以供我们今后使用。而它对记忆也是这么做的。唯一的区别在于，形成记忆不仅仅需要空间信息。事实上，人类之所以拥有记忆系统，可能正是源于我们的远祖需要知道自己此前去过哪里，接下来要去的地方又在哪里。

嗅觉跟这又有什么关系？在很长一段时间里，嗅觉都是生物的主要感官，也许还是唯一的感官。如果你没法利用这些信息做事，这种感知能力就没多大用处。于是，生命形式还需要能主观识别事物的位置，并根据事物好坏选择趋近还是远离。说到底，当我们能感知外部环境，就需要运用那些信息在周遭环境中导航。

所以说，嗅觉系统和海马体已经同步演化了亿万年，可以说是塑造了现代大脑的整体结构和布局。[277]而如今占据主导地位的其他感官，都是后来才加入大脑神经网络的。鉴于这一点，气味和记忆自然会在许多方面重合。[1]

从成长发育的角度来看，嗅觉也是我们身上"年纪最大"的感官。还在妈妈子宫里的时候，我们就有了嗅觉。[278]许多人认为，嗅觉在认知发展早期发挥着基础作用。[279]既然嗅觉发育早于其他感官，它必然会在孩提时期占据显著位置，因此也会影响我们最早期的记忆。

这个观点得到了研究的支持。视觉或听觉线索最常触发青少年时期的记忆，而嗅觉触发的记忆则会追溯到十年前，主要是六到十岁之间。[280]简而言之，嗅觉触发的记忆要比其他感官刺激引发的记忆早得多。某些气味能唤起鲜活生动的童年回忆，这个观点得到了科学证据的支持。

此外，较早的嗅觉记忆似乎会否决掉较晚的记忆，这是其他感官做不到的。出于某些原因，大脑总是优先考虑与某种气味第一次建立的联系，[281]后续即使出现与此矛盾的体验，也没有那么大的影响。这就是我为什么会满怀深情地回忆起烟味，并将烟味与美好的童年时光联系在一起，尽管成年后的我并不爱抽烟。

嗅觉记忆通常也比其他感官记忆更生动鲜活。这大概也源于嗅觉皮质与海马体的特殊关系。其他主要感官通过丘脑与海马体记忆系统相连。[282]丘脑是大脑中央深处的一个重要区域，负责将信息从某些脑区传送到需要的地方，其中就包括将感官信息从产生信息的地方传到海马体，以便海马体将它们转化成记忆。

不过，嗅觉不是这么运作的。嗅觉系统与海马体拥有古老的演化联系，所以嗅觉能直接联通记忆系统，而不需要经过丘脑。[283]这就好比持

---

1 嗅觉系统也在不断产生新的神经元，因为现有神经元会因暴露在"外界"（比如鼻腔）而迅速退化。这也是嗅觉系统与海马体的另一个共同点。

贵宾通行证的人能开开心心绕过长队，直奔时尚夜店里被天鹅绒绳索围起的专属区域。所以也就不难理解，嗅觉传来的感官信息没有经过丘脑转译和传递，在海马体看来会显得更重要。

反过来说也成立。最近的研究显示，海马体与属于嗅觉网络一部分的前嗅核相连。虽然大家都听说过前嗅核，但可能不太了解它。在回忆某段嗅觉记忆时，海马体似乎会激活前嗅核。[284]

整个过程非常复杂，但说白了就是，当我们想起一种气味时，不仅仅触发了关于那种气味的记忆。由于海马体与嗅觉网络存在特殊联系，我们更像是再次闻到了那种气味。也许没有达到嗅觉受体再次被气味触发的程度，但要比回忆特定图像或声响时清晰得多。

这也意味着，大脑更容易通过所有相关的神经元突触连接，重新激活第一次闻到那种气味时的记忆。因此，在记忆的形成和触发这方面，嗅觉拥有超越其他感官的优势。

最后，气味之所以对记忆影响这么大，是因为它还与大脑的情绪过程密切相关。[285]而正如前面提过的，记忆系统在很大程度上受情绪影响。

有些科学家指出，嗅觉是与情绪重合之处最多的感官。例如，两者都有正面和负面之分，也都有不同的强烈程度。其他感官则与嗅觉差异更大，也更为复杂（只有味觉除外，它与其他主要感官联系较少，而且主要依赖嗅觉[286]）。

某些气味很容易诱发人的特定情绪状态，[287]无论那个人当下所处的情境如何。反过来说，当前的情绪状态也会改变或扭曲对气味的感知。实验证据显示，如果被告知某种气味令人作呕，你可能就会觉得它难闻。同理，如果被告知某种气味令人愉悦，你就会觉得它好闻。事实上，在上述两种情况下，你闻到的是同样的中性气味，但你的大脑往往发现不了。[288]

嗅觉系统也是人们传达情绪的渠道。[289]大量研究显示，闻到处于恐惧等情绪状态的人分泌的汗液，你也会体验到一定程度的恐惧。而且，正如前面提过的，人哭泣的时候会流下心理或情绪性眼泪，如果周围的人闻到那种眼泪，情绪状态会在一定程度上受到影响。

所有这些都暗示着，嗅觉与我们大脑中的情绪过程存在密切联系，嗅觉与记忆也存在密切联系。事实也确实如此。研究显示，嗅觉系统的活动会直接影响情绪反应枢纽杏仁核，[290]而从神经解剖学角度来看，负责处理加工嗅觉和情绪的边缘系统各部分存在大量重合。[291]

事实上，嗅觉系统中有一部分称为梨状皮质，包含杏仁核和与之相连的海马体区域，研究人员认为这个区域实际上负责处理加工气味信息。杏仁核是嗅觉系统的一部分，而不仅仅是与之相连，[1]这与负责其他主要感官的脑区大相径庭。

这从演化角度来看也说得通。如果导航功能早于记忆演化而成，那么情绪也早于认知和思考演化而成。因此，原始生物形成嗅觉之后，就需要知道如何处理这些新信息。也就是说，如果闻到了糟糕危险的气味，它们就该速速远离。说白了，它们应该能体验到恐惧。如果说嗅觉是第一种感官，那么恐惧就是第一种情绪。[292]众所周知，杏仁核擅长处理加工恐惧。于是，我们就得到了另一对源于演化史的联系——嗅觉与情绪的联系。直到今天，这种联系仍然影响着我们。

大量数据显示，与其他类型的情景记忆比起来，嗅觉引发的记忆总是包含更多情绪内容。[293]根据研究报告，嗅觉丧失（闻不到味道）的人常常出现记忆问题，有时甚至会出现情绪范围缩小。[294]精神分裂症和抑郁症等疾病的患者也经常出现嗅觉功能下降[295]（丧失嗅觉），这突显了大脑中情绪处理与嗅觉处理过程的密切联系。

嗅觉、情绪与记忆的联系如此紧密，以至于深刻影响了文学界。法国著名作家马塞尔·普鲁斯特著有七卷本长篇小说《追忆似水年华》，

1　这并不是说杏仁核"负责"嗅觉。最好不要给大脑的各种功能硬性划定界限。大脑更像是表示交集的文氏图，只不过由成千上万彼此交叠的圆圈组成。

主题就是非意愿记忆。主人公回顾了自己生命中的若干时刻，那些记忆均由外部遭遇和他无法掌控的感受意外勾起。

人们引用最多的例子，有时称为"普鲁斯特时刻"，[296]发生在小说开篇不久。主人公把一小块玛德琳蛋糕（一种传统法式茶点）浸进茶里泡软。在喝了一口泡过玛德琳小蛋糕的茶水后，被遗忘的记忆如洪流一般席卷了他。他回想起了小时候去看望姑妈，跟姑妈一起享用早茶和玛德琳小蛋糕。[1]

正如前面提过的，说到对味道的感知，占主导地位的不是味觉，而是嗅觉。因此，气味与大脑中的记忆和情绪系统存在根本联系，直接引出了20世纪文学史上的这一重要时刻。

我不是想暗示，因为我解释了嗅觉、情绪与记忆的基本相互作用，所以这本书会比普鲁斯特的皇皇巨作更成功，影响更大。

但你懂的，也不排除这种可能性嘛。如果这种事真的发生了，对我来说无疑是无上妙音。

既然说到了声音……

播放歌曲

我看着自己的脚，觉得更难过了。

我的脚长得挺怪，足弓不明显。说白了，那就是两块长了脚趾的大平板。上大学的时候，室友不许我打赤脚走来走去，因为他们看见我露出的脚板会觉得不舒服。

这让我大吃一惊。在那之前，我一直以为自己的脚很正常。为什么

---

1 在皮克斯动画的粉丝看来，电影《料理鼠王》中的重头戏显然是"普鲁斯特时刻"的视觉呈现。

不呢？我这辈子只长过这么一双脚。我爸和许多亲戚的脚也长得差不多。显然，平足是博内特家族的一大遗传特征。

不幸的是，这意味着我如今一看见自己的脚就会想起老爸，进而想到他不在了。根本没人警告过我，这种微不足道的小事竟会让人陷入哀恸。当然，这种事可能永远不会发生在其他人身上。

不过，类似的事也许难以避免。我们都知道，看到某样东西的时候，大脑会尽职尽责地触发与它相关之人的情绪记忆。由于遗传基因，我们都有某些与父母相同的身体特征。我发现，在哀悼亲人的时候，这可能会带来不少麻烦。因为，你会对容易"睹物思人"的东西极其敏感。[1]

虽然看似残忍，但我很感谢自己和老爸的不同之处。我们俩截然不同的每一处，都意味着少了一样会突然戳中我软肋、令我陷入哀恸的东西。

我爸热爱体育运动，我则大半辈子都对运动没兴趣。我爸对科学不感冒，我则恰恰相反。我爸是个汽车迷，而我呢，只要是个能送我去要去的地方的车子就行。

我爸热爱音乐，鉴赏力极佳，而且满怀热情，甚至涉足过音乐行业。而我呢，大概还算喜欢音乐吧，但音乐对我的影响显然不如对我爸那么深。说实话，我对音乐的喜爱远远不及一般人。

人们常常聊起自己最喜爱的专辑，参加过的最棒的演唱会，还有给某些人、场合、活动制作完美的混音带或歌单。他们聊起这些的时候，我通常会点头微笑，希望不要有人问起我，因为老实说，我自己并没有类似的经历。

我知道自己挺反常的。英国文化中浸透了对音乐的热爱，博内特家族也涌现过不少激情洋溢的歌手，我们在家乡又被称为"音乐世家"。然而，我一直都缺少大多数人与音乐的那种情感联系。

---

[1] 这无疑让刮胡子变成了一种古怪的体验。

第三章 情绪记忆

从理论上说，这种紧密的情感联系其实也挺奇怪的。毕竟，音乐不过是一连串噪声罢了。当然，它是经过精心编排并巧妙呈现的噪声，但那仍然只不过是声响，只不过是空气中的振动撞击我们的耳膜。这有什么好带情绪的？

思考这个问题的不止我一个人。不少研究都考察了音乐对大脑中情绪的影响，许多科学家都想知道为什么音乐会使我们感觉到情绪。[297]不过，也许更恰当的问题是：音乐如何激发情绪？大脑的哪些部分受到音乐的刺激，产生了如此强烈的情绪反应？（当然了，我除外。）

研究证据显示，音乐会通过若干种方式从神经层面影响大脑，涉及范围从最基础的反射过程到最复杂的认知机制，而且通常是同时发生的。因此，音乐能提供身临其境的情绪体验。

在最基础的层面上，音乐通过脑干影响我们。脑干位于大脑底部，负责处理大部分不假思索的即时反应，比如眨眼或不由自主地发笑。反射性脑干过程通常会在一瞬间被触发，对大脑感知到的可能很重要的事物做出回应。那些事物可能对我们有益，也可能对我们有害。处理加工听力的听觉皮质与脑干有直接联系。[298]这就意味着当我们听到可能很重要的声响时，身体会通过脑干立刻做出反应，包括紧张、畏缩、警惕和将注意力转向那里。[299]

当某些声音刺激到我们时，就会引发"唤醒"。正如本书第二章讨论过的，唤醒是情感不可或缺的组成部分，也被许多人视为构成大脑中情绪的原材料。从这个基本层面上影响我们的通常是突如其来、响亮、不和谐或快节奏的声音。[300]

突如其来的声音会影响到我们，这完全说得通。出乎意料的感官变化会吸引我们本能的注意力机制。如果我们独自一人待在安静的家中，突然听见楼上传来声音，当然会立刻紧张起来（也就是被唤醒），然后竖起耳朵注意听。

响亮的噪声，还有明亮的灯光和刺鼻的气味，会占据我们的整个感官过程，把其他东西挤出关注焦点。大脑会自动做出反应，专注于那些东西。这就好比话筒离扬声器太近，引起尖厉的啸叫声，令人无法置之不理；于是，你会迅速把话筒挪开，好让尖啸声停止。

同样，音乐节奏越快，我们人类越容易兴奋，通常是积极正面的那种振奋。[301]所以，不少人跑步或锻炼时会听快节奏的音乐。你喜爱的快节奏音乐确实能对你起到激励作用。有证据显示，它能提升完成任务的表现。[302]所以，下次你的老板抱怨有人在办公室放音乐，你可以原话顶回去。

反之，不和谐音不够协调，一同响起时会"起冲突"，而不是形成互补或彼此交融。我们会觉得刺耳，感到不快。所以，不得不承认，并非每个人生来就能欣赏往往显得杂乱无章的自由爵士乐，大家通常是后来才渐渐爱上它的。

不和谐音更典型的例子是建筑施工的噪声，三岁小孩打架子鼓发出的声响，最经典的例子则是指甲刮黑板的声音。那些声响高低不齐、毫不协调，会极大影响脑干处理过程，激起深入骨髓的颤抖。

但证据显示，并非所有不和谐音都会引起不愉快的潜意识反应，必须是特定范围内的声音才行。说白了，我们不喜欢彼此冲突的声响，但前提是它们之间的差别不太大。[303]不妨想一想：小号和鼓发出的声音截然不同，但我们能愉快地聆听两者合奏。因为两者听起来截然不同，我们会将它们视为协同工作的独立事物。但如果彼此冲突的声音频谱相近，我们就会感到紧张不安。

大多数音乐都相当复杂，包含声音的骤然变化、音量变大、节奏加快，以及和谐音或不和谐音。所有这一切会通过脑干引发唤醒，因此音乐能直接刺激大脑中的情绪反应。研究显示，响亮嘈杂的音乐会让发育成熟的胎儿心率加速，轻柔和谐的音乐则会降低胎儿的心率。[304]说白了，早在我们呱呱落地之前，音乐就能通过脑干机制影响我们。

不过，这种机制非常基础，也相对简单。音乐还能通过许多更复杂的途径引发大脑中的情绪。其中之一是情绪传染。[305]也就是说,我们对音乐作出情绪反应,是因为音乐本身拥有我们能辨识进而体验的情绪特质。

慢节奏音乐通常被视为悲伤催泪的,快节奏音乐(比如大多数流行音乐)则被视为欢快且激动人心的。大多数重金属音乐音量较大,变化鲜明突然,听起来充满愤怒,极具侵略性。正如经典电影《大白鲨》的主题曲充分展示的那样,低沉的音效会使人感到不祥,还能为内心注入恐惧。[1]

如今学界普遍认为,人类这种辨识进而体验情绪的能力要归功于镜像神经元。这是近几十年来最重要的神经科学发现之一。

在20世纪90年代一项具有里程碑意义的研究中,[306]神经科学家以猕猴为对象,研究了运动皮质中的神经元。运动皮质是大脑中负责有意识控制运动的部分。研究发现,当一只猴子观察另一只猴子做动作,而自己什么也没做的时候,运动皮质的某些神经元却被激活了。这正是所谓的"猴子不学样"(monkey-see, monkey-not-do)[2]。

也就是说,在观察与运动皮质有关的功能,而不是执行那些功能时,这些神经元活跃了起来。它们像照镜子一样反映了其他神经元的活动,所以叫作"镜像神经元"。[307]从那以后,研究人员在人脑内各处都发现了镜像神经元的活动[3],尤其是在前运动皮质、辅助运动区、初级体感皮质和下顶叶皮质。[308]这些区域对于运动、语言和感觉不可或缺,很

---

1 如果再加上调式变化、主歌与副歌的差异、歌词等,单独一首歌或一支曲子就可能拥有多种情绪特质,甚至是你觉得彼此矛盾的情绪特质,就像许多节奏缓慢的民谣也能振奋人心。
2 此处戏仿了美国俚语"有样学样"(monkey see, monkey do),直译为"猴子学样",指仅模仿表象但不知原理。——译者注
3 目前尚未确定只属于人类的特定镜像神经元。我们还不具备相关技术,无法观察活生生的人脑中特定神经元的活动。但不管怎么说,仍有许多令人信服的证据表明它们确实存在。

多时候情绪反应也要仰仗它们,尤其是下顶叶皮质,它使我们能识别人类姿势和面部表情中的情绪元素。[309]

镜像神经元被视为共情过程的基础,[310]这完全说得通。这些神经元使你能模仿观察到的活动,这有助于识别他人情绪并激发自己大脑中同样的神经活动。鉴于我们甚至不用看见对方,也能通过语调和表达方式等细节听出对方的情绪,共情显然也会通过听觉系统实现。[311]

共情过程可以由音乐触发。大脑中感觉皮质的镜像神经元能检测出音乐中的情绪元素,并让我们亲身体验到那种情绪。这就是情绪传染。

此外,音乐还会通过一种更为复杂的认知机制在大脑中诱发情绪,也就是所谓的音乐期待。[312]

音乐拥有结构、模式、主题和以乐理形式存在的基本语法,包括主歌与副歌、铺垫与渐强、和弦、调式、拍号,还有许多更为复杂的元素,像我这样缺乏音乐鉴赏力的业余爱好者根本分辨不了。从这个意义上说,音乐与语言颇为相似。[313]

我们乐于通过操纵语言引起强烈的情绪反应。时机精妙的笑话或文字游戏能引起哄堂大笑,修辞美妙的诗歌能带给人们深切的忧伤,安排巧妙的叙事能使人兴奋、恐惧或忧虑。同样,精心设计的乐曲和乐章也会激起情绪反应。这就是所谓的音乐期待,也就是指你对音乐有一定程度的理解或期待。当音乐达到或超出这个标准时,你就会体验到正面情绪反应。[314]

反之,如果音乐远远低于期待,你就会产生负面情绪反应。音乐鉴赏家有时会对"主流"音乐不屑一顾,通常因为它们大规模产出而且商业化,针对的是普通大众。在音乐鉴赏家听来,那种音乐可能显得太过朴实,无法刺激他们的音乐期待。

这个现象得到了以下证据支持:当我们聆听和欣赏音乐时,布洛卡区(负责批量处理和理解语言的新皮质脑区)活动增加。[315]这一发现表明,在音乐影响情绪这方面,大脑认知系统与本能系统一同参与其中。

第三章　情绪记忆

不过，音乐期待因人而异。就像葡萄酒一样：经验丰富、味蕾敏感的侍酒师显然能分辨赤霞珠、皮诺、霞多丽，以及它们是哪一年装瓶的。他们还能品尝出不同葡萄酒的差异，以及美酒的微妙口感，比如桃子香、橡木味、梨和芦笋的后调，等等。不过，也有像我这样的人，最多只能区分红葡萄酒、白葡萄酒和桃红葡萄酒。我算是爱喝葡萄酒，但完全搞不明白那些微妙的玩意儿。[1]

这同样适用于音乐：如果你培养出了一定的鉴赏力，能欣赏其中更微妙的特质，在认知和情绪方面可能会收获良多。随着大脑接触的音乐越来越多，音乐期待会逐渐发展。接触音乐再早也不嫌早，因为一些研究报告显示，给子宫里的胎儿播放音乐，有助于婴幼儿辨别和欣赏更复杂的音乐。[316]欣赏音乐和你对音乐的情绪反应，最终会形成正面的反馈回路。你听得越多，越会享受，将来就越有音乐鉴赏力。

这大概就是为什么，尽管自由爵士乐或重金属音乐充满了不和谐元素，仍然受到某些人的追捧。那些乐迷能从认知层面上欣赏它们展现的技巧与复杂性，压过了它们通过脑干引发的更为原始的厌恶感。[2]

脑部扫描研究还显示，在欣赏音乐的过程中，记忆发挥着某些作用。音乐越熟悉，大脑做出的正面情绪反应就越多。[317]熟悉的音乐会使大脑边缘区域、海马旁回和扣带回的活跃度提升，那些是演化更完备、位于较下层的脑区，负责或参与处理加工情绪和记忆。[318][319]

重点在于，我们不会像通常那样"熟而生厌"。熟悉的音乐我们反而更喜欢。这就是为什么我们听歌时能单曲循环，为什么总想听"经典老歌"，为什么偏爱某个流派的音乐。因为我们喜欢容易识别并记住的东西。

1　关于品酒与神经科学之间有些争议的关系，请参阅我的第一部作品《是我把你蠢哭了吗》(*The Idiot Brain*)。
2　不过，哪怕是客观上很糟糕的东西，你仍然能从情绪层面享受它。还记得前面提过的辛辣食品和性虐恋吗？

有趣的是，这既发生在意识层面上，也发生在无意识层面上。比方说，你有过这样的经历吗：某首歌让你出现了莫名其妙的情绪反应。它不是你通常喜欢的音乐类型，并不特别复杂，也不令人惊艳，甚至还有点儿烦人，但你还是情不自禁爱上了它。以我为例，我非常喜欢20世纪90年代后期的欧洲流行乐队Vengaboys。他们有一首歌反复提醒听众"Vengaboys马上就要开来了"。我心里清楚，那首歌重复乏味又甜腻老套，但它仍然能让我心潮澎湃。怎么会这样？

最有可能的解释是"评价性条件反射"（evaluative conditioning），[320]也就是我们对某物原本中立的感受由于某些体验发生了改变，因为它与我们喜欢或不喜欢的事物建立了关联。

比方说，你可能对西部片完全无感，但你的约会对象是西部片的死忠影迷，又特别想跟你分享自己的激情所在。你最终与对方坠入爱河，走进了婚姻的殿堂。如今，你爱上了西部片，因为它们在你大脑（或者说记忆）中与"幸福之源"有着不可磨灭的联系。

音乐很容易引起这种情况。如果我们出现情绪反应时旁边在放某首歌，大脑就会在记忆中把它们联系到一起。于是，我们后来再听到那首歌时，就会通过记忆联系触发情绪反应。

这大大影响了我们与音乐的关系，因为现代世界里随处都可能响起音乐，无论是汽车广播放送的金曲、街头艺人演奏的乐曲，还是商店、酒吧、酒店里播放的背景乐。因此，体验情绪时听到音乐是普遍现象。这就意味着，由于存在评价性条件反射，大脑常常将两者联系在一起。

这个过程是无意识的，发生在大脑的边缘区域和下层区域中，比如杏仁核[321]和小脑。[322]事实上，一些证据显示，如果你在体验情绪时意识到了正在播放的音乐，就会阻碍联想过程。[323]"听到音乐"与"体验到情绪"的关联极其牢固，远远超出其他体验与刺激之间的无意识关联。[324]从本质上说，大脑一旦将音乐与某种情绪联系起来，就不愿意再消除那种联系。

所以说，如果你对某首曲子产生了出乎意料的正面情绪反应，可能只是因为在心情好的时候无意间听过它。就拿我来说，我十几岁的时候身边一直在播放Vengaboys乐队的歌，而那个时期我突然从胆怯害羞变得自信外向，开始学着享受生活。可想而知，我的记忆将Vengaboys与那段时期紧紧相连，所以我会永远对他们的歌情有独钟。

总的来说，我们为什么会产生音乐上的"罪恶感"，也就是喜欢觉得不该喜欢的歌？答案可能是评价性条件反射。

这就要说到，记忆在音乐情绪体验中扮演着有意识的角色了。这是通过我们的"老朋友"情景记忆来实现的。情景记忆与评价性条件反射的主要区别在于，评价性条件反射发生在音乐作为背景播放的时候，无论我们当时在做什么，放音乐纯属偶然。

而当我们有意识听音乐的时候，无论是在自己屋里戴着耳机听，还是参加盼了好几个月的音乐节，我们都会接纳音乐在自己身上激发的一切情绪反应，而情景记忆过程会参与其中。正如研究反复证明的那样，情绪体验会增强记忆系统，意味着它比非情绪体验更容易记住。

因此，能激起我们情绪（无论是喜爱还是讨厌）的音乐更可能被有意识地记住。而且，由于记忆和情绪能相互促进，回想起音乐也会让我们再次感受到与之相连的情绪。这就像某种反馈回路。

这也许能解释，为什么我们对熟悉的音乐更敏感。熟悉的音乐通过记忆系统触发了这种微妙的情绪唤醒。新奇的音乐，也就是记忆中不存在的东西，则起不到这样的效果。

这还能解释，为什么有证据表明，音乐（与气味一样）往往会触发更强烈的情绪记忆。[325]有人认为，这是因为正如前面提过的，音乐会通过多种神经机制诱发情绪，所以最终的记忆中会包含更多情绪元素。[326]

音乐与情绪和记忆的紧密联系会引起一些不同寻常的现象。比方说，"耳虫"（通常所说的"洗脑神曲"）现象就相当常见。你似乎无法停止在脑海中反复播放某首歌，哪怕你并不喜欢它，甚至觉得烦得要命。

关于"耳虫"的研究数量惊人，但对于为什么会出现这种现象，目前尚未得出明确的答案。有人指出了"耳虫"与"反刍思维"的相似之处。所谓反刍思维，就是脑子里想着困扰你的事，越想越停不下来。这意味着，压力大或焦虑的人可能更容易出现"耳虫"现象。这一观点得到了一些研究的支持。[327]而这反过来又表明，情绪参与了"耳虫"过程。

有些音乐特别容易引起"耳虫"，有人总结了那些音乐的特征。它们往往押韵、简单、重复、和谐，或是呈现"循环"结构，没有明显的终结，所以大脑能一遍又一遍重播。[328]

通常来说，你甚至不需要听到音乐，只需要记忆中稍有关联的简单线索，就足以触发"耳虫"。但无论这背后的潜在机制是什么，似乎是音乐片段以适当方式刺激了记忆和情绪系统，导致那个片段总是浮现在脑海中，甚至达到令人火冒三丈的地步。

对于音乐、记忆与情绪的相互作用，更显而易见的例子是，人们大多更喜欢自己年轻（尤其是十几岁）时接触过的音乐。[329]这称为"怀旧性记忆上涨"现象。无论你现在多大年纪，青春期和二十出头时的记忆往往比其他记忆更清晰。[330]

这一现象由众多神经学因素促成，情感衰退偏差就是其中之一。情感衰退偏差会逐渐抹去旧记忆中所有坏情绪，只留下好情绪。[1]此外，上层脑区，也就是大脑中负责大部分自控和认知的区域，要到二十多岁才会发育成熟，而比较简单的情绪区域则要早得多。[331]这就意味着，大脑中有助于控制情绪的部分在青春期尚在发育。这就是为什么我们在青少年时期情绪会如此大起大落。

因此，青少年时期的记忆包含更多情绪元素。而在成年之后，认知过程会更严格控制我们的情绪。所以，青少年时期的记忆会比成年后

---

1 因此，许多人都会说起"美好的旧时光"，哪怕它们实际上糟糕透顶。

形成的记忆更容易回忆起来。而且，由于我们在青少年时期"更情绪化"，所以这段时期刺激情绪的音乐对我们的影响更大。

此外，我们十几岁时会本能地主动寻求同伴的认可和接纳，还会追求新鲜感。于是，我们会探索更多新奇的感官体验，比如新的音乐，进而表达自我并获得认可。[1]我们也会听更多的情绪化音乐，它们有助于我们理解自己体验到的令人困惑的情绪，也能让我们感觉得到理解和接纳。

总的来说，当我们还是青少年的时候，音乐能通过许多方式大大影响我们的情绪。由于记忆的运作方式，这通常决定了我们大半辈子的偏好。

对于我们会长成什么样的人，音乐竟然有这么大的影响，这想起来真有点儿怪怪的。但事实就是如此。不仅仅是在个人层面上，演化层面上也一样！

研究显示，欣赏音乐时大脑中奖赏系统的活动，与享用美食、翻云覆雨乃至服用成瘾性药物时极其相似。[332]这种令人愉悦的奖赏反应通常用于生理活动，也就是对我们乃至整个物种生存至关重要的活动——不过，服用成瘾性药物是从外部劫持大脑的奖赏系统。这就意味着，音乐带来的情绪反应有深刻的演化基础，它（也许至今仍然）对人类的存续极为重要。

人们普遍认为，这是因为某些声音（就像某些色彩和气味一样）与自然界中的特定事物存在关联，而我们的大脑演化到了一定的程度，能在情绪层面上及时识别这些事物并作出回应。[333]

也许我们觉得不和谐音令人不快，是因为猛兽狩猎时的嚎叫通常尖厉刺耳，所以人脑演化得能警惕那种声音和引起它们的事物。

---

1 我们的情绪系统和奖赏系统会日趋成熟。这就意味着，在青少年时期，我们童年时期喜欢的东西会丧失魅力。这也意味着，在我们的一生中，或许只有在青少年时期，才不会默认喜欢熟悉的音乐。

也许我们觉得慢节奏令人悲伤，快节奏令人开怀，是因为言行迟缓表明某人情绪低落，或者可能受了伤，而说话行动迅速则代表激动亢奋、精力充沛。也许这跟心跳有关？我们下意识地认为心跳加快是兴奋的表现，心跳缓慢则是平静放松的表现。许多流行音乐的节奏都是每分钟100拍到120拍，刚好高于平均心率。这就意味着，那些音乐会被视为"充满活力"。

也许我们觉得音色丰富、结构复杂的歌曲比简单的声响更有活力，是因为声音彼此交织的环境意味着生机盎然、资源丰富。而轻柔的音乐通常会让人放松下来，也许是因为我们将它与"没有危险"联系在一起，而且便于意识到周围发生的事。

突如其来、出乎意料的寂静会令人紧张，也许是因为当周围一切都安静下来，避免引起附近捕食者的注意时，会触发某些古老的条件反射。这就可以解释，为什么寂静会让某些人感到焦虑不安。这也可能是为什么有些人工作时需要背景噪声（通常是音乐）才能集中注意力。颇有讽刺意味的是，彻底"安"静反倒会令人"不安"。

甚至有理论提出，我们之所以能感知音乐中的情绪特质，是因为乐声与人声拥有共同的听觉属性。超表现力语音理论[334]（super-expressive voice theory）指出，我们听音乐的时候，识别语音情绪特质的脑部机制会发挥作用。这是个有趣的理论，只不过最近的研究显示，大脑实际上会将音乐和语音分开处理加工。[335]

但从逻辑上说，这只适用于大脑能轻松区分乐声和人声的情况。只可惜，通常不是这样。被誉为"富于表现力"的乐器（大提琴、小提琴、滑弦吉他和许多木管或铜管乐器）一般是能演奏滑音的乐器。所谓滑音，就是在音符之间滑动。这比单独奏响的音符更能模仿歌声，还会显著影响音乐带来的情绪共鸣。[1]

---

1 比如常与葬礼或阴郁场合联系在一起的"悲伤长号"（sad trombone）。

因此，即使大脑确实以彼此独立的两套系统处理加工乐声和人声，音乐和乐器丰富多变的本质也意味着，乐声与人声的界限往往相当模糊。

还有一个问题：为什么我们如此喜欢和谐的乐音？我们人类首先是部落生物，非常重视社交和互动，所以大脑通常青睐强调群体团结和凝聚力的事物。[336]有什么能比所有成员同时发出同样的声音更能强调群体团结呢？那种声音越复杂越好，因为它能彰显我们的能力和同步性。许多人认为，这就是为什么人类对音乐的反应如此强烈，又是如此带有情绪。此外，音乐也是让群体团结起来的绝佳方式。[337]

这甚至能解释我们跳舞的冲动，以及为什么跳舞会让人如此享受。还记得吗，音乐也会刺激运动皮质，这表明音乐会引发"动起来"的冲动。从演化角度来看，比团结统一的部落更棒的东西，就是利用这种团结来做些实事。因此，采取行动的冲动，也就是以彼此协调的方式"动起来"的冲动，会是演化至今的大脑喜爱的东西。[338]我认为，这说的就是跳舞。

纵观人类历史，我们接纳音乐和舞蹈的过程相当复杂。[339]这可能是源于原始的大脑认识到，试图在危险的大自然中生存时，协调的发声和动作是值得鼓励的。

探索人类与音乐深刻情感联系的起源，让我反过来思考了自己遇到的问题。尽管挖出了这么多信息，我还是不明白，为什么我跟大多数人不一样，不容易被音乐打动。

掌握上述信息之后，这种现象似乎更说不通了。音乐期待与你接触到多少音乐有关，[340]而我在成长过程中一直在接触音乐。我爸妈都是音乐爱好者，我们住在一间酒吧里，那里随时都回荡着音乐。无论是现场演奏或演唱曲目，还是自动点唱机或收音机放送金曲，总有某人在某个地方放音乐……

就在这时，我突然想到：虽说我在一间繁忙的酒吧里长大，但我是两岁左右才搬进去的。我天生胆怯害羞，所以从一幢只住三个人的安静小排屋搬到一栋随时开门迎客、总有陌生人进进出出的大宅子，对两岁的我来说肯定不是什么愉快的体验。

那个环境里随时都充斥着音乐。大脑会通过评价性条件反射，自动将你听到的音乐与你体验到的情绪联系起来。于是，在记忆形成的时期，也许我正在发育的大脑将音乐与一些东西联系到了一起，其中就包括可怕的生活剧变，陌生成年人醉醺醺地闯进我的卧室[1]，还有震耳欲聋的迪斯科音乐每晚都在起居室对面响个不停。

如今我对音乐的感觉已经跟当初不一样了，但评价性条件反射可能阻碍了我与音乐建立本该在大脑发育关键阶段形成的正面联系。如果当时建立了那种联系，我就会跟其他人一样对音乐充满热情。

颇有讽刺意味的是，如果我的猜想没错，那么我不像老爸那么喜爱音乐，实际上正是他的错。毕竟，做酒吧的房东是他的主意。但考虑到当时的情况，我会原谅他。

然而，平足还是让我心烦意乱。

不过，回想起儿时所有混乱的夜晚和可怕的经历，虽然促使我从另一个角度调查情绪，但要厘清它简直是一场噩梦。

噩梦场景

老爸过世后不久，我开始做讨厌的怪梦。

关于那些梦，我要说的就这么多。老实说，"跟你说说我的梦"这话肯定会让听者眼神乱瞟，因为他们压根儿不感兴趣。

但我要说的是，鉴于我试图厘清的所有情绪问题，做比平时更令人

---

[1] 令人惊讶的是，这种事常有发生。

第三章 情绪记忆

苦恼、更真实的梦确实很讨厌。不过从某些角度来看，这一点儿也不意外。骤然痛失亲友无疑会让你出现情绪波动，那为什么梦不会也一样呢？毕竟，负责情绪和做梦的是同一颗大脑。

出现这种情况的不是只有我一个人。新冠疫情导致全世界的人都比平时更加害怕、困惑、焦虑、愤怒，压力也更大。疫情对心理健康的影响也许要过很多年才会揭晓，但有趣的是，我在写这本书的时候，看到不少人在网上公开聊起自己常做的令人不安的怪梦。

显而易见的结论是，我们清醒时体验到的情绪会极大影响睡着后做的梦。当然，不是所有情绪都是正面的，有些极其负面，所以可能导致做非常负面的梦——噩梦。

我们每个人都做过噩梦。它们极其可怕且令人不快，但也相当常见。数据显示，多达2%到6%的人每周都会做一次噩梦。[341]

但为什么会这样？虽然负面情绪很有用，而且通常比正面情绪更刺激，但我们的大脑会努力抑制或限制它们造成的影响，比如通过情感衰退偏差抹去糟糕的记忆。那么，如果说像恐惧这样的情绪是大脑在提醒我们避开某物，那为什么同一颗大脑会在我们梦中引发恐惧？这种莫名其妙的功能有什么用？还是说大脑出了毛病？

幸运的是，虽然听别人讲具体梦见了什么确实无聊，但有不少人对研究梦和做梦感兴趣，其中就包括许多科学家，于是也有许多项考察美梦和噩梦运作方式的研究。尽管梦的具体过程和性质目前尚无定论，但人们普遍认为，梦对于大脑处理记忆和情绪相当重要，甚至可能发挥着至关重要的作用。

睡眠分为四个阶段：非快速眼动睡眠第一阶段、第二阶段、第三阶段和快速眼动睡眠。[342]做梦发生在快速眼动睡眠期间（有极少数例外情况[343]）。我们处于快速眼动睡眠阶段的时间越长，做的梦就越多。在寻常的一个晚上，我们每经历一整个睡眠周期，快速眼动阶段就会延长一

109

些。这就意味着，到所有睡眠周期结束的时候[1]，快速眼动睡眠阶段持续的时间最长。所以，早晨闹钟响起时，我们常常从梦中惊醒。

"我们为什么会做梦"这个问题与大脑如何处理记忆和情绪有关。梦对巩固记忆起着重要作用。[344]毕竟，还有哪个时段能比我们失去意识，也就是没有形成新记忆的时候，更适合巩固现有记忆呢？在人清醒的时候巩固记忆，就像在有车开过的时候修路——做是可以做，但要难得多。

大脑会在做梦的时候整合新记忆，将它们与旧记忆联系到一起，此时会在一定程度上"激活"旧记忆，也就意味着我们会重温旧事。我们清醒的时候也会回忆往事，但实时意识占据了大部分脑部活动。而当我们睡觉的时候，意识和感官基本全都会"关闭"。这就意味着，做梦时触发的记忆和附带的体验能占据整个大脑。这就是为什么梦境看起来如此"真实"。因为它们激活了记忆，而由于少了意识的遮蔽，那些记忆更加"令人身临其境"。

但正如前面提过的，每段记忆[2]都是若干元素的组合。记忆是特定感官、情绪和认知体验的组合，作为突触连接的集合存储在大脑中。这使得某些元素可以用于多段记忆，从而节省大脑中的空间和资源。

这也意味着，我们做梦时并不用激活一段记忆中的每个元素。记忆中离散的元素被单独触发，与其他记忆的相关元素联系起来，[345]使记忆中存储的内容彼此融合并派上用场。

这就可以解释为什么梦境往往光怪陆离。因为它们是现有记忆的不同元素，通过不同寻常的方式组合起来并被触发。比如，你梦见的人通常是你遇见过的各种人的组合，你梦见的地方则是你清醒时去过的各种地方的混搭。

1　以成年人每晚7~8小时睡眠时间来看，会经历4~5个睡眠周期。——编者注
2　尤其是情景记忆，它们是梦的主要素材。

而且，哪些记忆会连接在一起，并不遵循现实世界中的逻辑。比如，如果你有一段唱歌的记忆，还有一段待在水下的记忆，做梦时大脑会把它们都激活，让你梦见自己在水下唱歌，尽管生理结构和物理定律决定了人类根本做不到这一点。

但即使梦中场景如此光怪陆离，我们在做梦时也很少觉得异样。这完全说得通。毕竟，如果说梦完全由记忆元素组合而成，那么严格来说，大脑在做梦时并没有体验到任何新事物。

许多有趣的研究已经证明，睡眠和做梦对处理和巩固记忆起到了关键作用。其中一项研究利用了嗅觉的力量，让受试者在执行学习任务时闻到玫瑰香味。事后，受试者在实验室里过夜，一部分人的房间注入玫瑰香味，另一部分人的房间则不注入。研究显示，在睡眠过程中闻到玫瑰香味的人，在第二天的学习评估中表现更好。[346]

这是不是意味着，如果你学习时在屋里点上香薰蜡烛，睡觉时同样在屋里摆上点燃的蜡烛，就能更好地记住学到的知识？上述实验表明确实如此。不过，我不建议你点着明火呼呼大睡。

遇到难题或艰难抉择的时候，有人会建议"先睡一觉，明天再说"。这种做法似乎既科学又管用。研究显示，比起在非快速眼动睡眠阶段醒来的人，在快速眼动睡眠阶段醒来的人更擅长解决复杂问题[1]。[347]这意味着，当我们在快速眼动睡眠阶段做梦的时候，大脑处于更"灵活多变"的状态，也就是各段记忆之间容易出现不寻常的联系。

鉴于做梦涉及前面提过的记忆巩固过程，这也就不难理解了。大脑不得不进行自我调节，使不寻常的随机连接更容易发生。所以说，没错，如果你遇上了难题或是拿不定主意，"睡一觉再说"可能确实会有帮助。关于难题的近期记忆能更好地与你现有的神经回路结合。与清醒

---

1 如果你感兴趣的话，这项研究用的是变位字谜（anagram）。（所谓变位字谜，就是把单词或句子里的字母重新排列组合，形成其他字句。——译者注）

时依靠既定（比较僵化）的神经回路比起来，做梦时大脑更有可能在问题和解决方案之间建立联系。

这就要说到连续性假说。[348]这个相对直接的理论指出，白天积累的体验在很大程度上塑造了夜晚做的梦。最近的记忆显然最需要处理和巩固，所以那些记忆当然会在梦中占据主导地位。

但这个逻辑自洽的理论没法解释，为什么梦往往令人困惑且不可预测。进一步了解做梦时大脑在做什么，会有助于解释这个问题。

例如，做梦时海马体会更活跃，[349]这突显了做梦对记忆处理的重要作用。不过，做梦时海马体的活动与清醒的时候不一样。[350]人们普遍认为，梦境之所以如此光怪陆离，正是由于这种不寻常的海马体活动。作为记忆系统的中枢，海马体表现异常，导致它触发的记忆也变得古怪。还有人认为，这就是为什么梦如此难以记起。海马体是记忆形成和回忆近期记忆的关键，它在我们清醒时的活动截然不同，这就让我们检索记忆的能力打了折扣，导致我们难以检索它在"别样"状态下形成的记忆。

这么一来，梦与记忆的联系似乎已经很清楚了。那么梦与情绪的联系呢？

虽然解释实际机制的理论有很多，而且五花八门，但人们普遍认为，梦使我们能够处理情绪和情绪体验。这个观点并不是现代才出现的。早在一百二十多年前，著名心理学家西格蒙德·弗洛伊德就写过一部极具影响力的著作，解析了梦与梦的含义。[351]弗洛伊德的观点是，大脑靠做梦来维持睡眠，梦负责抑制并处理性冲动引起的焦虑，否则那些焦虑就会促使我们醒来。噩梦则是我们的性冲动出现了受虐倾向，这才导致梦境变得极不愉快且令人不安。

虽然大多数现代精神分析已不再把一切都归结于令人不安的性冲动，但学界的共识是，梦是情绪发展的关键组成部分，噩梦则是情绪发展的特定表达。或者说，噩梦是情绪发展过程出了错。[352]

第三章 情绪记忆

这个观点得到了神经学证据的支持。在快速眼动睡眠阶段,除了海马体更为活跃,杏仁核也比清醒时活跃得多。[353]这表明,无论做梦时发生了什么,情绪都是其中的重要组成部分。

再想一想前面提过的,记忆中的情绪元素属于独立要素,那么一切就更说得通了。杏仁核受损会导致记忆缺少情绪,其他细节则得以保留。显然,情绪体验可以与其他体验分割开来,独立存在。[1]说白了,这就是做梦时发生的事。[354]

我们都知道,情绪体验会在很长一段时间内萦绕不去,持续影响我们。这表明,与那件事有关的记忆仍然在触发与之相连的情绪。而且,由于记忆和情绪在大脑中的运作相当复杂且相互影响,它们可能会形成反馈回路。情绪会激活与之密切相关的记忆,记忆则进一步触发情绪,情绪又再次激活记忆,如此循环往复。

正如前面提过的,聆听悲伤或愤怒的音乐是我们处理当前情绪的一种方式。这么做能触发情绪,而不一定会激活与之相连的记忆。这会使大脑其他部分触及那种情绪,形成自己的连接和联想。这就意味着,从某种程度上说,强烈情绪与引发情绪的记忆"分割"了。强烈情绪造成的效果散布到了大脑各个角落,这一方面能降低情绪的强烈程度,一方面还能提升大脑"应对"它的能力。

从许多方面来看,这正是做梦时发生的事。大脑有效地将记忆中的情绪元素与其他有类似情绪特征的记忆联系起来,以便增强未来识别并处理那种情绪的能力。这么做有助于减轻原始情绪记忆潜在的破坏性影响。

许多人认为,这正是做梦的一大重要功能。这也许能解释,为什么我和其他饱受新冠之苦的人会开始做噩梦。白天和睡前的情绪状态都会

---

1 这似乎与第二章中"情绪与认知不可分割"的结论矛盾,但"我们的大脑如何生成某些东西"与"我们如何感知那些东西,如何将它们存进记忆"两者是截然不同的。

大大影响梦境。

因此,如果你由于工作、亲密关系或其他原因倍感压力,睡眠时大脑就会从你新形成的记忆中获取这些情绪元素,将它们与有类似特质的记忆联系起来。即使你在白天有意识地抑制压力,潜意识大脑仍然清楚你倍感压力,进而试图在梦中解决问题。于是,大脑白天压抑的负面情绪会在梦中弥漫开来。

再往下说就更有意思了。虽然许多人(包括弗洛伊德及其同事)认为噩梦是做梦不可避免的常见组成部分,但最近演化心理学和其他领域的理论指出,噩梦实际上正是做梦的意义所在,至少最初是这样。

例如,威胁模拟理论[355]指出,我们的大脑最初之所以演化出梦,是为了在睡觉时模拟威胁和危险。这么一来,如果现实世界中发生那些事,我们就能更熟练地处理解决,毕竟我们已经有过某种程度的"实践"。随着大脑演化得越来越高级,更错综复杂、情绪更多样的梦境也随之而来。这就意味着,大脑最初开始做梦,就是为了学习跟引发恐惧的事物打交道,弄清如何规避它们。所以说,我们本来就该做噩梦,噩梦有助于我们生存。

有一个事实支持这个观点,那就是人年轻时做的噩梦更多。[356]缺乏经验的年轻大脑还没弄清如何识别和应对危险,所以需要进行更多次模拟,也就是做更多场噩梦。

这个理论相当有趣,但许多人(包括我在内)都认为它无法成立。显而易见的反例是,这个理论暗示,我们做的噩梦越多,心理状态就越好。因为根据逻辑推论,大脑花了更多时间处理和应对导致压力和焦虑的事。然而,情况并非如此。

众多心理健康问题,尤其是伴有情绪性质的问题,都与做噩梦频率增加存在关联。[357]事实上,心理学家区分了两类噩梦:特发性噩梦(大多数人偶尔会做的那种)和创伤后噩梦(这种梦会在经历深刻情绪创伤后频繁出现,而且表现形式极为激烈)。[358]

创伤后应激障碍或类似疾病的患者显然有大量负面情绪需要处理，如果噩梦真是一种应对手段，它应该对此有所帮助。但恰恰相反，噩梦增加往往是心理健康和情绪健康恶化的标志，噩梦减少则是长期康复的征兆。[359]

难道说，噩梦既没用又有必要？这听起来或许挺矛盾，但前面反复提到，我们的大脑完全有能力发挥多种功能，尤其是在情绪这方面。就像许多与情绪有关的事物一样，噩梦究竟是对人有益还是有害，更多取决于背景和环境。

事实上，不少解释"噩梦如何出现""噩梦为什么会出现"的现代理论都认为噩梦既有弊也有利。关于噩梦的情感网络功能障碍（affect network dysfunction）模型就是绝佳的例子。这个模型认为，噩梦之所以会出现，是因为恐惧的记忆极其难以磨灭。

大脑讨厌忘记让我们害怕的东西，这不难理解。体验恐惧的意义就在于让我们知道某些东西有危险。长期以来，记住让我们害怕的东西一直是求生的关键。因此，恐惧的记忆极其顽固，难以忘却。哪怕我们设法忘掉了它们，它们也很容易在事后被"重新激活"。[360]

然而，大脑中潜伏着会引起强烈恐惧反应的记忆并不是好事，创伤后应激障碍患者都对此深有体会。情感网络功能障碍模型指出，这正是噩梦的根源。

与其说噩梦是压抑或消除现有的恐惧记忆，不如说是有效"替换"那些记忆。噩梦是大脑将强烈的恐惧元素从令人不安的记忆中分离出来，与其他不那么能引发联想的记忆相连。这么一来，大脑就在最初的记忆之上叠加了许多包含恐惧体验的"新"记忆。

不过，与清醒时最初的恐惧体验相比，这些与强烈恐惧建立的新连接没有那么强大，也没有那么刺激。而且，正如前面提过的，梦中的体验更难记住。因此，在做梦的过程中，往往需要多次"尝试"用新记忆组合覆盖糟糕的旧记忆，好让新记忆真正"留存"下来。

这有点儿像你搬了新家，但屋里的墙纸太难看，你怎么都看不顺眼。于是，你往上面刷了一层墙漆。但墙纸的图案特别鲜亮，墙漆又太薄，得刷好几层才能盖住。与极其鲜明的清醒时记忆相比，梦中形成的新记忆组合同样"单薄"，所以需要尝试多次才能真正覆盖掉棘手的旧记忆。

这就可以解释，为什么我们会反复做某个美梦（或是噩梦），以及为什么在一夜中的不同睡眠周期中，我们会多次做类似的梦。因为，做梦时大脑试图应付一段极其强大的情绪记忆，而这需要好几个快速眼动周期才能做到。

不过，这个过程相当微妙。鉴于负面情绪极其强大，大脑很容易过载。有一个事实证明了这一点：噩梦的决定性特征之一就是会让人惊醒。[361]这很能说明问题。毕竟，我们的大脑需要睡眠，才能以健康的方式处理情绪记忆。会干扰睡眠的噩梦不可能是这个过程的一部分，所以不难推测出上述理论存在问题。

没错，饱受创伤后噩梦困扰的人常常出现慢性睡眠缺失[1]和睡眠中断，而且前面提过的两类噩梦都与肢体运动增加存在关联。这表明，大脑和身体并没有像本该那样"睡着"。这导致许多人争辩说，应该将噩梦归入睡眠障碍，而不是将它视为其他焦虑或情绪问题的症状。

鉴于前面提过的一切，如今看来，噩梦终究是"出了问题"的信号。梦当然是处于睡眠状态的大脑的一大重要特征。当大脑不忙着做其他事的时候，记忆和情绪会在梦中得到适当处理。梦是记忆中的元素被单独激活，与其他记忆元素组成不同寻常的新组合，所以我们的梦境常常光怪陆离。但这让记忆中的情绪体验散布到大脑各个角落，与大脑其他部分更好地结合在一起，这就是为什么梦从本质上看如此富有情绪。

但噩梦打断了这个重要过程。它们是如此可怕又如此强烈，往往导

---

1 这也是创伤后应激障碍等疾病如此持久、如此有破坏性的部分原因。睡眠期间是大脑处理问题的时段，而各种问题会导致睡眠缺失。

致大脑彻底放弃睡眠和做梦。这么一来，我们记忆中累积的情绪没有得到处理，就会引发进一步的问题。

所以说，噩梦确实看起来既必要又没用。但这也许并不像起初看起来那么矛盾：如果我们把糟糕的梦（bad dreams）和噩梦（nightmares）区分开来呢？在我看来，糟糕的梦是大脑在睡眠中有效处理了负面情绪记忆。噩梦则是大脑试图这么做但惨遭失败，因为接受处理的记忆中充斥着太多负面情绪，导致大脑的处理能力超载了。

生活中充满了各式各样的情绪，所以许多人时不时会做噩梦，这一点儿也不奇怪。儿童和青少年大脑中产生的情绪更强烈，但对如何处理那些情绪缺乏经验，所以他们更常做噩梦，这完全说得通。

这至少让我安心了一些。老爸去世后，尽管我的梦变得不愉快且令人不安，但到目前为止，我还没有从梦中惊醒过。我想，我还处于"糟糕的梦"阶段，还没有发展成"噩梦"。

我刚刚在极其悲惨的情况下经历了丧父之痛，又因为疫情与亲朋好友隔绝了几个月。不可否认，我有大量负面情绪需要处理。但至少到目前为止，它们还没有压垮我无意识的大脑。

当然，除非我大脑的情绪回路真的有问题。不过，暂时还是别下这个结论吧。我现在要处理的东西已经够多的了。

我想说的是，虽然我希望每个人每天晚上都能睡得安稳，但知道自己不是唯一一个在有过悲惨遭遇后做噩梦的人，还是让我感到欣慰。其他人表示自己也有类似经历，这给了我不少安慰。

此外，写下自己在艰难时期的体验并与各位读者分享，无疑也缓解了我的情绪困惑。

这让我得出一个显而易见的结论：体验情绪只是处理情绪的一部分。对我们人类来说，分享情绪并向别人传递情绪，通常也是情绪的重要组成部分。

第四章
情感交流

大家都知道,哀恸不是件容易的事。从情绪层面上看,它是一次颇具挑战性的体验。我对此一点儿也不惊讶。

但令人惊讶的是,哀恸影响我情绪的方式竟如此多样。我本以为自己会像电视上演的那样,在很长一段时间内极度悲伤。但事实并非如此。老爸去世后,我主要是感到麻木。当强烈的悲伤袭来时,是一波接着一波来的,包括偶尔的小声抽泣,夹杂着无缘无故冒出来的愤怒与沮丧。

有些日子里,我感觉……挺好,甚至很棒。但我会为此感到羞愧内疚。我爸刚刚去世,我却这么开心?这也太无情了吧!就好像嫌我的情绪还不够混乱似的。

最终,我开始担心,自己是不是没有"好好"哀恸?我最初的担忧是,自己的情绪处理过程可能出了问题,而我怪异的哀恸体验显然印证了这一点。

问题在于,这是我第一次经历这种事,所以我真的不知道情况会怎么发展,也不知道我的哀恸应该有什么样的"进展"。我坚持认为,如果能有家人或老爸的朋友在身边,我会弄得更清楚一些。他们也在哀悼,所以大家能感同身受,直抒胸臆,分享感受,彼此安慰。毕竟,通常情况下都是这样:你经历了丧亲之痛,亲朋好友会聚在一起安慰你,分担你的痛苦,帮你渡过难关。

第四章 情感交流

但我没法这么做，只能独自应对哀恸。毕竟，每个人都被封在家里。鉴于新冠病毒刚刚夺走我爸的性命，我特别重视防疫，坚持远离亲友，无论这么做要付出多少代价。

可是……也许我付出的代价实在太大了。因为，显然公开表达（通过别人能辨识的方式表达出来）是情绪的重要组成部分。否则，为什么我们的大脑和身体有那么多部分用于描述、识别和分享情绪，并由这些能力塑造？

事实上，我们的情绪体验大部分由别人的感受和情绪反应构成。没有它们，我们的情绪生活会暗淡无光，就像观看一部少了色彩的电影。

我担心这种情况发生在自己身上。我担心的是，在这段令人担忧的时期，没法与自己关心在乎的人联系，会有损自己体验和处理哀恸的能力。不仅仅是哀恸，还有其他情绪。正面情绪有助于抵御负面感受。如果有人陪你一同欢笑，你肯定更容易为美好的时光露出笑容吧？

表达和分享情绪对"我们是什么样的人"和"我们如何采取行动"到底有多重要？由于没有其他事可做，我觉得明智的做法是调查一番，弄清科学界对此的看法。

事实证明，答案是"非常重要"。

我能体会你的痛苦：共情及其在大脑中的运作方式

事实上，我并不是完全一个人承受哀恸。是的，在人生中最痛苦的时期，我被困在家里，与大多数亲友隔绝。幸运的是，我跟太太和两个小孩住在一起。如果没有他们，我肯定熬不过来。

尽管如此，我还是常常觉得，自己是在一个人在应对哀恸。因为我选择把感受藏在了心底。当然，这听起来很蠢，甚至有点儿受虐倾向，但我有说得通的理由，远远不止"装男子汉"。

当时，我的两个孩子还是小不点儿。哪怕是时机最好的时候，我也不愿意向他们宣泄成年人的悲伤，而当时还并不是最好的时机。疫情夺走了他们的学校、朋友、家人和旅行，以及最重要的，他们心爱的爷爷。如果在这些之外，再让他们分担我的哀恸，我连想都不敢想。于是，我没有这么做。

此外，还有我太太。她是我能想象出的最聪明、最慷慨、最能干的人。她反复告诉我，无论我需要什么，她都会陪在我身边。然而，我靠在户外办公室敲字写文养家糊口，这意味着她要负责家务，还要照顾两个孩子。再加上自己的本职，她相当于至少做着三份全职工作。由于两个孩子无限期地困在家里，她的工作量急剧飙升。

因此，虽然我知道那是她的真心话，只要我有需要，她就会陪在我身边，但说真的，我不忍心再增加她的负担。她的幸福对我极其重要，就像我的幸福对她一样重要。她手头还有那么多其他事要应付，如果我把她当作唯一的倾诉对象，让她分担我的哀恸，我会不可避免地陷入内疚，甚至感觉更糟糕。这么做又有什么意义呢？于是，我选择独自应对哀恸，并努力让家人相信我其实挺好的。

只不过，我谁也唬不住。我太太显然看出了丧父之痛对我打击有多大，于是忙着转移孩子们的注意力，把家务安排得井井有条，给我留出应对情绪波动的必要空间。我儿子也做了他力所能及的事，在需要的时候给我拥抱，还降低了大喊大叫的音量。他是那么贴心，做到了八岁男孩能做到的极致。就连小女儿也感受到了我的情绪，还试图助我一臂之力。只不过，作为一个极其直率的四岁女孩，她的做法是冲我大喊"要开心噢！"，然后自信地竖起大拇指。[1]

现在回想起来，我试图向家人掩饰哀恸但没能成功，其实是件好

---

[1] 事实上，这总会让我爆发出歇斯底里的大笑，让她相信这招管用。严格来说她的想法并没有错，但显然开这个先例不是好事。

第四章　情感交流

事。如果完全让我独自应对，无疑会给我留下严重的心理和情绪创伤。但即使如此，我的失败其实很能说明问题。尽管我努力隐藏自己的情绪，但显然还是在向全世界"广而告之"，因为就连小孩子都能一眼识破。

这表明，对于我们人类来说，传达和分享情绪是多么基础，多么根深蒂固。

我们都知道一个老生常谈的说法：人类的大量交流都是非语言的，语言文字只是"互动"这座冰山可见的一角，水面下隐藏着更多潜意识交流，而那些潜意识交流大部分与情绪有关。这就是为什么，哪怕我们对情绪的理解模糊不清，交流起情绪来却出奇地容易。我们常常这么做，甚至不用刻意去试。[1]

不是说你不能用语言表达自己的情绪，因为你显然可以。随便对一个人说"我很高兴／悲伤／愤怒／害怕"，对方都会理解你的感受。[2]只不过，你不需要用语言来传达情绪，因为人脑非常善于识别和破译暗含情绪的感官信息，而我们人类会生成大量这样的信息。我们汗水和泪水中的化学物质，我们说话的语气、音量、音调和语速，[362]我们的笑声或哀叹，我们的姿势、[363]动作、[364]手势或面孔（脸色和表情），一直都在（尽管往往是无意识地）传递多种感官线索，告诉别人自己当前的情绪。

但识别他人的情绪仅仅是个开始。很多情况下，我们会分享情绪。看到别人情绪低落，我们往往也会难过。别人受到惊吓，通常会引起我们的恐惧和忧虑。身边有人哈哈大笑，我们会笑得更开心。[365]这些都展示了共情，也就是理解和分享他人感受的能力。

共情是人性的组成要素。它塑造了我们大脑的演化方式，以及我们

---

1 我的情况则是，试图阻止这种事发生。
2 他们不一定会在乎，但他们会理解。

出色的心智能力。[366]共情比语言早出现，[367]它使我们能够有效沟通，并与其他人建立联系。因为，如果你通过某人体验到了正面情绪，就会想待在那个人身边。这就是为什么，约会网站的个人资料中通常有"有幽默感"这一条。

尽管"识别和共享他人情绪的能力"听起来像科幻片里的东西，但共情是通过分布在大脑关键区域内的复杂神经网络实现的。这个网络的关键功能是"动作表征"，[368]也就是大脑创造出关于某个特定动作的表象再现。在执行相应的自主运动[1]时，大脑会用到这些信息，用来指导并影响运动。当我们想起某个特定动作时，就会出现动作表征。动作表征对于我们观察别人的动作时尤为重要，因为它使我们能够模仿对方。

这听起来似乎有点儿太专业了，你不妨这么想：大侦探福尔摩斯会从犯罪现场收集所有细小线索（一片指甲，一根划过的火柴，一条线头，等等），然后动脑分析出到底发生了什么事，有谁参与其中，进而破案。动作表征也是同样的道理。大脑通过观察某人的动作，积累所有感官线索，把它们拼凑到一起，融为连贯的整体，找出动作的含义或代表的东西，然后弄清怎样才能做到。

模仿是我们学习发展的重要组成部分，[369]所以我们常常会模仿大脑刚刚观察并弄清的动作。说到这里，拿福尔摩斯打比方就站不住脚了：重现他刚刚解决的罪案，无异于自取灭亡。简单来说，"动作表征"是大脑认识到某个动作是什么、意味着什么、如何做到那个动作的过程。

就拿原始人的大脑为例吧。请想象一下，你是个原始智人，看见某个部落成员拿石头砸开了一颗椰子。观察这个"动作"的时候，你的大脑里发生了什么？我们认为是这样的：[370]

1　自主运动，又称为"随意运动"，是受意识调节、具有一定目的和方向的运动，区别于先天的不受意识支配的不自主运动，比如心跳和眨眼等。——译者注

首先，我们观察同伴试图砸开椰子，获得的视觉信息传送至上颞叶。上颞叶是负责视觉空间感知的关键区域，也是整合"以自我为中心"和"以物体为中心"这两大视角的关键区域。[371]简单来说，它通过视觉弄清事物相对于我们的位置，以及那些事物在"做"什么。

这么一来，上颞叶就给我们刚刚看见的东西创造出了有用的"副本"。这有点儿像扫描一张照片然后存在硬盘上。这些"复制版"信息更容易处理和使用。

随后，这些信息被传送到顶叶（大脑皮质的中上部区域）的镜像神经元（前面已经讨论过），具体来说是后顶叶。这个脑区拥有众多功能，包括整合感觉与运动，以及形成意图。[372]特别值得一提的是，它能识别和编码观察到的动作，以及身体哪个部位该摆在哪个位置（例如，攥紧石头的胳膊缓缓举起，然后迅速一挥而下）。重点在于，它能推断出我们如何用自己的身体做到同样的动作，还会促使我们这么做。

接下来，这些信息被传送到下额叶的镜像神经元。下额叶位于大脑前侧，同样拥有众多重要功能。[373]它对动作表征的主要贡献是，预测看见的那个动作的结果或"目的"。第一次看见同伴挥动石头的时候，我们可能会想："啊，他们这么做是要砸开椰子，吃里面好吃的部分。"这个合理结论是下额叶得出的，因为它从前两个脑区（上颞叶和后顶叶）获得了信息。下额叶分析出观察到的动作目的是什么，以及那个动作是否值得模仿。

因此，看见别人做某个动作，比如用石头砸椰子的时候，我们的大脑会通过弄清"是什么""怎么做"和"为什么"，分析出自己该如何模仿。上颞叶对观察到的动作进行神经学表征，提供了"是什么"。后顶叶推断出复制那个动作所需的肢体运动，提供了"怎么做"。最后，下额叶分析出那个动作的最终意义，以及它是否值得模仿，提供了"为什么"。

不过，这些信息随后会被传回上颞叶，而整个过程正是从这里开始的。[1]还记得吗，这个脑区负责解读我们观察到的动作。这么一圈循环下来，大脑就能拿计算并预测出的动作与实际观察到的动作做比较。我们的大脑基本上是这样想的："我觉得这个动作会导致出现这个结果，而实际上出现了那个结果……它们对得上吗？"

如果它们对得上，就意味着动作表征网络完美解决了问题。于是，我们就能模仿那个动作了。在上面的例子中，如果大脑推断挥动石头的动作是为了砸开椰子，看到"椰子被砸开"这个结果，就意味着我们学会了一种开椰子的新方式。这一点极其重要，因为它意味着我们不必历经艰辛（往往还相当危险）的试错过程，就能学会有用的新技能。

当然，如果预测结果与实际结果不一致，那就不需要模仿了。如果我们看见那人不小心把石头砸到了另一只手上，引起连连尖叫，那就不符合我们大脑预期的结果。值得庆幸的是，下额叶也负责行动抑制，[374]所以能及时遏制我们模仿的冲动。

总的来说，这个多样化的镜像神经元网络使大脑能观察到某个动作，然后自问自答："这是什么？这有什么意义？我怎么才能做到？"整个过程极其迅速，不用太多意识介入。这是人类学习发展的基本组成部分。[375]

说回我们最初讨论的问题，这个网络也在共情过程中发挥着重要作用。动作表征和模仿与共情的联系是通过岛叶实现的。岛叶是大脑中央区域深处的一个脑区，拥有众多功能和应用，其中许多都与情绪密切相关。例如，岛叶是体验厌恶感的关键脑区。[376]

岛叶中有一个特殊部分，也就是异颗粒（dysgranular）区域，与我们的"新朋友"后顶叶、下额叶和上颞叶紧密相连。[377]前面提到过，三者构成了负责动作表征和模仿的网络。而且，由于岛叶在情绪方面的众

1　事实上，我提到的所有负责这一模仿过程的区域都位于右脑。左脑对应的区域则更多参与语言和有意识的交流过程。

多作用，异颗粒区域也与边缘区域紧密相连，与情绪过程密切相关。

说白了，异颗粒区域就像一个枢纽，连接着负责模仿和负责情绪的神经区域。结果就是，大脑不但能破译、理解和模仿（或者说分享）我们观察[1]的人做出的肢体动作，还能破译、理解和模仿他们发出的情绪信号。[378]于是，我们得以与其他人共情。

这些重要神经回路的连接形式、活动方式和影响范围大相径庭，也许能解释为什么共情能力因人而异，而且人与人之间的差别极大。[379]但总的来说，这意味着共情是个迅速而持续的过程，而且主要是下意识的。也就是说，我们不需要学习共情，直接就能做到。

这并不是说共情能力固定不变。我们可以通过学习和体验，来发展、完善和提升共情能力。[380]但不可否认的是，这种能力是与生俱来的，毕竟就连小宝宝都做得到。

小宝宝常常对成人的情绪状态极其敏感。[381]就连听到其他婴儿哭声与自己哭声的录音，他们也会做出不同的反应。[382]这表明，他们识别出了不属于自己的情绪。而且，他们还常常以同样的方式做出回应。听到其他婴儿的哭声时，他们也会哇哇大哭。显然，从呱呱落地的第一天起，大多数人的大脑就呈现出某种形式的共情。[2]

我们会无意识地模仿交流对象的微妙举止和动作，这进一步突显了共情、模仿与身体线索之间的联系。你有没有发现，跟双臂抱胸的人聊天时，你也会摆出同样的姿势，或是学对方的样子倚向一侧？大脑的模仿系统"不受监督"时就会发生这种事，因为我们全身心投入了互动过程。

不过，这种奇怪的倾向存在是有原因的。显然，人们会对"被人模

---

1 而且不仅仅是视觉层面上的。上颞叶还包含听觉皮质，也就是处理加工声音的脑区。嗅觉会影响情绪，表明嗅觉系统也参与其中。
2 神经多样者（比如孤独症患者）如何处理情绪和共情，这个问题就复杂得多了，我们将在下文中进行探讨。

仿"做出正面情绪反应,并将这种反应与模仿自己的人联系起来。[383]于是,他们会对模仿自己的人表现得更友善。事实上,被模仿的人也会对其他人表现得更友善。用专业术语来说就是,他们会展现出更多的亲社会行为。[384]事实上,共情水平较高的人往往会无意识地模仿别人,引起更多的联结和亲社会行为。这被称为"变色龙效应"。[385]

模仿也可以自觉主动地发生,比如有意识地模仿。刻意模仿他人是公认的"取信于人"的方式,往往能使别人对你更真诚。[386]但话说回来,精神变态也常常利用这一点来操纵别人,[387]所以这也不完全是好事。但总的来说,读懂别人的情绪和动作,进而展示出那些情绪和动作,这个过程在很大程度上是无意识的。

这会造成某些怪诞的后果。跟别人聊天的时候,我们的(潜意识)大脑和身体在进行独立的对话,这会在更直接、更深刻的情绪层面上塑造我们的感受。也许这就解释了为什么有些人会"一见钟情",尽管从表面上看双方简直有天壤之别。双方的智力水平或意识形态可能差距颇大,但在这些东西背后,双方的情绪和身体可能极其同步,无须难缠的上层脑区介入就能建立紧密的情感联系。这是所有浪漫喜剧片中的常见桥段,但在现实生活中似乎也并不罕见。

这也解释了,为什么我试图向家人隐瞒哀恸,却惨遭失败。我大脑的认知区域想对他们隐瞒,但潜意识的情绪区域则没工夫演这出戏。

不过,共情并不总是积极正面的。它也意味着,我们能分享别人的不适、苦恼和痛苦。事实上,共情的本质常常体现为识别并分享痛苦。[388]

如果你告诉别人,你小时候曾被秋千砸到过嘴,然后咬破了舌头,对方可能会惊恐万状,肉眼可见地往后缩,甚至伸手捂住自己的嘴。[1]

---

1 每当我告诉人们,我小时候曾被秋千砸中嘴,然后咬破了舌头时,他们的反应就是这样。

这是因为我们对别人的痛苦极其敏感。如果我们看到或听到别人受了重伤，往往会畏缩一下，仿佛那事发生在自己身上似的，尽管显然并没有，从逻辑上说也不可能。

"我能体会你的痛苦"这话不完全是陈词滥调。当我们看到或听说别人身上某个部位感到痛苦时，自己对应部位的脑部感觉运动区就会被激活。[389]说白了就是，如果看见别人的左脚扎了根刺，我们的大脑就会活动起来，仿佛我们的左脚也扎了刺。也就难怪我们会对别人的痛苦起反应，就像自己在体验痛苦一样。因为从某种程度上说，我们确实在体验痛苦。

显然，我们的痛苦远远不及共情对象。这在演化层面上是有意义的：在远古时期，体验到与受伤者完全相同的痛苦，就意味着猛兽只要咬住一个人，整个部落的人都会失去行动能力，因为共情会使大家陷入痛苦挣扎。这绝不是上佳的求生策略。

但有趣的是，我们并不需要感受到某人的痛苦，也能对他产生共情。

由于遗传学、生物化学或神经学上的小意外，有少数人受伤时体验不到多少痛苦，甚至根本不会疼。[390]如果你给这些人看别人受伤的录像，然后让他们猜测对方有多疼，他们给出的答案会与实际情况相去甚远。毕竟，他们没有类似的体验可供比较。

尽管如此，如果他们看到了别人的情绪反应，比如面部表情、动作、发出的声音等，就会跟其他人一样善于猜测对方的痛苦程度。也就是说，他们能对别人的情绪痛苦产生共情。[391]这一点非常重要。因为它表明，哪怕没有共享感官体验，我们也能共享情绪体验。

同样，哪怕我们自己做不出情绪化的面部表情，也能从别人脸上识别出那些表情。莫比乌斯综合征是一种罕见的神经退行性疾病，患者一出生就面部瘫痪，但他们并不难识别他人的面部表情。[392]

这告诉我们，共情不仅仅是为了自保才顺带演化出来的。它是一个独特的过程,是人性中根深蒂固的一部分,也是我们体验到的情绪的基本组成部分。

不过,共情的目的是什么?它对我们有什么好处?共情在自然界存在的时间似乎远比人类长得多。[393]鉴于这一点,共情肯定是一种有用的能力。

许多人认为,共情与利他主义存在关联。所谓利他主义,就是无私地关注他人福祉。当你能分享别人的情绪时,显然会更关注对方的情绪状态和身心健康,因为这会直接影响到你自己。尽管许多人坚信生活从根本上是"残酷竞争""人人为己""适者生存",但有大量证据显示,我们人类(和其他社会性生物)在基因层面上就倾向于合作、交流与利他。[394]

不幸的是,也有许多人提出,人类的利他主义倾向实际上是自私的。[395]尽管这个说法似乎有悖直觉,但其实并没有听起来那么矛盾,因为我们的利他主义倾向通常留给亲属,也就是与我们有血缘关系或情感联系的人。[1]毕竟,我们大部分时间都待在他们身边。而且,如果我们为他们做出牺牲,他们也有类似的倾向,一有机会就会投桃报李。说白了,我们的利他主义倾向是在跟自己有关系的人身上做情绪投资。我们期望能通过这项投资取得回报,说不定还能顺便赚点儿利息。

反之,如果碰上非亲非故的人,也就是跟自己没有现成联系的人,我们会更加警惕,甚至充满敌意。我们没有在他们身上做过情绪投资,所以没有理由信任他们。有人认为,我们的利他主义倾向事实上会强化本能的仇外心理。[396]

从个人层面上看,共情也显得相当自私。如果某人感到快乐,而你在分享他的快乐,那么你就有动机增加他的快乐,因为那也会让你更快

---

1 与大多数物种相比,功能强大的人脑使我们能重视并优先考虑与自己没有基因联系或交配关系的人。我们能理解"朋友""同事""队友"等概念。

乐。反过来说，如果某人伤心难过或体验到其他负面情绪，你也有动机帮他们摆脱不愉快的状态，以便提振自己的情绪。[397]总的来说，似乎人性无私的概念从根本上其实是自私的。这既令人困惑又令人沮丧。

不过，先别急着否定人性，因为尽管逻辑上说不通，但大量研究显示，我们采取利他行为确实是因为更在乎对方的福祉，而不是自己的福祉。例如，研究显示，帮助过别人的人往往在事后很长时间里一直关注对方，哪怕他们并不认识对方，也明知自己努力带来的效果无法持久。[398]

这个研究结果影响深远。它表明，我们保留了帮助他人的本能驱动力，以及对他人福祉的关注，哪怕对方根本不可能给予回报，哪怕我们的努力会以失败告终，哪怕没有正面情绪可供分享，也没有情绪债务可供索取。哪怕改善别人的福祉对我们没有任何好处，我们也常常不顾后果地去做。

这表明，共情使我们关心别人，因为……我们就是会在乎。我猜大概是这样吧。共情使我们更容易关心别人，甚至促使我们去关心别人。而这还是对跟我们没有任何关系的人。试想一下，如果是对自己本来就在乎的人，人们会做出什么事来？

幸运的是，我不需要靠想象。在我人生中最艰难的时刻，我的太太和孩子们反复证明了共情的力量。我将永远铭记于心。

感受会传染：我们如何被别人的情绪吞噬

你有没有过这样的经历：你走进一个房间，感受到屋里"僵硬"的气氛，突然觉得紧张又尴尬？通常情况下，那是因为在你进屋之前，屋里的人爆发了激烈争执。但你不可能知道，毕竟你刚才不在，也没人告诉你。此前在场的人甚至可能在没话找话，试图装作正常。尽管如此，你还是知道有事发生，因为你能感觉得到。也就是说，你会出现情绪反应。但你不知道为什么会有这种反应，也不知道它从何而来。

在老爸的葬礼上，我就深刻体会到了这一点。可想而知，现场可谓愁云惨淡，害得我比葬礼前更难过了。然而，即使是在写下这段话的时候，我大脑中理性的部分仍在高速运转，想弄清为什么自己会更难过。显然，我为老爸去世而难过，但葬礼是近两周后才办的，所以老爸去世已经不是"新鲜"事。而且，我既不虔诚也不迷信，所以也不该被这方面的事困扰。

归根到底，葬礼就是会让人感到难过，因为葬礼上挤满了悲伤的人，而这会影响到我们。哪怕你根本不认识逝者，只是陪认识的人来走个过场。

为什么会发生这种事？合乎逻辑的假设是，共情在其中发挥了作用。不过，这个假设并不正确。如果你误入了某个让你"感到"紧张的房间，你能准确指出自己在对哪个人共情吗？你不知道大家此前说了什么，不知道是谁说得对，又是谁言行不妥。你感觉到的是一般意义上的情绪"氛围"或"气氛"。问题就出在这里：如果你没法准确指出自己在对谁共情，那严格来说就不是共情。

前面提到过，引发共情的神经机制依赖大脑意识到别人在做什么，搞懂那么做意味着什么，弄清自己怎么才能做得到。[399]其中的关键词是"别人"。我们意识到另一个人在做某个动作，也就意味着，虽然共情在很大程度上是潜意识的情绪处理过程，但仍然涉及认知。你需要有意识地觉察到，另一个人在做的事或内心的感受有别于你的动作和情绪。

能够意识到并理解"别人有自己的内在状态，那种状态可能与我们不同"，是除人类之外极少有物种能做到的事。这是一项重大认知成就，我们似乎为此演化出了专门的脑区。具体来说，人脑中有一个区域位于副扣带沟附近，在意图归因这方面发挥着重要作用。副扣带沟是前额叶的一部分。[400]说白了，我们大脑中似乎有一块特定的区域，专门用来弄清别人为什么做他们做的事。

这块脑区中有许多梭形细胞,这是一类投射较长的神经元,将大脑中多个区域联系在一起。[401]它们似乎参与了协调众多涉及情绪和认知的活动,所以有助于弄清别人的想法和感受。

到目前为止,我们只在大型类人猿和人类的大脑中发现过这些梭形细胞神经元。[402]这意味着,对于我们和我们聪明的灵长类表亲来说,知道其他同类是如何思考和感受的,并将对方的感受与自己的区分开来,是一种重要的演化优势。这也表明,情绪塑造了我们,让我们演化成了如今的模样。

所以说,共情需要有意识地觉察到,你体验到的情绪并非源于自己的头脑,[403]而是来自其他人。不过,我们有时察觉并体验到"外部"情绪,却没有意识到它们来自别人。如果发生这种情况,那就不是共情,而是情绪传染。[404]虽然两者在大脑中不可避免地有所重合,但也存在极为重要的区别。

情绪传染是更为原始的共情形式,也可以说是共情的组成部分。[405]它是分享他人情绪的一种手段,但缺乏"区分自我与他人"这个重要元素。少了这种区分,我们就无法体验到共情。事实上,本书第三章讨论音乐的时候就提到过"情绪传染"这个词。虽然我们能感知到音乐拥有某些情绪特质,但无法识别出音乐的"感觉",因为它什么也感觉不到。说到底,音乐不过就是声音罢了。因此,我们无法与音乐产生共情,但仍然能受到情绪影响,因为音乐可能带来情绪传染。[1]关键区别在于:在共情的时候,你知道自己在分享谁的情绪;而在情绪传染的情况下,你不知道。

例如,你走进一间气氛僵硬的房间,爆发争论后的情绪波动影响了

---

1 但值得一提的是,人类独唱的音乐会让人产生共情,因为情绪可以归属于某个特定的人。

每个人的身体和动作。尽管他们尽了最大努力去掩饰，但依然展现出敌意、紧张、仇视等迹象。你的大脑接收到了这些信息。我们感知到的他人行为会激活镜像神经元，镜像神经元检测到的情绪信息被分流到边缘系统，导致你体验到类似的情绪。但在这个例子中，情绪信息并没有与大脑的认知区域共享，所以你体验到了一种新情绪，但无法意识到为什么会这样，也意识不到它来自何处。

显然，这种情况并不总是发生。我们并不是随便看到哪个人，都会不由自主、不知不觉地共享对方的情绪状态。最有可能发生情绪传染的情况是，我们身边许多人都在体验同样的强烈[1]情绪，而且那种情绪很容易就能感觉到。不过，身边许多人都展现出同样的情绪，意味着我们的大脑无法将检测到的情绪锁定在某个人身上。所以……它就没有这么做。

这就是为什么，当身边人都惊慌失措的时候，我们会感到害怕，哪怕我们根本不知道他们在怕什么。或者说，我们会在葬礼上感到悲伤，哪怕我们根本不认识逝者。

说白了，处于强烈情绪之中的人会把情绪强加给我们。这个事实似乎令人震惊。我们人类拥有功能强大的大脑，不该是聪明独立的个体吗？这话当然没错。但看见有人打哈欠的时候，你会怎么做？不管你愿不愿意，都会打起哈欠来。因为打哈欠无疑是会传染的。而且，不光我们人类是这样，打哈欠在其他许多物种中也会传染，比如狗和黑猩猩等。打哈欠的传染性甚至可以跨物种：如果我们看到某只狗打哈欠，自己往往也会想打哈欠，尽管人和狗的下颌构造截然不同。事实上，如果你拼命抑制打哈欠的冲动，反而会使那种冲动变得更强烈。[406]这是一种极其强大的条件反射。

至于我们为什么会打哈欠，为什么打哈欠这么容易传染，还有与打

---

1 所谓"强烈"，就是高唤醒，动机强。

哈欠有关的神经机制，目前还都是未解之谜。不过，最近的研究显示，打哈欠之于困倦，就好像大笑之于逗乐，都是向别人传达自己的内在状态。[407]知道自己所在群体中有人犯困，因此可能被轻易击溃，对于相互依存的社会性物种来说是一则重要信息。能像条件反射一般迅速传达这一信息并做出回应，是非常有用的特质。简单来说，打哈欠是一种不由自主的身体运动，由我们的内在状态触发，展示我们对他人的感觉，而这会促使对方做同样的事，产生同样的感觉。这一切都发生在负责认知的脑区并不参与的情况下。

打哈欠的例子告诉了我们两点。首先，其他人会从潜意识层面大大影响我们的所做所感，这种事再正常不过了，所以说情绪传染并不是什么了不得的演化飞跃。其次，就像打哈欠一样，演化出情绪传染也有充分的理由。如果不是反复证明它有用，大脑就不会定期这么做。情绪传染使我们能通过别人的感受迅速了解周遭情况，而不需要借助自己的认知来费劲分析，以免耽误时机。

跟周围欢乐的人一起发自内心地欢呼大笑，有助于与大家建立联系，而与他人建立联系是人类优先考虑的事。[408]与惊恐烦躁的人待在一起，你也会不由自主地进入同样的状态，这能让你做好准备，以便应对引发他们恐惧和焦虑的事物。如果靠逻辑分析出可能的威胁，你需要花费不少时间、精力，而在此期间猛兽很可能从阴影里蹿出来一口吃掉你。

不过，情绪传染也有不好的一面。不可否认，当人们聚集成足够大的群体时，众人的行为和思考方式往往不及一个人的时候理性客观。虽然我们天生就会本能地关心他人，但现实世界中的无数例子表明，情绪传染会使我们对无辜的人更有敌意、破坏性和攻击性。这是怎么发生的？又是为什么会发生？

极其强烈的情绪会妨碍我们集中注意力，削弱我们靠逻辑评估事物的能力。[409]我们兴高采烈的时候，往往会不假思索地买下根本负担不起的东西;我们陷入恐惧的时候,哪怕是最无伤大雅的刺激也会让我们畏缩不前;我们怒火冲天的时候,可能会危及周围的人,因为我们难以控制自己的行为。问题在于,虽然认知与情绪通常存在微妙但有效的相互作用,但当情绪变得过于强烈时,它可能会从中作梗,导致认知(包括控制情绪的认知能力)受到影响。

这不一定意味着,认知和情绪从根本上截然不同,而且总是对着干。这可能只是因为大脑的基本构造存在局限。当我们的大脑在做某件事的时候,我们是在运用(或者说"激活")负责这个过程的脑区。尽管大脑能力出色,但仍然只是个器官,当它的某个区域被激活后,就会消耗更多能量。于是,大脑会需要更多的资源,更多的燃料——葡萄糖和氧气,它们是细胞活动的必需品。

与其他器官一样,葡萄糖和氧气也是通过血液供应给大脑的。但由于大脑由精密、脆弱,需要新陈代谢的神经组织构成,留给血管的空间并不多,这就带来了一个不利后果:大脑血液供应的灵活性有限。所以,将血液及其携带的重要资源送往特别需要它们的地方,是一项极具挑战性的任务。[410]

打个比方来说,大脑就像一家有一百张餐桌的餐厅,每张桌边都坐了客人。餐厅里的服务员就是大脑的血液供应。不幸的是,店里总共只有五位服务员,也就意味着每次只能同时给五张餐桌上菜。如果第六张餐桌边的客人突然喊服务员,服务员要么是置之不理,要么是先撤下正在上菜的一张桌子。

这就意味着,从新陈代谢的角度看,不可能同时"激活"大脑的所有区域。这就是为什么你很难一边看书一边作曲,也很难一边讨论细节一边做复杂的心算。这也是为什么法律严令禁止一边开车一边做其他事。[411]

尽管逻辑思维和强烈情绪体验有许多重合之处,但往往由不同神经区域负责,[412]因此,两者大概会争夺大脑中有限的资源分配,也就是血液供应。事实上，研究显示，强烈情绪会导致相关脑区（比如杏仁核）的神经活性提升，而重要认知区域（比如背外侧前额叶）的活性相应降低。[413]

这也许解释了，为什么情绪和认知在大多数时候都能和平共处，而当情绪过于强烈并开始占用大脑资源时，认知能力则会受损。因为大脑的认知区域不得不用更少的资源做更多的事。

这已经够麻烦的了，如果再加上情绪传染，情况就更严重了。因为你的大脑会接收到周围人的情绪，那些情绪会增强乃至放大你的情绪。这就可以解释，为什么情绪传染会导致臭名昭著的"暴民心态"（mob mentality）。也就是说，当你成为高度情绪化群体的一分子，就会失去自我意识和自我控制。这意味着，你会以通常绝不会有的方式思考和行动。

目前，这种"去个性化"[414]现象的确切机制还存在许多争议。但有一点毫无异议，那就是情绪在去个性化中起着突出作用。这完全说得通，因为强烈的情绪似乎会损害理性思考能力。

具体来说，研究显示，前额叶负责评估自发反应，并参与监测脑内产生的相关信息。[415]说白了就是，每当我们做什么或想什么的时候，前额叶就会发问："我为什么要这么做？""这个念头是从哪里来的？""这么做是好主意吗？""我应该再这么做吗？"等等。这个过程是我们改善和控制情绪的重要组成部分。[416]那么，如果这种能力遭到削弱甚至不再发挥作用，我们的行为会变成什么样？更不可预测，更冒失冲动，自我意识和自我控制大大减少，仿佛被一大群暴民裹挟着前进。

当有外部威胁或敌对群体需要关注时，暴民心态就会越发明显。外部威胁或敌对群体提供了易于识别的外部关注焦点（或称为"靶子"），进而维持乃至提升了暴民内部的团结和凝聚力。[417]请想象以下场景：针锋相对的球迷发生暴力冲突，暴乱群众猛然冲击警察组成的人墙；还有经典恐怖片中常见的情节——愤怒的村民高举干草叉和火把追赶所谓的怪物。在这些情形下，人们被周围的人刺激得情绪高涨，以至于无法识别或理解"另一方"个体的想法和感受。[418]极具讽刺意味的是，这表明在极端情况下，情绪传染会使我们无法共情。怪不得暴民会这么危险了！

这不是说情绪传染是坏事，因为它往往并不是。但这有助于解释，为什么在跟感受到（并表现出）悲伤、快乐、愤怒或恐惧的人在一起的时候，我们会条件反射式地感到同样的情绪。无论是走进刚发生争执的房间，身处愤怒的暴民中间，还是参加令人心碎的葬礼。

难怪我们的情绪体验常常如此古怪又混乱。其实，有时候那根本不是我们的情绪。

这让人不禁想问：既然会这样，我们怎么才能做好自己该做的事？

情绪劳动：职场上的情绪

"工作"这玩意儿口碑不佳，我们称它为"每日煎熬"，说自己是"为周末而活"，极力推崇"工作与生活的平衡"。但是，为什么会这样？生活中许多事都可能引起极为负面的情绪反应，但那远远比不上我们对工作的差评。职场上到底发生了什么事？

在我之前，有许多心理学家、职业规划教练和励志作家都试图回答这个问题。但在老爸去世以后，我开始以全新视角看待这个问题。我在哀悼过程中的情绪混乱，有没有可能是源于（至少是部分源于）我的工作经历？我知道这听起来有点儿怪，但请允许我解释一下。

在取得神经科学博士学位之前，我曾在一所医学院担任解剖技术员，负责给尸体做防腐处理。有些人自愿将遗体捐献给大学，我的工作就是给那些尸体做化学处理，便于医学生安全地用来学习人体解剖并练习外科手术技巧。说白了，在大约两年的时间里，我的日常工作就是切开离世不久的尸体，给它们做防腐处理。这份工作就跟听起来一样令人不快。

这份工作也对我影响至深：对与鲜血或手术有关的事，我的忍耐力极强。此外，朋友们酒后争论"谁的工作最差劲"的时候，我一次也没输过。不过，在努力应对丧父之痛的时候，我开始怀疑，那份冷血的旧工作是不是也改变了我的情绪，而那种改变不是件好事。

跟尸体打交道对人的情绪是极大的挑战。每年都有不少医学生刚进校门就选择退学，因为他们实在应付不来。[1]不幸的是，作为医学院的雇员，我并没有那个选项，只能努力应对自己的情绪不适，然后咬牙坚持下去。为了做到这一点，我选择了尽可能情绪麻木。我常常运用大脑的认知能力来控制或压抑情绪，并不断说服自己，我处理的尸体不是"人"，只是不会动的物体，哪怕它们看起来很像人。这不是最佳解决方案，但起码能派上用场。

可是，我是不是做得太过分了？就好比把睡裤的松紧带拽长，它会弹回去。但如果你拉得太长，拽得太用力，或是扯着久久不放手，松紧带就会超过弹性极限。它不但弹不回去，还会变得松松垮垮，无法提供睡裤所需的支撑。我担心这种情况也发生在自己身上，只不过遭殃的不是睡裤，而是大脑中的情绪过程——我觉得，情绪还是要比睡裤重要一些的。如果说这种情况发生在了我身上，它会不会也发生在其他人身上，无论他们的工作有多可怕（或是多不可怕）？

要想回答这个问题，首先要考虑的是，工作的本质会使我们体验到在其他情况下极少体验到的东西。想象一下，你的某个朋友请你坐下来，逐一列举你在过去一年里犯过的每个错，然后解释你需要怎么做才

---

[1] 进入医学院需要多年的刻苦学习和积累，宁愿牺牲这一切也不肯踏进解剖室，说明即使是对最聪明、最有干劲的人，尸体也能激起强烈的情绪反应。

能更好地维持这段友谊。那种体验饱含各式各样的情绪；你会觉得难堪又烦躁，还会对那个即将闹掰的"前好友"火冒三丈。

值得庆幸的是，朋友之间通常不会这么做。但这种事在现代职场上相当常见，凡是经历过年度绩效评估的人，对此都不会陌生。而它在我们身上引起的不快情绪，并不会在评估完成后立刻消散无踪，而是会对我们造成持久根本的影响。这源于一种贴切地命名为"评价理论"（appraisal theory）的神经机制。[419]

最初提出评价理论是为了解释，为什么人们常常对同样的事出现不同的情绪反应。你可能看某部古装剧看得泪眼汪汪，坐在你身边的人却觉得无聊透顶。有些人喜欢跳伞，有些人却一想到从半空往下跳就吓得要命。如果正如许多人提出的那样，情绪是由每颗大脑中相同的神经机制创造出来的，那么根据逻辑推论，每个人害怕、喜爱、厌恶的东西应该完全一致。但事实并非如此。评价理论也许能解释为什么会这样。它指出，情绪反应实际上是大脑体验到了某些东西，评估了那是什么，以及它对我们来说意味着什么，并利用评估结果计算出了适当的情绪反应。

例如，看见一只大长毛狗蹦蹦跳跳地朝你走来，你的大脑可能会说："大狗过来了。我喜欢狗。那只狗看起来挺调皮的，所以现在恰当的情绪是快乐和兴奋。"但你的大脑也可能会说："大狗过来了。我小时候被狗咬过。我不喜欢狗，现在又有大狗凑过来了，最恰当的情绪是恐惧。"你的大脑是在评估情况，弄清该做出什么样的情绪反应。但哪个评估才是对的？

两个都没错。它们都合情合理，只不过引出了截然不同的情绪反应。大脑的评估基于记忆、理解和假设，而这三样东西因人而异。简而言之，决定我们情绪反应的不是当下的体验，而是我们的大脑如何解读那种体验，而每个人的解读都不一样。[420]

有趣的是，影响我们评价的记忆和过往经历本身就包含情绪。因此，

第四章 情感交流

我们从过往经历中回忆起的情绪会影响当下体验中的情绪。根据这一点，科学家们区分了初评价和次评价。初评价关注的是我们初始的情绪反应：有人批评你，你的大脑对此进行评价，得出结论——这是某种形式的人身攻击，于是你生气了。这就是初评价引发的情绪。次评价是指你对初始情绪反应的结果进行评估，将其纳入未来可能进行的评价。在上面的例子中，假设你遭人批评后感到愤怒，愤怒促使你采取报复，回撑批评你的人。不幸的是，那人是你的老板，而且是在一场重要会议上。结果，由于你的初始情绪反应，你不得不卷铺盖走人了。

这个时候，进行次评价能让你的大脑了解到，初评价会导致负面后果。当然，我举的例子有点儿夸张，次评价的过程通常要比这迅速得多，也微妙得多，不过结果基本一样：下次你有类似体验（遭人批评）的时候，会根据更多（希望也是更好）的信息进行认知评价，进而做出情绪反应。在理想的情况下，这会使你产生更有益的情绪反应。

这种机制有助于解释，为什么工作会对我们的情绪产生深刻持久的影响。不过，这种情况不局限于工作，也适用于任何情况下任何新奇的情绪体验。但这不一定是坏事：应对独特陌生的情绪体验有助于增进你对情绪的理解，增强你在情绪方面的能力。[421]事实上，次评价是应对能力的重要组成部分。所谓应对能力，就是学习如何应对压力这样的东西。有趣的是，许多支持这一论点的数据都来自针对职场的心理学研究。[422]

除了我那份与死亡密切相关的工作之外，还有许多工作也需要控制情绪，控制情绪甚至是工作中至关重要的方面。面对不听话的学生忍不住吼叫的老师，在教学岗位上肯定待不长。对于命悬一线的病人来说，见血就晕的救护人员可派不上用场。假如你的工作是处理有毒废物等危险品，你却一靠近危险就惊惶抽搐，肯定没法顺利完成任务。

但如果控制情绪是你工作的必要组成部分，那么随着时间的推移，哪怕你已经打卡下班了，也没法立刻将从工作中学到的控制情绪倾向抛在脑后。如果你认识护士或护理人员,就会知道他们有多处变不惊。如果你遇到某位老师,通常一眼就能分辨出来,因为他们往往自带权威"气场"。[1]这是因为,虽说人们应该保持"工作与生活的平衡",但事实上我们在工作和生活中用的是同一颗大脑,所以大脑在上班时的表现不可避免地会影响下班后的样子。

这就又要说回我们对工作的一般看法,也就是将它视为负面情绪体验。即使你热爱工作,也会常常心生反感,觉得干活儿辛苦,或是根本不想干。我敢打包票,热爱本职工作的人只占全世界打工人中的极少数。事实上,"职业倦怠"这个词最近相当火爆,这是有原因的。[423]它是指"由过度和长期的压力引起的情绪、身体和精神的疲惫状态",通常意味着你没法正常工作。大多数工作倦怠都源于职场负面情绪过多。[424]为什么工作会成为负面情绪的源头,甚至令我们不堪重负?

部分原因在于,大多数工作并不考虑情绪。如果你的工作是填电子表格或垒墙砖,往往没人在意表格或砖墙会让你产生什么情绪。你工作时是面带微笑还是眉头紧锁,通常不会有任何影响。问题在于,无论如何你都会在工作中持续体验到情绪。即使你那可怕的老板发自内心地觉得员工全是无脑苦力,也不意味着这就是事实。

事实上,工作给我们施加了不少压力,人脑通常对那些压力相当敏感。失去自主权[425](比如每一点细枝末节都被老板盯得死死的)、丧失社会地位[426](不得不向粗鲁又烦人的客户卑躬屈膝)和浪费精力[427](公司为了削减开支,砍掉了你忙活了几个月的项目)都是职场日常。我们的大脑不喜欢这些,所以自然会产生负面情绪。

不幸的是,大多数工作并不会给你机会,让你通过健康的方式处理情绪。被人惹恼的时候,你不能抡起拳头砸墙,也不能躲到一旁尖叫哭

---

1 我认识的许多脱口秀演员都当过老师。当台下观众对你抛出的段子兴趣缺缺时,如果你懂得怎么才能镇住一屋子吵闹的家伙,那绝对是一项宝贵技能。

泣。遭到可怕的客户贬低或老板训斥的时候，你也不能以牙还牙，劈头盖脸撑回去。那些负面情绪没得到处理，只会在大脑中不断累积，[428]就像汽车尾气漏进了你正在开的车子里。

值得庆幸的是，现代职场已经开始关注员工的情绪。有些公司提供韧性培训，让员工接受相关辅导，学习如何更好地应对压力和负面情绪。这会对员工的身心健康产生积极正面的影响。[429]还有一种现代趋势是，雇主强调员工的幸福感。[430]如果说这都不算明确承认职场上的情绪，那什么才算呢？

然而，职业倦怠、职场压力和员工满意度低仍然是大问题，对工作厌烦不满的员工数量更是屡创新高。[431]一种可能的解释是，无论公司或组织负责人的意图如何，员工的情绪健康都不是他们的首要关注点。对于任何类型的企业来说，头等大事通常是追求利润。说到底，员工只不过是实现这一目的的手段罢了。

这并不是说，企业利润与健康员工没有任何交集。如果员工感觉压力过大，就无法做好工作，所以从追求利润的角度来看，减轻工作中的情绪负担是有好处的。但众所周知，雇主和老板往往对此不屑一顾。韧性培训、正念工作坊等可能会有一定的帮助，但无法解决工作量超标、工时过长、工资过低等问题。此外，根据无数人的现身说法，雇主似乎将那些培训视为万灵药，认为只要送员工去培训，就可以抛给他们更多工作，哪怕那正是损害员工情绪健康的罪魁祸首。毕竟他们现在有"韧性"了，所以多干点活儿也没问题，不是吗？

这很有问题。这给员工增添了更多的压力，把学习应对繁重工作带来的负面情绪变成了他们的责任。应对负面情绪需要付出时间、精力，而他们的时间、精力本来就不够用了。

还有一种做法是努力让员工感到快乐。这通常源于"快乐工人更高效"理论。[432]这一理论指出，员工更快乐，生产效率就更高。也就是说，他们会做更多的工作，却不需要额外加钱。哪个雇主不希望这样？

但可想而知，事情并没有这么简单。评价理论的另一个后果是，几乎不可能让一大群形形色色的人持续感到快乐（对同一件事做出相同的情绪反应）。这就是为什么雇主付出的努力看起来过于简单。周五可穿休闲装、员工月度之星、团队建设练习、年度绩效奖金、工位背部按摩[1]，这些策略可能会让某些员工短暂地感到快乐，但总的来说，这就像把车子泡进汽油里来改善发动机性能，还一心以为能得出最好的结果。

此外，人们不喜欢被人操纵情绪。大量研究证实，人类本能地讨厌被告知该怎么做，也讨厌被剥夺选择权。[433]你有没有过这样的经历：明明你心情不好，别人还叫你"振作起来"？这种不请自来的建议往往会起到反作用。毕竟，别人有什么权利支配你的情绪？

总而言之，由于工作的本质是对我们提要求，所以它更可能导致我们体验到负面情绪。再加上雇主为了追求利润，不断试图操纵员工的情绪，或是将某些情绪强加给员工，我们会对工作持否定态度又有什么好奇怪的呢？

与现代生活中其他引发负面情绪的事物不同，工作鼓励我们压抑负面情绪。我们会不由自主地感受到负面情绪，但往往无法以演化而来的方式传达和分享情绪，因为职场上存在一定的规矩和期待。

这不是好事。鉴于情绪处理和认知评价发挥作用的方式，我们的大脑很容易养成在职场上压抑情绪的习惯。考虑到情绪对我们很重要，这可能会带来有害后果，包括扰乱睡眠、扭曲情绪、影响家庭生活，[434]甚至给重要的人际关系增添压力。[435]还有人指出，这与抑郁症发作存在关联。[2][436][437]因此，虽然在工作中不表达情绪或许有说得通的理由，但从长远来看，这么做对员工个人坏处多多。

---

1 许多人向我保证，这玩意儿真实存在。

2 事实证明，需要大量压抑情绪的工作更容易使人罹患抑郁症和焦虑症。最常被提及的例子是零售店和电话客服中心的工作，因为那里的员工经常被咄咄逼人的顾客骚扰，还必须时刻保持用语文明。

第四章 情感交流

那么请想一想：如果你的工作就是表达和传达情绪呢？这种工作虽然不多见，但确实存在。最显而易见的例子就是表演。大多数演艺工作都可以归结为扮演某个角色，展示特定的情绪状态。根据前面讨论过的内容，专业演员应该是情绪最健康、最乐观向上的人，因为他们在工作中常常能表达情绪。

但研究显示，跟普通人比起来，演艺圈人士反而更容易出现焦虑和抑郁等问题。[438]这与我的预测恰恰相反。

为了弄清为什么会这样，我采访了演员、作家、表演艺人和如假包换的威尔士人卡里斯·埃莱里（Carys Eleri），以便了解表演幕后的秘密。卡里斯拥有众多力作，包括在威尔士语连续剧《尊重》（*Parch*）中饰演主角米凡威·埃尔费德（Myfanwy Elfed）牧师，那部电视剧在著名的英国威尔士第四频道从2015年一直播出到2018年。根据她的说法，在表演这件事上，哪怕你做着自己梦寐以求的工作，在情绪层面上仍然会付出巨大的代价。

> 米凡威牧师是每个演员梦寐以求的角色。她是剧里的主角，这个角色很鲜活，很多样，很有趣，而且戏剧性十足。刚拿到这个角色的时候，我简直乐坏了。但真正演起来呢？老天啊，真是份苦活儿。
>
> 我觉得，我在拍摄之外没有生活可言——而我热爱生活！这是个难题，因为你总不想显得忘恩负义吧。我很高兴能在一部妙趣横生的电视剧里担任主角，但屏幕上的那个女人在工作外的大部分时间里都疲惫、紧张又不快乐，因为在每周一两天的休息日里，我累得几乎下不了床。

我向卡里斯问起了她这份工作所需的情绪劳动，包括出演令人心碎或极为残酷的场面。在表演过程中，她必须听从导演的指令，长时间传达众多强烈的负面情绪。

> 如果拍摄的是医院里的场景,你可能没法长时间使用那所医院。所以,你必须在一两天里拍完所有令人心碎的医院场景,然后再按照正确的时间顺序做剪辑。我们有时候会连续拍上八九个小时,我在每个镜头里都必须掉眼泪,或是表现得伤心欲绝,有时候甚至要哭好多回。那简直让人筋疲力尽,它会榨干你的精力。

对于像卡里斯这样的演员来说,更麻烦的是,就像前面提过的那样,人脑非常善于通过众多复杂微妙的线索识别一个人表达的情绪。然而,如果那些线索缺失或失真,我们就会本能地感觉不对劲,进而出现负面情绪反应。因此,喜剧旁白的罐头笑声或假笑听起来尤为刺耳,早期的电脑三维动画合成技术制作出的角色会令人毛骨悚然,而演技不佳的糟糕演员也很容易被一眼识破。

那是因为,我们感受到情绪时展现的许多生理线索都是肌肉运动和身体反应,而我们无法有意识地控制那些动作。我们没法选择双颊生晕,也没法主动令汗毛倒竖,而世界上任何一册婚纱照相簿都能证明,在摄影师号令之下绽放出令人信服的微笑有多难。

那么,合格的演员是怎么解决这个问题的呢?通常情况下,他们是靠真正体会自己要演绎的情绪。后来,有几位演员告诉我,他们在读戏剧学校的时候,老师常常让他们体验和重温痛苦经历,以便提升戏剧表现力。据说,这能让他们在需要的时候更容易回忆并唤起情绪体验,进而更好地塑造角色。卡里斯本人也经常采用这种做法。

> 我这人很容易跟别人感同身受。我有不少朋友因为癌症去世,我爸死于运动神经元疾病,我跟许多人一起经历了巨大的

痛苦和哀恸。但这也意味着，在化身为类似的角色，扮演那些戏剧人物的时候，我知道该怎么演，也知道角色在面对失落心碎时该有什么感觉。因为大多数情况下，我都有过亲身体验。

真实情绪和"假扮"情绪有所区别，这一点非常重要。因为这意味着，演员在扮演角色时常常陷入真正的负面情绪，而且很难跳出来。也就是说，等到拍摄结束，所有人都各回各家以后，演员在很长一段时间里仍会处于愤怒、悲伤或恐惧的状态。在拍摄《尊重》第一季的时候，卡里斯就遇到过这种情况。

在长达四个月的时间里，我每天要拍十四个小时的戏。在这段时间里，我一直在"催眠"自己，让我相信自己命不久矣！等拍摄结束的时候，我深信自己跟不爱的丈夫生活在一起，有两个孩子，跟某个殡仪馆员工搞了场婚外情，而且年纪轻轻就不久于人世了。那可真是太让人"放松"了！

演员常常遇到这个问题。他们会深陷自己扮演的角色，乃至在导演喊出"拍完收工"以后，他们内心的情绪风暴也不会立刻停止。尽管对大多数人来说，随着处理应对自己的经历，加上情感衰退偏差发挥作用，负面情绪体验带来的影响最终会消退，但许多演员的工作就是挖掘负面情绪记忆，通过不同角色和表演重温那些记忆，使那些负面情绪长期保持鲜活。这也是创伤后应激障碍患者面临的问题。[439]显然，这对我们的心理健康有害无益。

这个现象并不是无人问津。如今，大量研究都认识到表演会带来心理和情绪压力，[440]演艺行业的许多领域也制定并推行了减轻压力的干预措施。[441]例如，许多演员如今表演完毕后都会"抽离角色"，也就是做一些例行公事或常规动作，将表演与现实明确区分开。这么一来，他们就能把自己扮演的角色（以及角色附带的情绪需求）留在化妆间。[442]在多年的表演生涯中，卡里斯学会了如何做到这一点。事实上，她仍然是你能想象到的最乐观、最友善的人，就表明戏剧化的角色和经历并没有给她留下持久的情绪创伤。

值得一提的是，表演并不意味着压力和负面情绪如风暴般肆虐。从许多方面来看，表演其实对情绪和心理健康有好处。[443]毕竟，戏剧疗法（drama therapy）是一种成熟有效的手段，使人们能通过安全可控的方式，表达并处理自己的情绪神经症和其他问题。这大概类似于听悲伤的音乐有助于我们从情绪层面上应对这些感受。

这也对演员的正常工作有帮助。卡里斯曾与一位才华横溢的演员合作过，当时那个人正处于个人生活中的艰难时期。但在不拍戏的时候，她仍然表现得开朗又镇定。

> 摄影机一开拍，她就会迅速进入角色。她每说一句台词，情绪都在面孔和内心深处涌动，让我情不自禁流下了眼泪。我问她："你是怎么做到的？"她说："这就像心理治疗。现在我很痛苦，但还得振作起来，把该做的事做好。演这场戏的时候，我能把一切都释放出来。"我可能在内心深处知道是这么一回事，所以才掉下了眼泪。不只因为这个女人在演我读过并反复研究过的剧本，还因为她背负着那么多痛苦、压力和责任，却只能在此时此地，通过表演，通过我们共同创造的艺术品，接纳并表达自己的情绪。

也许真正的问题在于，工作不但导致我们压抑情绪，还常常迫使我们传达错误的情绪。在工作中，我们往往必须戴上"假面"，保持与真实感受相悖的状态。老板讲的笑话一点儿也不好笑，我们却得捧场大笑；客户明明是来没事找事的，我们却得点头微笑；面对艰巨的任务或是根本无法实现的截止期限，我们却得表现得冷静自信。然而，我们内心的情绪状态与传达出来的截然不同。

演员能表达情绪不代表不会受到工作带来的情绪伤害。他们表达和展示的情绪往往是在工作之外不会或不该感受到的。由于我们的大脑总是转个不停，忙着观察和学习，根据向外界传达情绪时发生的事来调整自己的情绪过程，所以工作中扭曲的情绪会不断累积，混淆视听，危及我们的身心健康。

其实也可以不这样。许多工作岗位和工作场所都采取了措施真正去关照员工的情绪健康。但这似乎是最近才出现的现象，还没有成为默认标准。

也许有一天，我们每个人都能得到许可，可以在工作中准确表达自己的情绪。但要让这成为常态，还需要大量的努力。

另一个有趣的问题是，有些员工能表达自己的情绪，有些员工则不能。这表明，在情绪交流上并非人人平等。越是深入研究数据，这个事实就越明显。

情绪排他性：我们与谁共情，不与谁共情

尽管老爸去世后，由于新冠疫情肆虐，我几乎跟所有人都断了联系，但现代科技意味着他们仍然能随时联系上我。所以，我收到了许多人发来的信息。他们向我表达了深切的同情、关爱和支持，还表示愿意提供帮助。这一切着实令人感动，但可想而知，这也令我的情绪变得相当复杂。

不幸的是，我的反应是愤怒。那些信息常常激怒我，我的反应一点儿也不好。有人发来："真希望我能帮上什么忙。"不，你什么忙也帮

不上。大家都被封在家里，你跟我相隔几百英里[1]，你之所以发来这条信息，纯粹是因为说出来会让你感觉好一些。去你的吧！还有人发来："你爸去世我很遗憾。"为什么？你对他做了什么吗？如果没有，那你就是在浪费我的时间和精力，而我本来就没剩多少了。

在接着往下说之前，请允许我澄清一件事：所有给我发信息的人都是百分之百出于好意，我的反应很不公平、毫无根据且不切实际。值得庆幸的是，我并没有说出口，只是在心里吐槽。不过，那确实是我当时的想法。我想替自己辩解一句：愤怒往往与哀恸相伴。[444]失去亲友，尤其是因惨剧失去亲朋好友，会让人感到极度不公，而感知不公会激起大脑出于本能的愤怒。[445]所以，愤怒是著名的"悲伤五阶段"（five stages of grief）模型中的一个阶段。这个模型由精神病学家伊丽莎白·库伯勒-罗斯（Elizabeth Kübler-Ross）[2]于1969年首次提出。[446]

但无论出于什么原因，结果都是：许多人向我表达了关爱和悲伤，我却没有分享或回应那些情绪。恰恰相反，我感到愤怒。

这给我敲响了警钟，也让我意识到了极其重要的一点：仅仅因为人脑能分享他人传达的情绪，并不保证它一定会这么做。共情与情绪交流背后的神经过程是人脑中的基础过程，但有许多因素都会阻碍它们进行。

最显而易见的因素是我们自己的情绪，这些情绪明显会干扰我们与他人共情。比如上面提到的例子，我对别人表达的同情与悲伤感到莫名愤怒，这种愤怒肯定扭曲了我的感知。

1　1英里＝1.6093千米。——编者注
2　这个模型认为，哀恸存在五个连续阶段：否认、愤怒、恐惧、讨价还价、接受。作为一名神经科学家，我认为，像哀恸这样深刻而复杂的情绪体验，竟然会以完全相同的方式发生在每个人身上，这种说法似乎有些牵强。当然，库伯勒-罗斯博士最初并没有说过每个人都会经历这五个阶段，也没有说每个人经历这五个阶段的顺序一模一样。但随着时间的推移，这最终成了人们对这个模型的普遍理解。

2013年的一项研究证明了这一现象。那项研究由德国马克斯·普朗克研究所的塔尼亚·辛格（Tania Singer）教授领衔。[447]研究人员向受试者展示了两种刺激，一种是令人愉悦的刺激（抚摩柔软的绒毛，看到可爱的小狗），另一种是令人不快的刺激（触摸恶心的黏液，看到蛆虫和腐烂物）。随后，受试者要评估自己或他人的情绪反应。如果两名受试者接受同样的刺激（比如看到恶心的东西），他们能很好地判断对方的情绪状态。但如果两名受试者接受不同的刺激（比如，一个人看到毛茸茸的小狗，另一个人看到恶心的蛆虫），他们就难以准确判断对方的情绪状态。也就是说，他们很难产生共情。

还记得吗？我们的大脑需要许多能量和资源，但使用起来相当节俭。因此，如果你的边缘系统已经参与了某种情绪的产生，那么将它转换成其他情绪就需要耗费能量。而要对处于其他情绪状态的人产生共情，转换情绪是必要步骤。如果对方处于与你类似的情绪状态，共情起来则会容易得多，就像步行过马路要比开车穿越全城容易得多。

结果就是，共情会造成自我中心偏差。我们会想"我有这种感觉，所以他们肯定也有这种感觉"，因为我们自己的情绪影响了共情过程。幸运的是，正如前面提过的，人脑能区分别人的情绪和自己的情绪，所以它会将这个因素纳入共情过程，就像高尔夫球手会根据风向调节挥杆方向。

根据这项2013年的研究（以及其他研究[448]），这种调节能力来自右侧缘上回[1]，这也是一个重要脑区，与负责共情的神经网络和区域存在大量重合。[449]如果受试者的右侧缘上回受损，无论是因为受伤、调节时间不够还是自己情绪状态不佳，都会更难与体验到另一种情绪的人产生共情。[450]但既然我们演化出了阻碍共情的神经机制，就很难否认自己的情

---

1 再次提醒，这意味着我们谈论的是右脑的缘上回。左脑的缘上回似乎更多参与词语识别和类似的过程。

绪状态会干扰我们与人共情。

为什么对方会展现出那种情绪，这也是一个重要因素。如果你认为某人很开心，那么共情会让你分享对方的快乐，对吧？但如果他之所以开心，是因为他在跟你仍然爱着的前任约会呢？或者，他开心是因为某项目大获成功而得到了奖励，而那个项目是你夜以继日地拼命工作才完成的。在以上两种情况下，从对方的角度来看，他们有正当理由感到高兴，但你也有正当理由感到悲伤或愤怒。

说到底，在许多情况下，你不是在分享他人的情绪，而是用自己不同的情绪加以回应。那不同于他人展现出的情绪，而是对他人情绪的回应。[1] 当你确实在分享别人的情绪状态时，那就是交互情绪。

大脑在处理加工我们和他人的情绪时，必须考虑大量极其复杂的因素。感官线索（肢体语言、语调、面部表情等）有助于揭露我们的情绪状态，但除此之外还有周遭事物的外在相关细节、我们对情况的了解和记忆、我们跟谁在一起、他们代表了什么等。需要考虑的东西数不胜数，所以可想而知，有众多神经区域参与这个过程，许多区域都会影响最终的情绪反应。

其中一个区域是情绪枢纽——杏仁核。杏仁核拥有众多功能，其中一项功能就是让大脑能快速有效地判断当前社交情境的情绪基调，这有助于决定我们与他人交往时的情绪反应。[451]

例如，有个陌生人问："这是你的车吗？"他是欣赏这辆车，进而欣赏你这个人，还是极其愤怒，因为这辆车碾过了他的爱犬？我们的大脑会通过对方的语气和举止辨别这属于哪种情况，而杏仁核会将所有信息纳入考量，决定哪种情绪反应最适当，从而决定我们是该感到高兴，还是该感到抱歉又害怕。

---

1 我们还可以体验到与自身情绪互补的情绪。比如，如果我们明知是坏事却觉得开心，往往会因此感到羞愧或内疚。一种情绪常常会引发其他情绪。

第四章 情感交流

这还仅仅是社交情境的情绪基调。除此之外，需要考虑的细节还有很多。比如说，你身在何处？周围环境如何？你身边的人是谁？所有这些（甚至更多）因素都会大大影响情绪和共情，因为大脑的不同部分会对它们进行处理加工，并将结果反馈给情绪过程。

认知与情绪的关系既错综复杂又灵活多变，会根据不同环境和可用信息持续调整。不过，这种调整并非万无一失。你有过这样的经历吗？某位朋友伤心失落，你试图靠讲笑话或打趣的话逗他开心，结果却适得其反，让情况变得更糟了。或者，你误以为别人在跟你调情，结果你的回应让双方都尴尬不已。说白了，我们的大脑可能误判别人的感觉和（或）想法。在这种情况下，由于我们的反应（无论是情绪反应还是其他反应）是基于误判，所以也是错的。

即使是我们复杂的大脑也不一定能正确解读情境，因为别人的感受和想法并不总是一回事。正如前面提过的，共情使我们能分享别人的情绪，但要想知道别人心里在想什么（他们为什么要这么做）则需要另一个处理过程——心智化。[1]

尽管共情与心智化显然存在许多重合之处，但两者依赖不同的神经系统。[452]心智化用到的一些系统与共情相同（比如上颞叶[453]），只不过心智化更依赖内侧前额叶、颞极和腹内侧前额叶等脑区。[454]

心智化与共情有时候也会对着干。例如，如果我们（通过心智化）确信某人心怀不轨，就不会对他的悲伤、难过或快乐产生共情。反之，如果我们对某人投注了大量情绪，则会对他表现出极大的共情。[455]这会影响我们的理性思维，导致难以判断对方在想什么。我们时常沮丧地看到朋友被恋人操纵利用，因为他们无法（或不愿）想象自己爱的人可能存在恶意或邪念。[456]因此，即使共情与心智化经常携手合作，两者也很

---

1 这也被称为"心智理论"或"换位思考"。无论你怎么称呼它，它从本质上都可以归结为：在认知层面上站在他人立场思考问题的能力。

容易彼此妨碍。

简而言之，我们的大脑善于认识到别人有与自己不同的情绪，但要想知道那些情绪是什么，并将相关信息纳入自己的反应和行为，则要困难得多。我们无法直接接触他人的情绪和想法，所以必须通过评估观察得来的信息，间接推断出对方的所思所感。不过，我们确实能直接接触自己的情绪体验和记忆。这意味着，它们在很大程度上塑造并影响了我们对他人的共情。而由于人与人之间存在极大的差异，这可能意味着我们无法正确共情。鉴于共情在人际交往中的重要作用，这可能引起大问题。如果无法正确与他人共情，你与人沟通的能力就会大大受损。

"双重共情"就是一个引人注目的例子。这是孤独症患者与神经正常的人互动时有可能出现的情况。[457]孤独症患者和神经正常的人大脑构造不同，也就意味着，任何一方的情绪体验以及由此获得的记忆，都对解读对方的情绪线索并无帮助。这就好比双方都在用对方仍在学习的语言表达情绪。谁也没做错，但参与互动的双方大脑都过于依赖个人主观经验，所以无法理解对方做的事。于是，就出现了双重共情问题。

哪怕是抛开自身情绪、背景经历和存在缺陷的认知评价不谈，我们也可以用更简单的说法解释为什么自己无法与某人共情。这就引出了最后一个令人不安的问题：无论是称之为偏见还是对未知事物的恐惧，有时候我们就是不想与他人共情。因为对方跟我们不一样，让我们喜欢不起来。

令人遗憾的是，这并不是什么鲜为人知的秘密。99％的新闻报道和相应的网络评论都证实了这一点。然而，尽管很容易（也很常见）将它归咎于人类在根本上存在缺陷或不可救药，但事实远非如此。

根据前面提出的证据，人类的共情从本质上看是利他的，[458]因为我们会对彻头彻尾的陌生人持久共情。但这取决于那个陌生人是什么人。他是否来自某个易于辨识的群体、社群或种族？如果答案是肯定的，你对那个群体是否存在既定感受？如果陌生人的长相、声音类似你或你的

第四章　情感交流

亲朋好友，你会对他们产生更积极正面的联想。相反，如果陌生人来自与你截然不同的种族或文化，或是属于你有过负面交往体验的群体，就会导致你产生戒心和不信任感，削弱你与对方共情的能力和动机。

用术语来说就是，与内群体（我们认同并认为自己属于其中一员的社群）成员共情要比与外群体（与内群体截然不同的易于辨别的社群）成员共情容易得多。[459]例如，如果内群体成员饱受痛苦，我们很可能会与他共情并感到难过。但如果看到外群体成员表达出同样的情绪，我们更有可能幸灾乐祸，而不是与对方共情。[460]

尽管这种"内群体与外群体不同"的倾向令人不快，但它可能源于我们的大脑深处。跨种族效应是一种众所周知的无意识偏见。[461]与辨认其他种族的面孔比起来，我们通常更善于辨认并区分自己所属种族的面孔。这通常被视为"不动脑"种族主义的表现（例如宣称另一种族的人"在我看来长得都一样"），但似乎是真实存在的现象。

不可否认，大多数人都是在社群或家庭里长大的，社群成员大多与他们同属一个种族。因此，与辨认其他种族的成员比起来，我们的大脑在辨识同种族成员上得到了更多锻炼。面孔是识别和表达情绪不可或缺的部分，所以这会影响我们与其他种族的人共情的能力。[462]

不过，问题不仅仅在于成长经历。鉴于人类的演化史，我们大脑低层区域的古老条件反射系统仍在发挥作用。这就意味着，当我们遇到外群体成员时，杏仁核会迅速做出反应，激活检测威胁的"战斗或逃跑"反应。[463]因此，当我们察觉到某人不属于"安全的"内群体，情绪系统就会开始产生恐惧和戒备，使我们的整体情绪反应趋向负面。

当然，这不能成为种族歧视和偏见的借口。如果我们愿意让更复杂的认知系统参与进来，就能够控制并超越这些无意识偏见。[464]

此外，由于大脑极其复杂，我们如何定义内群体和外群体，以及有没有可能与对方产生共情，其实出乎意料地很难说清。你也许会认为，区别内外群体是基于显著的生理差异，比如种族或性别，但成长背景和生活经历会使生理差异显得无关紧要。研究显示，来自多元化、多文化社区的成员似乎不难辨识其他种族人的情绪。[465]这并不意味着我们不会本能地喜爱某些外群体成员，但如何定义"外群体"更多源自个人经历和态度，而这些并不是与生俱来的。[466]这就解释了，为什么有些人能对其他种族的人敞开怀抱，却对支持"对头"球队的球迷看不顺眼。

此外，我们并不是无法与外群体成员共情。这要具体情况具体分析。你有没有发现与对方的共同点？你所在的群体是否鼓励并奖励与外群体共情？不是所有外群体都是竞争对手，他们也可能是朋友或盟友。我们有许多理由与"截然不同"的人共情。甚至有证据显示，增加与外群体成员接触，使他们变得更熟悉，我们就更有可能与他们产生共情。[467]

说到这里，有几点已经相当清楚了。我们不会自然而然对遇见的每个人产生共情，因为我们的大脑会考虑许多其他因素。但同样，阻碍我们与别人共情的因素也不是自然而然出现的。它取决于大脑各个层面的综合运作，而这让情况变得极其混乱且不可预测。随着时间的推移，情况会发生变化，因为生活经历会改变我们的共情能力。不过，变化并不总是朝好的方面发展。我当然清楚这一点，因为混乱的情绪反应阻碍了我与人共情，使我无法体会其他人传达的情绪。

不过，这从本质上看并不是坏事。共情在一些时候好处多多，但缺乏共情在一些时候也有用处。前面提到过，大脑会限制我们通过他人体验到的情绪，因为在许多情况下这么做是最佳选择。如果你被卷入了愤怒的暴民潮，结果基本不可能积极正面。如果你是一名指挥官，正要带领麾下士兵投入战斗，或者你是个幼儿园老师，管着一班号啕大哭的五岁小孩，那么分担下属的恐惧和痛苦会严重影响你履行本职工作。

显然，"共情过多"与"共情过少"需要达到平衡。所以我想知道，我是不是该努力向他人敞开心扉？还是说，我的共情能力减弱其实是在保护我，免得我出现更多情绪波动？

想到这里，我决定去找个医生聊聊。因为，如果你查阅关于改善情绪交流与共情、管理情绪、情绪体验、职场倦怠等方面的文献，你就会发现其中许多内容都针对医学界，也来自医学界。[468]

这完全说得通。为了专业且适当地开展工作，医生和医疗专业人士（护士、理疗师等）必须与患者保持距离。许多医疗干预措施都极具风险且令人不适，对你建立了深厚情感联系的人实施这些措施自然具有挑战性。事实上，官方指导手册规定，医务人员不得让自己的感受和观点影响工作。[469]在工作中情绪过度紧张不利于身心健康，因此，经常与患者共情必然会引起压力、职业倦怠和心理健康问题。也就难怪，医疗培训经常会（或是有意，或是无意）教导医生调节、压制或转移工作中的情绪。[470]

但反过来，越来越多的医生认识到，抽离情绪或保持冷漠同样危险。患者往往会对此做出负面反应，增加医护人员的工作难度。[471]情绪是思维、身份认同和身心健康的重要组成部分，因此忽视患者的情感需求（emotional needs）容易弄巧成拙。这就是为什么许多医院都附设教堂，[472]或是提供其他宗教服务。

总之，在医学界工作似乎经常要在情绪体验太少或太多、对病人共情太多或太少之间"走钢丝"。他们是如何保持平衡的呢？

为了弄清这个问题，我采访了马特·摩根（Matt Morgan）医生。他是一位经验丰富的重症监护医生，著有令人大开眼界的精彩力作《重症监护室的故事》（*Critical: Stories From the Front Line of Intensive Care Medicine*）。[473]摩根医生撰写过大量文章，讨论如何与病人进行情感交流并建立情感联系，尤其是探讨了医学领域的一大难题：应该在病人或家属面前流露出多少情绪。

> 在病人面前掉眼泪，可以表示你关心他们，这会很有帮助。但这也是一种角色转换；你本该是支持他们的人，而如果你掉了眼泪，就似乎是期待他们反过来支持你。与此相对地，

在告知坏消息的时候板着脸，也会给人留下错误印象。

究竟流露多少情绪才算恰当？这个问题的答案显然因人而异。不过，摩根医生也提出了一个比较平淡的理由，解释了为什么许多医务人员最终会在工作中克制情绪：

> 部分原因在于时间。在现代医院里，我们很少有足够的时间做需要做的事。如果某些事大大影响了我们的情绪，我们几乎没有时间恢复，也没法好好应对自己的遭遇。

这个观点我早就听过很多遍。每当听见在医疗系统中有过负面体验的人抱怨医生不在乎病人，我总会想到这个。到底是"医生不在乎"，还是"医生没时间在乎"？因为，如果摩根医生说得没错，那么医生肯定非常在乎病人的情感需求。

> 每当不得不告诉某人坏消息，我都有一套例行公事。我总是把病人的名字写在手心里，检查办公室，确保衣服鞋子上没有脏东西，等等。我希望确保自己不会说错名字，旁边没有收音机传出的声音或令人分心的噪声。当一个人面对坏消息带来的情绪波动时，这些看似微不足道的细节可能会显得无比重要，甚至令人烦躁不安。那些东西可能会伴随他一生。

这个观察极其敏锐。前面提到过，强烈的情绪会强化记忆的形成。不幸的是，即使医生想要尽可能显得体贴，更好地给病人提供信息，这份工作的性质也意味着他们往往做不到。

> 如果你是医生，对病人说话时必须尽可能清晰明了。如果

第四章 情感交流

病人去世了,你不能告诉家属"他去了更好的地方"或"他走了",因为对方可能会想"他去哪里了?什么更好的地方?是换了病房吗?那不是好事吗?"。你不能对病人家属冒这个险。

有些人可能会对此嗤之以鼻。但还记得吗?强烈的情绪会影响思维。等待重病亲人消息的家属绝不会处于情绪中立状态。在这件事请相信我,毕竟我有过切身体会。

这并不是医生有意识的决定。当你在安静的重症监护室工作时,病房里挤满了重病患者和关心他们的亲戚朋友,说笑声会显得格外刺耳,所以医生不会谈天说笑。医生们也许是通过简单的情绪传染,顺应了弥漫在周遭环境中的情绪。这也意味着,他们常常会感到真正的忧郁悲伤。正如摩根医生解释的那样,这可能会对医生造成伤害:

> 在医学界,你确实会看到许多情绪创伤。我认识不少在这个领域工作的人后来都寻了短见。奇怪的是,他们往往是表面看起来最快乐的人。

正如前面提过的,压抑情绪不利于身心健康,而被迫表达出与实际感受不符的情绪则更糟糕。可想而知,当你在充满危险与挑战的医学领域工作时,身心健康受损可能会危及他人的生命。那么,摩根医生是如何应对的?他的做法对我们这些从事其他领域工作的人有帮助吗?

摩根医生说:"随着时间的推移,你会渐渐习惯,不再感到陌生。它会变成你的一部分。"我对此深有同感,因为以前跟尸体打交道的时候,我身上也发生过类似的事。那段经历肯定算不上健康。至今我还不确定,那份工作到底对我造成了什么样的持久影响。不过,摩根医生又补充说:

我确实发现，如今在工作之余，对于令人愉快的事物，我的情绪反应更明显了。这份工作让我更珍惜生命中的每一刻。如果某一天过得特别不顺，或者工作中发生了令人情绪激动的事，我可以避免做出反应，控制住自己，做好该做的事。当我回到家，拥抱女儿或跟我的母亲聊天的时候，才能感觉到那件事对我情绪的影响。直到那时，一切才会爆发出来。没关系，因为在家里这么做是安全的。这是件好事。

也许这就是答案？也许并不是我无法应对老爸去世后累积的种种情绪，只是我还没应对，暂时还没有。这主要是因为我与亲朋好友分享情绪的渠道被切断了，而与亲友分享情绪和共情是人类情绪体验的重要组成部分。

但也许这恰恰是我此刻需要的东西？也许受他人情绪影响削弱了我的应对能力，导致我难以应对当前混乱而严峻的形势？不过值得庆幸的是，这种情况不会一直持续下去。正如摩根医生（以及大量关于人们在多年后解决情绪问题的文献[474]）揭示的，应对情绪及其带来的麻烦其实并不存在明显的分界点。

当我写下这句话的时候，新冠疫情仍在肆虐，但它不会一直持续下去。如果我暂时需要牢牢控制自己的情绪，也许这么做并没有问题？只要管用就行。不过，一旦恢复与亲友频繁密切的联系，只要他们愿意且能够帮助我应对问题，我的状况就可以（或许也应该）有所改变。

我不知道那会是什么时候，但我坚信一定可以。

那会导致各种各样的情绪交织。

很可能导致我与他人的关系发生剧变。这一点值得警惕，因为事实证明，情感关系（emotional relationships）和情感联系比大多数人意识到的重要得多。

第五章
情感关系

有一次,在老爸家吃完例行的周日烤肉后,我跟他聊了聊最近发生的事。他花了很多时间帮忙照顾一位年迈的亲戚,那位老人得了帕金森病,眼看着一天天衰弱下去。我爸向来都是有话直说,所以他慷慨激昂地滔滔不绝,说他现在意识到护理人员被社会大大低估,而且不受重视。他认为,全天候照顾别人需要付出巨大的努力,也要做出巨大的牺牲,而这些往往遭到忽略或无视。然而,仍然有那么多人每天都在照顾别人。

我爸坚持说:"你下一本书应该写写这个。"老实说,我觉得他说得有道理。哪怕得不到客观上的回报,人们也愿意为别人做出巨大牺牲。这种现象也许值得深挖。

后来,我常常回想起跟老爸的那次讨论。部分原因在于,新冠疫情将护理人员的作用和他们不受重视的问题推上了主流讨论的风口浪尖。在这个问题上,我爸走在了前头。

我之所以清楚记得跟老爸的那次谈话,主要是因为那是我们最后一次面对面交流。仅仅三个月后,他就离开了人世。这让我深刻体会到,在乎某人可能是有坏处的。

因为在老爸去世后的几周里,其他人的宅家生活在我看来简直是种侮辱。他们竟敢烤面包、上网聊天、在阳光下漫步!我爸刚刚过世,他们却表现得仿佛一切正常!那位心地善良、受人爱戴的男士离开了我们，他们却表现得像是没什么大不了的！真是太不要脸、太没礼貌了！

只不过，事实并非如此。没错，对我来说，老爸去世就像人生支柱崩塌，让我的世界分崩离析。但关键词是"我的"。我之所以情绪反应这么大，是因为我跟老爸感情很深。而大多数人……并没有。

当然，我爸确实广受欢迎，颇有声望，也备受爱戴。但是，世界上大多数人并不会为他去世感到难过。他们并不在乎他，是因为根本不知道我爸这人存在。我对众人的愤怒和不满也无法改变这个残酷的事实。

这突显了情绪和共情的一个关键因素，那是我此前从来没有考虑过的：我们是否对某人做出情绪反应，是否与他交往，往往取决于我们对他的重视程度。[475]每个人从本质上说都是有价值的（因为他们确实有价值），但我们都有重要好友、知己、家人和挚爱，他们在我们的眼里一定比其他人"更"有价值。

无论你对人类的整体看法如何，情绪总会使我们与某些个体建立密切联系，这种联系又反过来决定了我们的情绪反应和行为。

说白了，如果我想了解情绪，就需要了解我们为什么如此在乎别人。正如我爸建议的那样。

婴儿学步：亲子关系如何塑造我们的情绪

在老爸去世后弄懂自己的情绪，对我来说是一场恶战。从许多方面来看，这都是我未知的领域。不过，有一点我很确定：如果不是自己也身为人父，那场战斗还会艰难得多。是的，丧父之痛突显了我的情绪无知，但在有孩子之前，我在这方面更加无知。

这不是说我年纪轻轻、没有孩子的时候就情绪疏离或冷漠麻木。我也会为平常小事生气、伤心或害怕。我爱我的家人和太太，必要的时候也乐于表达出来。但关键在于，我虽然会表达情绪，但仅限于按照自己的方式，以精准受控的方式表达出来。不然我就会觉得"失控"了。毕竟，我是"科学达人"，又是"研究大脑的那个家伙"，可不能让人觉得我受制于自己的情绪！不然他们会怎么想？[1]

但说到现在，大家应该已经清楚了：情绪会在它们喜欢的时候冒出来，不管情况对你来说是否"方便"。鉴于大脑的运作方式，体验、处理和展现情绪并非截然不同的东西。如果你认定三者截然不同，这对身心健康可没有好处。[476]如果我在老爸去世时仍然抱有这种心态，丧父之痛对我的打击会比现在严重得多。

感谢我的孩子们改变了这一切。当护士告诉我"恭喜你，这小家伙以后是你的了"的时候，我真的无法用言语形容怀中多了一个脆弱小生命的感受。那是一种极其强烈的情绪冲击。我咧嘴大笑、惊慌失措、轻声呢喃、焦虑不安、呆若木鸡却又喋喋不休（不知为什么，这两件事我竟然同时做到了）、紧张、困惑，总之就是百感交集。我多年来打造的严格情绪管控一下子崩溃了，就像试图用面包棍搭成的围栏挡住飞驰而来的货车。

总的来说，从知识层面上讲，我知道自己即将身为人父。我买好了婴儿车和小围兜，弄清了所有学校的招生范围，也参加了产前培训课程。当你第一次抱起头生子的时候，一切都"落到实处"了。成为父亲对你和你的生活意味着什么，突然之间变得具体又真切。就在此时，情绪如潮水般涌来。至少对我来说是这样。

可想而知，我身为人父后最大的感受是幸福。宝贝儿子出生几周后，有一天我抱着他在屋里转悠，试着哄他入睡时，突然意识到那是个周五晚上，是我通常出门见朋友的时候。我还记得，当时我一点儿都不在意，待在家里就感到心满意足。[2]

1　我在解剖学系的工作经历可能也是原因之一。
2　直到今天仍是如此。

为什么在为人父母之后，我们会出现如此强烈的正面情绪？小宝宝什么也没做，他们只是躺在那里，不时咕咕地哭，害得你睡不好觉，需要不停地喂奶，还会喷出臭乎乎的玩意儿，逼着你赶紧弄干净。这种情况会持续好几年。

此外从客观上讲，身边有个孩子，对你是巨大的负担，无论是精神上、身体上（尤其是对妈妈来说），还是情绪上。有孩子意味着你迅速丧失独立自主，对精力和财力的要求大大增加，还会导致睡眠不足和焦虑，等等。这些都是大脑通常厌恶的、会让我们倍感压力的东西。这大概就是为什么产后抑郁症在新手妈妈[477]和爸爸[478]身上如此常见。也难怪很多人一想到为人父母就忧心忡忡，深感恐惧，甚至避之不及。

尽管如此，亲子之爱可能是两个人之间最强烈、最持久的情感联系。[1] 纯粹从理性角度来看，这可能根本说不通。不过，情绪很少与理性保持一致。我的猜测是，宝宝身上的某些东西操纵或影响着我们大脑中的情绪系统，促进了亲子之间的联系，放大积极正面的因素，抑制消极负面的因素。

但实际上，情况恰恰相反。与其说是宝宝利用了我们大脑通常的情绪过程，不如说那些情绪过程正是因为宝宝才存在的。例如，前面提过共情和情绪传染等现象背后复杂的神经过程，但没有提到一个重要的化学因素——催产素。

催产素是一种相对简单的多肽，由下丘脑生成，通过垂体释放到血液中。下丘脑和垂体中存在大量神经连接，促使催产素在整个大脑中发挥作用。[479] 所以说，催产素是一种神经激素——既是神经递质，又是激素。大脑众多区域和身体众多组织中都存在催产素的感受器。

---

1 跟前面提过的理论一样，这不一定适用于所有人。每个人的大脑都存在差异，大脑的运作方式也各不相同，所以在某些情况下，父母和孩子之间并不存在情感联系，或者那种联系并不像人们通常期望的那样。这对当事人来说往往是不幸的，但遗憾的是，这是人生中不可避免的一部分。

第五章 情感关系

你也许早就听说过催产素。众所周知,催产素通常被称为"拥抱"或"爱"的激素。这完全说得通。因为,在浪漫关系初期的"迷恋"阶段,催产素水平较高。[480]此外,催产素的存在似乎也是维持长期浪漫关系不可或缺的因素。[481]在性活动过程中,催产素会大量释放,影响情欲(比如唤起、勃起、性高潮等[482])的心理和生理等方面。研究显示,催产素能使男性更关注或保护女性伴侣,[483]甚至觉得对方更有吸引力。[484]

不过,催产素的作用并不局限于亲密浪漫的互动。与他人的任何正面互动似乎都会促使催产素释放。[485]也就是说,哪怕是看到亲朋好友的脸,我们也会感觉得到了奖赏。事实上,催产素能够也经常激活大脑中的奖赏回路,而奖赏回路是我们体验到愉悦的源泉。这就能解释,为什么我们人类常常觉得有人做伴是件快乐的事。

但是说催产素创造了正面情感依恋(emotional attachments),那就大错特错了。更确切地说,催产素能强化、增加、放大我们对他人的情绪体验,使我们向对方投注更多情绪。[486]这通常意味着,我们与别人互动时会释放更多催产素,也就意味着我们会更喜欢他人陪伴,从而形成正强化回路。除此之外,催产素还能增强记忆系统对正面社交体验的编码。[487]总而言之,我们有理由得出结论:在决定与什么人产生并维持情感依恋这方面,催产素发挥着关键作用。

这就好比我上小学科学课的时候,要用电线把电池和小灯泡连起来,如果小灯泡亮了,就说明成功搭建了一条简单可行的电路。只不过,那堂课可以说是成功得过分了。因为有几个调皮捣蛋的同学意识到,电路里不一定只能有一块电池。于是,他们不断往里面加电池。最后,他们的电路里有五块电池[1]给小灯泡供电,小灯泡没有像原来那样发出微弱的光,而是像太阳一样耀眼夺目。

如果说最初的电路代表人脑的社会情绪系统,灯泡亮度代表我们与

---

[1] 那是老式的重型电池,就像裹着塑料的大砖头,顶部探出两个弹簧接线柱。

别人建立情感联系的能力，那么"多加"的电池则代表催产素及其作用。然而，正如功率过大的灯泡更容易烧坏，让人看着或摸着都会感到痛苦一样，催产素的作用也并不总是积极正面的。

催产素的作用因情绪、环境和周遭人群而异。[488]例如，实验证明，催产素会增强幸灾乐祸和嫉妒的感觉，[489]还会导致我们优先考虑熟悉的人，同时更怀疑和防备陌生人。[490]说"催产素让人更容易出现种族歧视"也许有些夸张了，但在某些情况下，它似乎确实会起到类似的作用。

理查德·弗思-戈德贝希尔博士形容催产素是"归属感引擎"的燃料，这种"引擎"在某些情况下会引起真正的痛苦。就好比我爸去世后，其他人明明表现得很正常，却激起了我强烈的负面情绪。

人类能与他人交流情绪并建立情感联系，无论这种能力是好是坏，都是我们生理功能的关键组成部分，也是我们成为地球主宰的重要原因。而催产素能够强化并维持这种能力。[491]为什么一种简简单单的化学物质竟会如此重要？

首先，催产素或许是最受关注的基本物质，但它并不是人体内影响情感交流和情感联系的唯一化学物质。其他许多物质也参与其中，最显而易见的是后叶加压素。无论是从结构（化学性质）还是功能上看，后叶加压素都可以说是催产素的姊妹物质。虽然后叶加压素不像催产素那么受人关注，但在社会情绪过程中，催产素和后叶加压素的作用经常出现重合，两者也常常相互影响。[492]例如，对于男性形成长期的一对一关系，后叶似乎是不可或缺的。[493]

其次，催产素并不是凭空出现的。从演化角度来看，它以某种形式存在了数亿年。几乎所有已知物种体内都存在类似催产素的物质，它们的功能相当广泛，比如调节细胞的水平衡。[494]不过，催产素和后叶加压素几乎只同时存在于一类生物身上，那就是哺乳动物。[495]

哺乳动物与其他物种有什么区别？除了体表覆盖毛发、下颚与颅骨通过关节连接之外，哺乳动物的主要特征在于繁殖方式。哺乳动物在体内孕育后代，母体通过胎盘为后代供给营养，母体的乳腺会分泌乳汁，并以乳汁哺育幼崽。所以说，哺乳动物是唯一运用"真正"催产素的生物，也是唯一会分娩并抚养幼崽的物种。[1]我们很容易猜测这两者之间存在联系，而事实似乎也正是如此。

如果说令人愉悦的社会交往会提升催产素水平，那么分娩和哺乳则像开闸放水，会使催产素水平飙升。[496]催产素在分娩和哺育幼儿的过程中作用突出，这也是人类最早意识到的催产素的作用。事实上，催产素的英文"oxytocin"源自希腊语，意为"快速分娩"。[497]

催产素有助于启动分娩过程，分娩过程中也会释放催产素。这种正反馈回路在分娩过程中充斥着母亲的身体系统，大概能多少抵消分娩带来的一些身体不适。但在某些情况下，这种效果可能会有些"过头"，使分娩过程在令人痛苦的同时还古怪地令人亢奋。[498]哺乳时的感官刺激也会促进催产素释放，促进母体的乳汁分泌。[499]

对哺乳动物来说，有种化学物质能帮助启动分娩，减轻分娩痛苦，还能在幼崽试图吸奶的时候刺激乳汁分泌，这从演化角度来看好处显而易见。但分娩不仅仅是生理和感官过程，还存在心理方面的因素，会在母子之间建立起情感联系。可以说，这是我们能够形成的最强大的情感联系。与其他许多哺乳动物一样，人类大脑中也存在某些系统，会使母亲对后代产生强烈的情感依恋，尤其是在后代极其幼小脆弱的时候。催产素是这些系统中不可或缺的一环。[500]

这对母子双方都有影响。在分娩过程中，催产素大量涌入母亲体内，更涌入了婴儿体内。请记住，分娩是婴儿大脑的初体验，那种体验无疑令人不安。从温暖黑暗的液囊骤然进入充满冷空气、强光与怪声的世界，周围还有一群巨人挥舞着令人费解的器械——这怎么可能不给人

1　也就是说，它们的生育方式不是产卵，而且很少像鱼类和爬行动物那样生完就算完，任由后代自生自灭。

留下重创？

值得庆幸的是，新生儿体内涌动的催产素比母亲体内还要多。催产素能够缓解压力、不适和疼痛，但最重要的作用是使我们能敞开心扉、对他人的情绪更敏感。[501]也就意味着母婴双方都能最大限度地建立情感联系。这对婴儿来说尤为重要。因为，与母亲的联系不但是他建立的第一种联系，事实上也是他体验到的第一样东西。

在维持和强化情感联系这方面，催产素也发挥着一定的作用。皮肤接触会促进催产素释放，因此母婴皮肤接触通常是产后第一件事。[502]跳过这一步可能会导致产后抑郁。[503]哺乳过程中释放的催产素有助于进一步加深情感联系，而受到积极正面影响的不仅仅是母亲。

研究揭示了人类（无论男女）大脑中调节与启动照料行为的复杂网络。[504]它们位于边缘区域和皮质区域，也就意味着，这些脑区涉及产生和调节情绪的机制，以及复杂思维与规划、奖赏、反射、动机的机制。所有这些大脑过程协同运作，使我们想要照料触发这一系统的事物，而婴儿提供的感官线索能最可靠、最有效地触发这种照料本能。[505]

说白了，我们的大脑演化出了能感知人类婴儿的特质（大脑袋、大眼睛、独特的哭笑声，甚至是特殊的气味），并做出强烈的情绪反应，产生出于本能的驱动力，展现出照料行为，想要照顾并接触刺激来源。[506]催产素是这一过程的重要组成部分。[507]

实话说，我们的大脑天生就会对婴儿产生强烈的情绪反应。虽然许多哺乳动物都是这样，[508]但人类将其发挥到了极致。与大多数哺乳动物比起来，人类婴儿出生时的状态更脆弱，更容易受伤害，需要更长时间才能发育成熟（人们认为，这是由体积巨大的人脑的生理需求决定的[509]）。因此，人类婴儿相对需要更多更久的照顾。在演化过程中，我们的大脑不可避免地会为此提供便利，使人类对子女的依恋和照料本能变得极为强大。不过，尽管这种本能很有用，却引发了一些奇怪的现象。

例如，我家有一名成员前面没有提到过，是一只名叫"泡菜"的猫咪。大家都说泡菜"个性十足"。当然，每个猫奴都会提起自家毛孩子的古怪举动，但即使是经验丰富的铲屎官也会说泡菜"有点儿过分了"。比方说，我们家住在当地小学附近的街角，这意味着泡菜闯进过体育课、运动会、才艺比赛、教职工会议，乃至秋收节，更夸张的一次是闯进了校长的车里。

邻居向我们抱怨泡菜"欺负"他们家的宠物，就连养哈士奇的邻居也来告过状，而那只狗足有8只泡菜加在一起那么大。我们最常听见的邻里寒暄是："噢，原来那是你们家的猫啊？"此外，我们还经常大清早在门廊地垫上发现被开膛破肚的野生动物。如果你想不通大家养宠物到底是图啥，我绝对不会怪你。

幸运的是，大家喜欢养猫的原因其实很简单。猫咪除了有趣又讨喜，还非常可爱。但是为什么？为什么我们人类会觉得这些浑身是毛、一脸鄙夷、热爱杀戮的家伙"可爱"？

目前的主流理论认为，猫咪（以及其他我们统称为"宠物"的动物）体型较小，脑袋和眼睛却相对较大，再加上柔软的毛皮、有限的认知能力和喜爱嬉戏的天性，具有许多我们会本能地联想到婴儿的特质。[510]我们会对看起来像婴儿的东西产生本能反应，这就是"可爱"在神经层面上的基本含义。[511]因此，猫咪会激发人们投注情绪的照料本能，让我们的心化成一摊春水，想要把它们留在身边并与它们互动。说白了，人类大脑对婴儿的情绪反应实在太强烈，乃至常常延伸到截然不同的物种身上！

这又引出了另一个奇怪的现象。你有没有过这样的经历：遇到特别可爱的东西，不管是小宝宝、小猫咪、小狗狗还是其他什么，你突然冒出一种冲动，想把它紧紧搂在怀里，嘴里还嘟囔着"真想挤扁它！"之类的话，或是想要掐它、咬它，甚至宣称"真想一口吃掉它！"。如果你没有过这样的经历，我敢打赌，你身边一定有人深有同感。这种情况实在太常见，几乎没有人会觉得奇怪。

但这确实很奇怪。可爱的东西基本都相当弱小，不会对成年人构成威胁。那么，伤害它们的冲动究竟是从何而来？显然，除非是小说《人鼠之间》（Of Mice and Men）里的轻度智障莱尼，否则人们通常不会产生伤害弱小的冲动。嘴里喊着"超萌超可爱"的人当然不会真的把小猫咪挤扁。然而，无论这种冲动多么容易克服，伤害可爱东西的冲动竟然会存在，而且如此常见，从客观上看确实是咄咄怪事。

这种现象被称为"可爱侵犯"（cute aggression）。[512]事实上，这种看似矛盾的情绪反应并不罕见。人们常常对正面情绪体验做出负面情绪反应，比如在极度高兴的时候泣不成声，或是在极度兴奋的时候尖叫不止（典型的例子是少女遇上最热门的流行偶像）。当我们看见可爱的东西时，为什么不能有同样的反应呢？

有证据显示，看到可爱的东西会触发强烈的情绪反应，导致我们的认知系统不堪重负。[513]突如其来的情绪冲击会使神经机制应接不暇，变得一片混乱，最终产生通用的"强烈情绪反应"，其中就包括此刻并不需要的负面反应和攻击反应。

不过，如果你仔细观察就会发现，这种表面上的混乱其实是有序的。这部分源于后叶加压素的释放。后叶加压素（还有其他释放的激素）会刺激防御和保护反应，而不是与催产素有关的舒适放松反应。

催产素和后叶加压素存在大量相互作用与重合之处，也就意味着，当我们对婴儿、幼儿和其他有强烈情感联系的事物做出反应时，催产素和后叶加压素都会发挥作用。[514]但这一现象会导致不同寻常的结果，那就是会同时激活交感神经系统和副交感神经系统。

来简单回顾一下，交感神经系统是外周神经系统的一部分，控制着我们对威胁、危险和其他紧张情境的典型生理反应，那些生理反应都属于"战斗或逃跑"反应。副交感神经系统则恰恰相反。当我们更放松也更满足的时候（有时称为"休憩与消化"状态），副交感神经系统会发挥作用，降低交感神经系统的活性，让整个身体平静下来。

通常情况下，上述两种反应彼此对立，相互排斥。但对大脑和情绪来说，并不存在什么硬性规定。有证据显示，当我们看到"可爱"的东西时，与生俱来的照料本能会被激起，催产素和后叶加压素会同时发挥作用，同时激活上述两种看似矛盾的反应。[515]

照料本能促使我们抚育婴儿，因为他们那么幼小懵懂。催产素使我们对婴儿的需求更为敏感，身体更放松，反应更快，情绪上更投入，不会那么焦虑，也不觉得不愉快因素（比如屎、尿、屁和刺耳的哭闹声）有多烦人。

但由于婴儿太小，太脆弱，太容易受伤害，不但需要喂食和照顾，还需要保护，我们会主动寻找并应对可能对宝宝构成威胁的潜在危险。这是后叶加压素在发挥作用，使我们处于防御状态。但这意味着要激活"战斗或逃跑"系统，为应对挑战和危险做好准备。

虽说做到"既紧张又放松"并不容易，但永远不要低估大脑的能力。某件事从逻辑上说不通，并不意味着大脑就做不到。婴儿和其他可爱东西会触发人类深层的本能反应，使我们同时体验到"哇喔"和"哎呀"这两种情绪。这么一来，就出现了古怪的"可爱侵犯"反应。

尽管后叶加压素在男性身上的作用更突出（因此男性通常负责保护幼崽），但它在女性身上的作用也相当明显。前面已经从照顾和抚育的角度讨论过母子关系，但同样重要的是，母亲会跟想伤害自己孩子的人拼命！人们常说，最危险的生物（至少哺乳动物是这样）就是护犊的母亲。后叶加压素无疑是这背后的重要原因。[516]

值得注意的是，对催产素和后叶加压素敏感的基因容易受家庭教养、成长环境、生活经历等因素影响。[517]这就意味着，上述两种激素的作用，以及对婴儿和可爱东西展现出的情绪和行为，不同物种、性别、个体之间存在极大的差异。

许多人对婴儿不感兴趣，有时就连对自己的孩子也兴趣缺缺。这在很大程度上与他们所处的人生阶段、成长环境和周遭世界有关。但从根本上说，一大重要因素可能是他们缺少某些化学物质。其他人会对婴儿产生强烈而复杂的情绪反应，正是受到了化学物质的影响。不喜欢婴儿不是缺陷或毛病，只是大脑的运作方式不同罢了。

事实上，无论婴儿与父母或监护人之间的依恋是如何形成的，这种依恋都被视为影响大脑和心智发育不可或缺的因素。[518]在婴幼儿时期，我们与主要照料者的情感联系往往决定了我们的经历和感受，而这会直接影响大脑、性格和身份认同的形成。

除了父母与婴儿之间的情感联系，还存在其他影响深刻的情感联系。我们能够也确实会跟不是自己孩子或父母的人建立情感联系。比方说，我们可以跟好朋友保持终生友谊，可以对某个社群产生极深的归属感（甚至达到令人担忧的地步），也可以跟志趣相投的陌生人形成情感纽带，而这一切往往发生在不知不觉之中。这些都源于我们这些哺乳动物演化出的脑部机制，也是这些机制使我们投入到照料幼儿的过程中。

演化常常这么做，甚至达到令人惊讶的地步。演化的过程无情且高效，如果某个物种需要一种新特质或新能力，调整修改现有的东西要比"从零开始"便捷得多。因此，当"建立持久的情感联系"成为原始人类的实用生存策略时，演化不会白白等上数百万年，等待随机突变和自然选择来形成全新的脑部机制，而是会利用现成的神经过程（负责让我们与后代建立情感联系）并"扩大"它的"控制范围"。

人类本身就是这种演化趋势的绝佳例证。例如，我们与黑猩猩有96%的基因相同，但在身体和神经层面上却大相径庭。不过，智人与幼年黑猩猩有惊人的相似之处。我们跟它们一样，基本没有毛发，直立行走，脑袋占全身的比例更大，眼睛也更大。甚至在认知方面也是如此：我们比成年黑猩猩攻击性小，好奇心强，能记住更多信息。许多人提出，正是这种演化而来的小区别使我们如此聪明又如此成功。[519]

显然，利用这种催产素促成的亲子情感联系使某个物种更社会化，并非不可能实现演化的飞跃。在其他社会性物种中，比如在啮齿类动物身上，我们也观察到了同样的现象。[520]不过，很难说人类没有将这一点发挥到极致。严格来说，我们是极端社会化的物种，[521]与他人合作互动是我们做的许多事的核心，而那些合作互动很多都源于情绪，源于我们传达和分享情绪的能力，源于我们感受身边人情绪的能力。

我们对某人投注的情绪越多，就越能与对方共情，合作起来就越顺畅，取得的成就也越多。有人指出，如果没有催产素，没有形成依恋的能力，我们目前所知的人脑就不可能存在。[522]一切的核心是大脑与生俱来的情绪驱动力，这种驱动力促使我们照顾和保护幼儿，并与幼儿建立情感联系。反过来，当我们自己尚且年幼的时候，也会与父母和照料者建立情感联系。[523]

这就是为什么，失去父母通常会引起人们强烈的共鸣。那不仅仅是失去你熟悉且在乎的人，还是失去一种情感联系。从你呱呱落地的第一天起，那种联系就是你生活的基石，对于"你是什么样的人"和"你如何成为现在的自己（无论好坏）"不可或缺。

我也许是解释不清也无法应对老爸去世后自己的情绪，但至少现在能理解自己为什么会有那种感觉了。亲子联系似乎确实是人脑能构建的最强大、最深刻的联系。这也能解释，为什么在有了自己的孩子后，我的情绪大受冲击，让多年来一直觉得是"好东西"的情绪保护壳一溃千里。

老实说，我很感谢我的孩子们，他们让我更能从情绪层面应对丧父之痛。而鉴于人类的演化史，我也许还该感谢他们，毕竟是他们让我拥有了情绪。

当然，在许多人看来，男人如此坦率地表达情绪也许有些奇怪。但那是另一个需要探讨的问题了。

男人来自火星，女人来自金星：男女在情绪上有区别吗

我在前面透露过，老爸被送进医院的时候我没有哭。更令我羞愧的是，在老爸的葬礼上，我也没怎么掉眼泪。这就怪了，因为那是我一生中最悲伤的一天。我觉得自己该哭，也很想哭。尽管如此，直到当天晚上，等太太和孩子们都进入了梦乡，我才独自一人在家哭了出来。

这让我深感不安：这说明我的大脑出了什么问题吗？这给我带来了多少缺憾？

但事后回想起那愁云惨淡的一天，我并不是唯一一个没有哭的人。其中显然有规律可循：我的姐妹、继母、婶婶们都在大抹眼泪；而我和叔叔们，也就是男人们呢，掉的泪则没有那么多。性别差异相当显著。

老爸去世后，我想了很多。尽管前面说了那么多，我们父子的关系还是怪怪的。不是说关系充满了火药味，只是有点儿不一样。我爸相当"老派"，我是他唯一的儿子，他当然关心我也在乎我，只是不喜欢表现出脆弱或软弱，尤其是在其他男人面前。哪怕对方是自己的儿子，他也不愿意公开表达情绪。许多老一辈的父亲都是这样。[524]而我呢？我不赞成"男人不能感情用事"这种老掉牙的说法！不过，如果我爸更喜欢"一切尽在不言中"，我也就顺着他的意了。我俩对此都心照不宣。

但在老爸的葬礼上，当我怎么也哭不出来的时候，我不得不怀疑：我是不是在自欺欺人？我曾对情绪有许多先入为主的观念，如今都被彻底颠覆了。所以说，或许我也不该认为"女人感性，男人刚毅"是错误的刻板印象？男女的大脑是不是真的存在某种根本差异？那能不能解释为什么我难以表达情绪，而家中的女眷却能轻松做到？

毕竟，如果你想研究有意义的情感关系，这类关系大多都发生在男女之间，或是男女的某种组合或变体之间。如果男女处理情绪问题的方式截然不同，这将大大影响我们能参与的情感关系，以及我们对情感关系的体验。但是，男女大脑中情绪的运作方式真的存在显著差异吗？

第五章　情感关系

首先，不可否认的是，男女存在明显差异。通常来说，男女的身高、体型、生殖器官、毛发分布、寿命长短等都有所不同。

不过，这些特征大多流于表面。而且，由于个体之间的巨大差异，男女的某些特征其实存在重合之处。有些女性长得比大多数男性都高，有些男性活得比大多数女性都久。有些男性不长胡子，有些女性则会长胡子。对于这些反例，关注细胞和化学层面的要素可能会更有意义。

包括雌激素和睾丸素在内的性激素，以及与之相关的多种化学物质，是性别和性向认同的重要组成部分。对男性来说尤其如此。所有人类胎儿在受孕时的默认状态都是女性。但如果胎儿的DNA中含有Y染色体，那么在长到九周时会开始产生睾丸素，[525]引起男性化，发育并出现男性特征。[1] 从那时起，男性体内就有了睾丸素。在青春期，睾丸素水平将会飙升，导致发育出典型的男性特征，比如骨骼和肌肉量增加、体毛增多、嗓音变低沉等。雌激素在女性发育过程中也起着类似的作用，会引起典型的女性生理特征发育，[526]尤其是第二性征。[2]

然而，这些重要激素（与相关的化学物质）并不局限于某一性别身上。雌激素也存在于男性体内，睾丸素也存在于女性体内，两者都发挥着重要作用。不过，睾丸素在男性发育过程中的作用更突出，同样，雌激素对女性的作用更明显。这跟前面提过的催产素和后叶加压素差不多：两者都活跃在所有人类的大脑和身体中，只不过后叶加压素对男性影响更大，而催产素对女性影响更大。

所以说，即使是在化学层面上，男女也不像人们想象的那样截然不同。如果说男女在化学层面上存在共同之处，那么在神经系统层面上也

1　因此，如果你是男人且相信"生命始于受孕那一刻"，那你就该承认，自己在生命中某一时刻曾是女人。
2　也就是说，我们的身体特征是为了"吸引配偶"演化而来的，但那些体征并不直接参与生殖过程，比如男性面部的须发和宽阔的肩膀，以及女性膨大的乳房等。

一样吗？根据我的经验，答案通常是肯定的，毕竟我们大脑要比身体和塑造身体的化学物质更灵活多变。

尽管如此，"男女差异显著，大脑截然不同"的观点仍然根深蒂固且广为流传。西方文化中存在无数假说，认为"大脑和其他方面都存在性别差异"。如果要把它们与基于实证的科学现实区分开来，我大概需要另写一本书才行。

幸运的是，那本书已经有人写出来了。于是，我采访了英国阿斯顿大学的吉娜·里彭（Gina Rippon）教授。她是认知神经影像学专家，著有《大脑的性别：打破女性大脑迷思的最新神经科学》（*The Gendered Brain: The New Neuroscience that Shatters the Myth of the Female Brain*）。[527]这本书提供了令人大开眼界的实用视角，审视了人们相当熟悉且广为信奉的"男女大脑运作方式截然不同"的观点，揭示了这些观点与科学实证差得有多远。

里彭教授敏锐地意识到，这些观点在社会上有多么根深蒂固。它们渗透进了几乎所有情景喜剧和广告，以及无数电影、书籍和喜剧桥段。不幸的是，正如里彭教授指出的，这些观点并不局限于虚构的世界：

> 每次主流媒体报道"大脑存在性别差异"的研究，报道的方式都说明了问题。标题通常是《终于发现了男女大脑的真正差异》或《科学家证实男女大脑截然不同》。
>
> 这些新闻报道的措辞揭示了一个潜在假设：男女的大脑绝对有所不同，问题只在于弄清差别到底在哪里。但问题在于，支持这一观点的科学证据少得惊人，绝不足以使它普遍存在且为人熟知。不幸的是，这就意味着，暗示大脑存在明显性别差异的研究更可能被媒体报道，可能性远远大于持相反观点或提出更细微结论的研究。

不得不承认，尽管有科学依据摆在面前，无数人还是宁可相信男女大脑有所不同。在回顾历史之后，更恰当的说法是，这种观点之所以存在，并不是无视科学，而是源于科学。至少在一定程度上是这样。

由于各种文化因素（至少在西方世界）的作用，在很长一段时间里，科学都由享有特权的白人男性主导并塑造。[528]无论你对那些人看法如何，他们通常跟平等、进步扯不上关系。不管怎么说，如果任何领域由特征和性格类似的一小撮人主导，那通常不是好事。那会导致群体思维。这是一种广为人知的现象，指群体成员最终会思考或相信某些不符合逻辑、理性或实证的东西，因为那些东西符合该群体的态度和信念。[529]

这就能解释，为什么在很长一段时间里，尽管没有强有力的证据，（白人男性富人组成的）科学界却笃信男女拥有不同的大脑。事实上，极具讽刺意味的是，科学史本身就常常被用于证明男女之间存在固有差异。毕竟，如果大多数改变世界的著名科学家都是男性，[530]那么在研究科学所需的分析、推理等特质上，男性肯定生来就比女性更胜一筹，对吧？这表明男性大脑更适合这类任务，女性则不然。这在逻辑上确实说得通。

只不过事实并非如此。只有完全忽略时代背景，以上说法才能说得通。说"历史上大多数科学家都是男性，所以在科学方面男性天生就比女性强"就好比说"金钱是社会奖励成功者的方式，亿万富翁的子女通常最有钱，所以他们肯定比其他人更聪明、更勤奋，所以我们应该对他们唯命是从，让他们执掌政府"。[1]这个结论忽略了导致以上结果的无数因素和变量。

不管怎么说，在很长一段时间里，科学界都在缺乏证据的情况下"证实"了男女大脑存在根本差异。鉴于科学在社会上的地位，以及

---

1 我知道，这种情况在现代社会确实时有发生。这既荒唐可笑又令人沮丧。

人们对科学的普遍看法,这种观点会广为人知且根深蒂固也就不足为奇了。

真正的问题在于,人们不但认为男女大脑有所不同,还认为男性大脑更为优越。"女性在生理和心理上都更低劣"这个假设贯穿了整个历史。[531]女性被认为不够聪明,所以不能投票;[532]人们认为读书会导致女性不孕;[533]我太太就读的小学是英国最早教女性数学的学校,因为此前人们认为学数学会导致女性大脑"过热"。类似的荒谬事件数不胜数。

这在如今看来也许荒谬透顶,但"女性比男性低劣"作为一个科学观点导致了许多可怕的结果。就拿"歇斯底里"(hysteria)来说,现在它被用来形容一个人过于情绪化且不理智,但这个词曾是一种正式诊断结果。它源自希腊语hystera,意为"子宫"。古希腊人认为,年轻女性身体欠佳、精神失常是因为子宫脱落并在体内四处游走。

这种(荒谬的)观点在全欧洲的科学机构中存在了几个世纪。[534]按照逻辑推论,由于歇斯底里是由游荡的子宫引起的,所以人们认定只有女性才会得这种病。因此,当男性出现类似的症状时(这是常有的事),并不会被视为歇斯底里,而是归咎于"松弛虚弱的睾丸"[535]之类的玩意儿。显然,睾丸跟子宫是一回事。

还有更糟糕的呢。科学史上的另一个黑暗篇章是额叶切除术,即一种切断额叶与大脑其他部分联系的外科手术,据称能缓解重度精神病或类似疾病的严重症状。

说实话,即使是在额叶切除术的全盛时期,这种手术也一直饱受争议。当然,手术通常确实能减轻精神病的严重症状,但往往会使患者的整体状况恶化,因为他们的大脑真的被切开了。这就好比你把车开去修车铺,因为发动机总是发出怪声,修车工却把发动机给拆了。当然,现在车子是安静多了,但总不能说修车工"修好"了它吧。[536]

即使如此,还是有许多著名科学家支持并拥护这种手术。我以前跟别人提起这事,他们听了都震惊不已。[537]毕竟,你大概会以为,如果有人声称把一根钉子插进病人的眼眶，戳进大脑里捣来捣去（额叶切除术正是这么做的）是一种可行的医疗手段，肯定会遭到科学界的蔑视嘲讽，或是令相关人士惊恐万状吧。你大概会以为，如果有人真的这么做，而且做了一次又一次，肯定会遭到逮捕，而不是获得诺贝尔奖吧。然而，实际发生的却是后者。

这就是为什么以下事实非常重要：在额叶切除术盛行的时代，大多数精神病患者都是男性，但对女性进行的额叶切除术数量却要多得多。这在逻辑上完全站不住脚，除非你加入以下前提假设："女性和女性的大脑更低劣，因此更'可有可无'。"给女性做额叶切除术损失较小，因为女性比男性低劣，所以这么对待她们（并将她们弃如敝屣）没问题。

我要重申一遍，做出这种事的不是迷信愚昧的原始人，不是原始人看到奇怪云朵后拿刀捅女人的脑袋来驱魔。做出这种事的是有资质、受尊重、有影响力的科学家，只不过他们所处的文化相信女性比男性低劣。于是，他们也对此笃信不疑，还通过自己的著作和影响力印证并维护这一信念。

令人遗憾的是，心理健康领域和精神病学史上充斥着这种事。[538]虽然现代科学界比几十年前更理性也更讲实证，但在相关领域仍有许多女性遭受偏见、成见和排挤。那通常来自男性同事和同行根深蒂固的成见，而不是源于逻辑或实证。

如果"女性低人一等"的有害观点仅限于科学界内的互动，没有延伸到科学实践中，那就是另一回事了。可惜事实并非如此。里彭教授给我举了一个例子，那是一个颇具影响力的理论：孤独症是"极端男性大脑"的结果。这个理论主要由西蒙·巴伦-科恩（Simon Baron-Cohen）教授提出并推广。[539]正如里彭教授解释的那样：

这个理论显然假定存在所谓的"男性大脑"，并假定男性在某些方面的行为是与生俱来的，那些东西既是典型的男性特质，也更有可能发展成典型的孤独症。

具体来说，这个理论认为，人类的大脑或是更擅长系统化[1]，或是更擅长共情，而孤独症患者的系统化能力通常远远超过共情能力。[540]由于男性大脑更擅长系统化，所以男性更擅长系统化，而女性大脑更擅长共情，因此孤独症患者的大脑可以被描述为"极端男性大脑"。

尽管这听起来合乎逻辑，但许多人都对整个理论及其产生的过程存在质疑。一些人指出，这一理论依据的基础研究存在缺陷。[541]另一些人认为，这个前提本身就十分可疑，因为对于是否擅长系统化和共情，男女都存在极大的个体差异。[542]如果说某种性别真的"天生"擅长其中一项，那么同一性别不同个体之间的相似度会大得多。因此，许多人强烈反对将典型的孤独症特征称为"男性"特征。正如神经心理学家罗莎琳德·里德利（Rosalind Ridley）博士在2019年所说：[543]

> 将有孤独症症状的女性说成拥有"极端男性大脑"，就好比把个子特别高的女性说成拥有"极端男性身高"，就因为男性的平均身高略高于女性。

重点在于，即使孤独症患者通常表现的特征在男性身上更常见，也并不意味着那些就是"男性"特征。女性往往比男性长寿，但格外长寿的男性绝不会被说成拥有"女性寿命"。

尽管如此，极端男性大脑理论在孤独症领域仍然极具影响力。这导致了一系列有害的结果。例如，人们根深蒂固地认为女性极少患孤独症，也就意味着女性孤独症患者常常被忽视、误诊或完全无视。我认

---

1 也就是分析、演绎、识别或构建模式。从本质上说，就是创建思维"体系"。

识的不少女性对此都有切身体会，她们直到很大年纪才被诊断出孤独症。[544]可以说，如果不是存在极端男性大脑理论，这种事根本不会发生。

最终我意识到，几个世纪以来，许多对女性极不公平的观念和态度都有一个共同点。所谓女性"不适合"从事科学和其他智力活动[1]、极端男性大脑孤独症理论、关于歇斯底里的观点……它们都指向同一个基本假设，那就是女性从根本上比男性更情绪化。

问题在于，尽管研究结果反复证明这个假设荒谬可笑、不合逻辑，甚至会带来危害，却不断有人提出类似的说法。有没有可能这背后存在某些真理，只不过应用方式对人有害？核武器极其可怕，但并不意味着核物理就错得离谱。男女处理情绪的方式不同，会不会也是同样的道理？我在老爸葬礼上的经历表明，在情绪表达上确实存在某种性别差异，而且不少人都支持这个观点。那么，男女处理情绪的方式是否存在科学上的差异？

如果有的话，就表明男女大脑的情绪系统存在明显差异，我们就有希望发现并观察到这些差异。但出于种种原因，我们难以明确指出差异何在（前提是它们真的存在）。

例如，许多研究将男女受试者送去做脑部扫描，试图寻找男女大脑的显著区别，且最终常常发现差别。所以这就结案了，对吗？

并不尽然。因为男性的块头通常比女性大，也就意味着男性的大脑一般大于女性。[545]那么，如果拿男性的杏仁核跟女性的做比较，男性的通常会大一些。根据我们对杏仁核的了解，这难道不该表明男性比女性更情绪化吗？

也非如此。大量数据显示，大脑体积对智力的影响微乎其微。[546]更多的当代研究显示，许多（但不是全部）显示男女大脑结构存在差异的

---

[1] 科幻作品和电脑编程等的原创作者大多是女性，但这一观点提出时却极少提及这些证据。还真是奇怪。

研究结果，都可以用"男性大脑体积更大"来解释。[547]因此，直接比较男女大脑的大小和结构其实并不能说明什么。

情绪能力就更是如此了。前面提到过，情绪由人类大脑的多个区域生成、调节、影响和触发。试图指出负责情绪的特定神经区域，就好比在浓雾中徘徊，试图找出雾气的中心。这导致我们更难对男女大脑的情绪能力进行有意义的比较。

但这并不妨碍人们不断尝试，而一些研究已经得出了有趣的成果。那些研究通常侧重于特定的情绪能力，尤其是共情能力。若干研究显示，在需要共情或发挥其他情绪能力的情况下，男女大脑的活动有明显差异。

一项研究显示，看到婴儿大哭或大笑的时候，女性的前扣带回活动减少，男性则没有减少。[548]这个脑区具有众多重要的情绪功能，包括识别、分享情绪和有意识地做出反应。[549]因此，前扣带回活动减少可能意味着你更倾向于去安慰孩子，或是优先考虑孩子的需求，而不是优先考虑自己的需求。因为通常负责这一块的脑区没有把你自己的情绪摆在第一位。男女反应的差异是否解释并印证了我们常说的"母性本能"，也就是所谓的"每个女性都具备的本能"？并不尽然，但很有可能是这样。

另一项研究发现，男女运用大脑的不同部分调节情绪。善于调节情绪的男性背外侧前额叶的灰质（主要负责处理信息、做出反应的神经组织）较多，而善于调节情绪的女性从左脑干延伸到左海马体、左杏仁核和岛叶的这一系列区域的灰质较多。[550]

对此有多种解释。其中一种解释指出，男性的复杂认知区域拥有更多灰质，他们运用有意识、刻意的机制控制情绪，女性则在潜意识的边缘区域拥有更多灰质，更多是本能地控制自己的情绪。这可以说是"从源头"着手，表明女性从根本上更善于产生情绪，男性则更善于控制或抑制情绪。

类似的研究显示，女性在受到负面情绪刺激时杏仁核活动增加；男性则恰恰相反，他们在受到正面情绪刺激时杏仁核活动增加。[551]这可能意味着女性对负面情绪更敏感，受负面情绪影响更大。此外，鉴于杏仁核活动通常与恐惧和危险相关联，这可能意味着男性将正面情绪视为威胁。这也许能解释为什么男性（比如我自己）容易"自我封闭"，将表达情绪视为向人示弱。

那么我们的"老朋友"雌激素和睾丸素呢？大脑中有许多结构都与调节和处理情绪有关，其中大多数结构的共同特点是对雌激素极为敏感，反应极其灵敏。这就意味着，雌激素会大大影响大脑中处理情绪的区域的活动。[552]雌激素还会刺激并促进催产素分泌，而前面提到过，催产素对建立情感联系起着重要作用。[553]

与此同时，有证据显示，睾丸素会使以下两者的联系减弱，一方是前额叶中理性的自控过程，另一方是杏仁核内更为基础的情绪活动。[554]这也许能解释，为什么男性在受到挑衅时攻击性更强，行为也更不理性。他们的睾丸素水平飙升，导致情绪自控力下降。

与此有关的一个事实是，睾丸素会刺激催产素的"姊妹物质"后叶加压素的表达和作用，从而引发更多的防御和保护行为，而不是敞开心扉和投注情绪。这个事实印证了普遍存在的观点：女性更善于表达情绪，男性则较为封闭。

总之，我们可以清楚地看到，男女的大脑运作、情绪机制和情绪能力确实有所不同。包括顶尖科学家在内的许多人都认同这一结论。

但我不这么认为，因为如果你细致观察，就会发现情况并不像人们希望的那么一目了然。前面提到的研究是我故意挑选出来的，目的是展示男女大脑存在明显差异。但是，只要有一项研究显示"男女大脑的情绪属性存在差异"，就会有另一项研究得出的结论是"两者不存在差异"。因此，总体情况仍不明确。

为了解决这个问题，2017年的一项研究考察了若干相关实验，评估了所有实验的汇总数据，看能不能找出更明确的趋势。[555]结果显示，虽然某些研究确实显示男女在情绪任务和刺激方面存在明显差异，但通常可以归结于实验方式。具体来说，到底是哪些实验显示男女存在明显差异？那就是参与者知道自己在参加情绪研究的实验。

这一点很重要，因为我们都是在这样的环境和文化中长大的，它们假定并期望男女拥有不同的情绪倾向和情绪能力。鉴于人类高度的社会性和大脑的适应性，当我们觉得旁边有人在看的时候，往往会不知不觉顺应这种期望。[556]这就引发了一种极具讽刺意味的现象：相信男女在情绪方面存在差异的观念是如此普遍，乃至干扰了研究这种差异的实验！从某种意义上说，在化学层面上也一样。

以睾丸素为例。我们都知道睾丸素对男人的作用，对吧？睾丸素越多，男子气概越足。它使我们变得好斗、自信、好胜，甚至出现暴力倾向。因为演化使男人变得擅长战斗和支配他人，只有现代世界的约束和社会期望才能让男人控制这些本能。睾丸素放大了一切，使男人更接近自己的真面目。但真的是这样吗？

2016年的一项研究让男性受试者玩游戏，对别人的行为做出惩罚或奖励。一些受试者事先被注射了睾丸素。传统观念认为，注射了睾丸素的受试者会更多惩罚他人，更少奖励他人。但在很多情况下，他们比没注射睾丸素的人对竞争对手更友善、更公正。[557]

现代研究显示，这是因为睾丸素的主要作用其实并不是让男性更有攻击性、更富于"男子气概"，而是使我们更清醒地觉察并维护自己的地位。[558]大脑不断拿自己跟别人做比较，计算自己在社会等级中的位置。[559]睾丸素会增强我们对自身社会地位的觉知，促使我们维护或提升自己的地位。

如果我们像黑猩猩那样，雄性通过不断殴打对手来确立地位和统治权，那么没错，睾丸素能让我们更清楚自己的地位，对自身地位更敏感，进而更有攻击性和暴力倾向。但我们不是黑猩猩，而是人类，拥有复杂的认知能力和超社会性（ultrasociality）。我们可以选择其他方式获取社会地位，而不仅仅是直接动用暴力和发动攻击（尽管这仍是一种选择）。我们的大脑能够识别并重视智力、合作、亲切、能力等。[560]毕竟，它们塑造了我们的演化过程。

说白了，我们本能地喜欢别人表现得体贴周到，这会带来情绪上的回报。体贴周到的人会备受好评。因此，睾丸素促使我们演化得重视公平公正，[561]更为他人着想，也更尊重别人，是因为这种亲社会行为能巩固或提升自己的社会地位。

有一项针对这种现象的研究得出了相当有趣的结论。研究再次评估了与没被注射睾丸素的受试者相比，得知自己被注射睾丸素的受试者是如何对待他人的。[562]可想而知，被告知注射了睾丸素的受试者表现得更不公正，一有机会就表现得咄咄逼人，对别人施加过度惩罚。

不过，反转来了：尽管许多受试者被告知被注射了睾丸素，但实际上并没有注射。促使他们采取过激行为的唯一原因是，他们相信睾丸素会使人更有攻击性。与此同时，被注射睾丸素但没有被告知的受试者，则对其他人表现得更公正、更体贴。看来，只要抛开睾丸素与"男子气概"有关联的假设，睾丸素就会使我们变得更友善。

另一个反转是，这项研究的所有受试者都是女性（其他研究显示，这个结果在男性身上也得到了验证）。[563]这一点极其重要。因为它表明，虽然性激素在男女体内含量不同，对双方的影响程度也有所不同，但它们对男女情绪和情绪行为的影响方式基本一致。这强烈暗示了男女大脑的相似大于不同。因为，如果女性大脑中不存在探测睾丸素并做出反应的必要神经区域和感受器，睾丸素就不可能对女性造成这样的影响。雌激素对男性也一样。

这不是说男女的大脑完全没有区别。正如前面提过的，大量研究都发现两者的确存在差异。但即使已经说了那么多，男女大脑的差别仍然不是一目了然，因为你不得不发问：为什么会存在这些差异？人脑是极其灵活多变、适应性极强的器官，成年人的大脑由数十年的生活经历塑造而成，其中很大一部分都涉及情绪、性和（或）性别角色。我们怎么才能确定，这些区别是数百万年演化而来的根本差异，而不是可塑性强的大脑适应了自己的生活经历？毕竟，在我们的生活经历中，人们普遍认为男女存在差异。也就是说，这种差异其实是社会强加给我们的。它究竟是先天遗传得来的，还是后天教养的产物？

我们就以显示"男性比女性更能有意识控制情绪"的研究数据为例。这是因为男性的大脑更适合控制情绪吗？还是现代男性常常被有意无意告知要控制情绪，所以随着时间的推移，他们的大脑适应了这种做法，而这也正是我们在扫描男性大脑时看到的？

这就好比经典实验显示，在经验丰富的伦敦出租车司机大脑中，对空间导航能力至关重要的海马体明显大于平均值。[564]这似乎表明，大脑就像肌肉一样，会随使用频率改变形状和结构。但从来没有人提出这样的观点：出租车司机之所以当了司机，是因为他们大脑中的海马体特别大。那会是个匪夷所思、基本不可能出现的巧合。就像你连续8周中了彩票，但每次彩票都被闪电击中，所以总是兑不到奖。

曾经有人问我，如果我想做什么实验都行，在资金、资源、技术、伦理上没有任何限制，那么我会想做什么实验。我思索良久，最终得出的结论是：我想解决"男女大脑异同"这个问题，希望能一劳永逸地把它弄明白。我会像这样开展实验：

在实验室里制造人类胎儿。为了便于统计数据，比方说造1000个吧。确保其中一半是男，一半为女。或者说，一半的染色体是XX，一半的染色体是XY[1]，毕竟这个时候他们还都只是胎儿。然后，用先进的培养装置将他们培育成人。每个人都将经历完全相同的培养过程，在完全

---

1 我不知道你会怎么做，但这只是思维实验，没有技术限制，所以怎么做都无所谓。

相同的时间点获得相同的化学物质和营养物质。

等每个孩子都发育成熟后,将他们连接到类似电影《黑客帝国》的模拟环境中,让他们体验与真实环境别无二致的虚拟现实。他们的人生完全相同。同样的家庭,同样的父母,同样的文化,在同样的时间发生同样的事,周围是同样的人,那些人在任何情况下都表现得完全一致,或是尽可能差不多。

然后,在二十五年到三十年后,我会详细扫描每个受试者的脑部结构,对比男女的大脑。因为每个人都经历了相同的人生,他们大脑的发育和结构应该完全相同。因此,如果男女大脑仍然存在显著差异,那么差异更有可能是先天遗传、与生俱来的,而不是后天教养形成的。

当然,这样的实验在技术上做不到,即使有可能做到,从伦理角度看也令人憎恶。所以,即使可以选择这么做,我也不会真的去做。因此,目前我们还无法确定男女大脑在情绪方面(以及其他方面)的差异。里彭教授对此进行了完美的总结:

> 不是说男女大脑完全没有差别,因为它们肯定存在差异。但结构上的差异并不等同于功能上的区别。关键在于,即使所有显示"男女大脑存在差异"的现有科学数据都准确无误,也不足以印证广为流传的"男女思维和行为不同"的假设和信念。

我认为,这正是问题的关键。即使男女大脑在"如何处理情绪"上存在明显差异,这些差异也不足以解释和证明在情绪问题上对两性的不同期望。尽管如此,这些期望在社会中已是根深蒂固,基本上能够自我维持。年轻天真的大脑会对它观察体验到的事物作出反应,进而不断成长并适应环境。如果你一辈子被反复灌输"你是女人,你太情绪化了/你是男人,你不该流露情绪",大脑就会被这些信息塑造成型。当你探索相关神经运作机制的时候,上述观念就会冒出头来。

这显然对女性造成了负面影响，而且对男性也没什么好处。鼓励半数人口控制压抑自己的情绪，只会造成有害后果。针对负面经历压抑情绪是导致自杀的重要风险因素。[565]而且，有证据显示，尽管女性比男性更容易罹患抑郁症等疾病，[566]但男性更有可能自杀身亡。[567]这是因为男女处理情绪的方式存在根本差异，还是由广为流传的关于男女差异的信念和偏见造成的？

女性一生中会遭遇无数偏见，面对无数艰难险阻，而那并不是她们的错。根据逻辑推论，这当然会导致更多抑郁症病例。相比之下，男性表达情绪会受到打压[1]，这意味着男性会因为害怕显得"脆弱"而不肯承认自己患有抑郁症，也不那么愿意寻求帮助。而且，坏事发生的时候，他们很少有机会处理和应对负面情绪，因为重温并展示情绪是这一过程的关键组成部分。因此，男性不太能应对悲剧和创伤经历带来的情绪影响，这导致更多男性最终迈出了致命的一步，彻底了结了自己的生命。这当然可以用来解释抑郁症和自杀人数统计数据的差异。

不幸的是，尽管缺少确切证据，但我认为"男女大脑有所不同"的观念并不会迅速消亡。这种观念实在是太根深蒂固了，就连许多现代科学家都深信不疑，甚至还在努力证明。当然，那些科学家大部分都是男性，当他们感觉自己的观点"男人毫不情绪化"受到挑战时，会变得相当生气乃至火冒三丈。[2]这无疑颇为讽刺，令人忍俊不禁。

此外，我还学到了一点：对于"男女处理情绪方式不同"这个观点，我不该不屑一顾地抛诸脑后，也不该轻描淡写地一笔带过。鉴于大脑由生活经历塑造，如果男女根据社会许可和社会期望的不同，在情绪

---

1 除非那种情绪是愤怒，因为出于某些原因，愤怒显得颇有"男子气概"。
2 事实上，甚至有一位（男性）美国教授经常给公开反驳男女大脑差异的人发送愤怒的斥责邮件。我自己就收到过几封他发来的邮件，本书出版后可能还会收到更多。你可以用很多词来形容他的这种行为：激情澎湃、尽心尽力、专注事业。但这么做真的理性吗？不，其中显然饱含情绪因素。

层面上有不同的体验，那么双方的大脑最终会反映出来。这就解释了为什么我钻研这个问题会陷入"先有鸡还是先有蛋"的怪圈。

所以说，即使我最终了解也接受了男人（比如我自己）在神经层面上可以也应该像女人一样情绪化，但我生活中的各种经历仍在不断强化与之相反的信念。我内心深处一直深信，身为男子汉大丈夫，自己应该坚忍、"坚强"，不该轻易流露情绪。当我在老爸葬礼上怎么都哭不出来，直到回家没人看见时才落泪的时候，我才发现它们的影响是如此根深蒂固。要克服它们在我大脑中设置的重重障碍，其实比我想象的困难得多。

在我看来，我有情绪表达障碍并不是因为我是男人。恰恰相反，正因为我是男人，表达情绪才受到了社会的阻碍。当某个问题成为社会性问题时，一个人采取行动还远远不够。需要很多很多的人一起才行。

不过，我在竭尽所能。也许把这件事说出来，帮助人们（尤其是男人）意识到这一点并敞开心扉，能够有利于身心健康？这是我的美好期望。而我要做的事还很多。事实上，把这些经历写下来是我第一次告诉别人。在此之前，我怎么也无法跟人面对面分享这些经历。我猜，家里人读到这里可能会感到又震惊又慌乱，会希望找我聊一聊。

如果他们真的这么做了，至少现在我已准备就绪。

同甘共苦：浪漫纽带如何形成、变化和破裂

即使在最晦暗的时刻，也会寻找积极的一面，这似乎是人类的天性。[1]我也不例外。所以，最终我告诉自己，虽然老爸去世这件事很残

---

1 或者说，在某些情况下，人们会告诉痛苦的人去寻找积极的一面，比如从美好的回忆中"寻得安慰"。我个人的感觉是，他们就像在说："你的哀恸让人尴尬难受，我不知该怎么解决，所以你能不能别这样了？"我明白他们是出于好意，但这对我并没有什么帮助。

酷，但它让我了解了自己和自己的情绪，如果类似的事再度发生，我应对起来大概会轻松一些。反过来说，这件事还有另一个"积极"方面："丧父之痛"，顾名思义是一辈子仅此一次的事。也就是说，我不可能再遇到这么惨的事了，对吧？

事实上，并非如此。我从来不会在毫无证据的情况下妄下断言。况且，根据科学研究，更惨的事还是有可能落到我头上。1967年，精神病学家托马斯·霍姆斯（Thomas Holmes）和理查德·拉赫（Richard Rahe）研究了5000名患者的医疗记录，想弄清生活中的压力事件与疾病是否存在关联。他们发现确实存在关联，还据此列出了一份清单，清单涵盖了43种常见经历，按照压力从大到小排列。这份清单如今被称为"霍姆斯和拉赫压力量表"（Holmes and Rahe stress scale）。[568]

"近亲过世"以63分（满分100分）排在量表第五位。第四位是监禁，得分同样是63分。排在第三位、第二位和第一位的分别是夫妻分居、离婚和配偶过世，分数分别为65分、73分和满分100分。[1]

言下之意很明白：在其他条件相同的情况下，失去伴侣是最惨的事。这不是什么伤感民谣，而是科学结论。分居意味着有可能失去伴侣，离婚是正式失去伴侣，配偶过世则是终极情况，因为你爱的人不但从亲密关系中消失，还从人间彻底消失。

我承认，这让我惊讶万分。不可否认，伴侣过世确实可怕，我对此毫无异议。但为什么它比失去父母还要惨那么多？父母一把屎一把尿把你拉扯大，是你生活中不可分割的一部分。是父母造就了如今的你，而你基本上不可能再找到新父母。

相比之下，即使是长期浪漫关系，破裂也是常有的事。许多现代人一生中会有多段持久的浪漫关系。考虑到这一点，为什么离婚和分居会

---

1 这份清单并不是毫无遗漏，它只列出了普通人可能经历的事。从统计学意义上看，像战争、重大事故、严重伤害、自然灾害等，都不太可能进入第一世界发达国家居民的医疗记录。

第五章　情感关系

比失去父母更能给人情绪重创？[1]原因何在？

与某人相爱无疑会带来巨大的情绪回报。如果你处于爱意绵绵的浪漫关系中，幸福感和生活满意度显然都会更高。[569]即使只是"已婚"，都与"身心状态俱佳"存在关联。[2][570]

想到这里，我突然意识到，虽然老爸去世令我无比痛苦，但我仍然"挺了过来"。虽然我痛不欲生，但还活着，还在努力活下去。但如果失去了太太，我百分之百会彻底崩溃，现在也肯定不会在写这本书。她是我的世界里最重要的成年人，我完全无法想象没有她的生活会是什么样。也许是因为，我这辈子大部分时间都是她的伴侣，所以真的很难想象没了她要怎么活。

但话说回来，我这辈子一直是我爸的儿子。难道这意味着我更爱太太？或者说，我并没有那么爱我爸？还是说，我太太不知怎么抢走了我对父母的爱？

不，事情不是这样的。爱不是你大脑中的有限资源，它不是供人赢取的一堆硬币，目前谁拥有的硬币最多，谁就在你的"情绪记分牌"上名列前茅。爱要比这复杂得多。

首先，什么是爱？大多数人可能会说，爱是一种情绪。所以，我才会在这本书里谈到它。然而，尽管大多数相关科学家都赞同"爱是一种情绪"，但爱有许多特征是更常见或更"直接"的情绪不具备的。

例如，在情绪被触发后，我们会立刻变得愤怒、恐惧、快乐或悲伤。然而，尽管不少文艺作品都描写过一见钟情，但这种情况其实极为罕见。当然，你可能一眼就看出某人很美，不知不觉被对方吸引，但真

1　这尤其适用于成年人。霍姆斯和拉赫压力量表有一个针对儿童和青少年的版本，"失去父母"是其中最重要的一项。
2　许多相关研究都特别提到了婚姻，但毫无疑问，没有迈进婚姻殿堂的长期浪漫关系也会带来同样的情绪和精神影响。这并不取决于双方的结合是否得到法律承认。

正的爱对大脑来说是个强烈而复杂的过程。如果说大脑会在一瞬间坠入爱河，那就好比有一套复杂的安全系统，只要有一只苍蝇撞上玻璃窗，整栋大楼就会全面封锁。要真正爱上一个人，你通常需要对他有足够的了解，意识到他的特质，觉得他极富吸引力。如果你只是瞄过他一眼，是很难做到这一步的。

爱也比其他情绪目标更明确。某件具体的事可能会令你愤怒，但这种愤怒会延续到事件以外，还可能引向完全无关的东西，比如在你怒火中烧时碰巧"罢工"的无生命物体。同样，好消息会让我们感到快乐，而这种快乐往往会贯穿一整天的思维和行动。相比之下，虽然坠入爱河的人通常会感到眩晕、亢奋，但他们很少会爱上随便什么东西，比如水坑、口香糖和交通协管员。他们的爱通常只针对某个特定的人，而且只有那个人。

爱似乎也比其他情绪更持久。我们可能会在一段时间内感到愤怒、悲伤或恐惧，但不久就会恢复比较中性的情绪状态。但如果我们爱一个人，那种感觉会持续几周、几个月、几年，乃至终生不渝。

显然，当我们坠入爱河的时候，大脑会发生众多变化，比典型的情绪要多得多。因此，许多科学家将爱称为"复合情绪"。[571]不可否认，爱蕴含强烈的情绪元素，但也包含其他众多元素。事实上，爱是如此错综复杂，以至于科学文献将爱都分成了几类。

大多数人一听到"爱"这个字，脑海中首先浮现的可能是浪漫之爱，也就是两个人[1]之间亲密无间的爱。不过，我们通常会说自己爱父母，但不会说自己爱上了父母，不然就太诡异了，因为我们说的不是那种爱。事实上，我们用来描述爱的词语显示，大多数人都承认"浪漫之爱"不是唯一一种爱。

1　或者更多人。人脑完全能应对开放式关系、多角恋等。不过，通常默认的形式是一夫一妻制。

第五章 情感关系

同伴之爱是存在于朋友之间的爱。[572]朋友是指与你存在正向情谊的人，你喜欢他们的陪伴，关心他们，重视他们的见解和福祉，但其中无须涉及浪漫元素。你不需要觉得他们有性吸引力，也不需要渴望身体亲密接触，[573]甚至可能一想到这个就觉得恶心。

此外，还有亲子之爱，[574]也就是母亲对孩子深沉的爱。这种爱与浪漫之爱一样强烈，甚至可能更加强烈。前面提到过，大脑过程和催产素等化学物质会促成强大的情感联系，这种依恋是孩子成长过程中的关键因素。[575]

上面提到的几种爱，以及其他更微妙的爱，显然对我们的生活和情绪健康大有影响。那么，是什么让浪漫之爱如此重要，又让失去伴侣如此痛苦呢？

一个显而易见的因素是身体吸引力。通常来说，我们不是隔得远远地、抽象地爱上某个人，而是会对他们产生情欲，这是其他类型的爱不具备的一点。情欲是性驱动力在大脑层面的展现，而性欲是交配和繁殖的基本冲动。我们大脑的潜意识过程在说："我观察到的这个人的特质激起了我的性欲，所以我渴望跟他发生身体上的亲密行为。"

显然，我们不会一字不差地想到上面这番话。事实上，情欲上头的时候，我们通常压根儿不会动脑。性唤起，尤其是生殖器等部位的生理变化，会通过脊髓神经元的反射过程，在没有大脑参与的情况下发生。[576]

即使如此，大脑仍然在性吸引和性欲望中扮演着重要角色。情欲上头的时候，杏仁核、海马体、丘脑等区域的活动会增加。[577]这些在大脑中发挥多种功能的关键区域，都在很大程度上参与了情绪的处理和体验。有些人甚至认为，与其说情欲是"冲动"或"驱动力"，不如说它本身就是一种情绪状态。[578]

然而，性爱和性吸引只是发展并体验浪漫之爱的一部分。我们每时每刻都会看到极具性吸引力的人，那种人在现代媒体上随处可见。但是，我们通常并不会爱上屏幕上那些帅哥美女。

事实上，性吸引甚至不是产生浪漫之爱的基本要素。它会发生在浪漫之爱过程的后期。情景喜剧和爱情喜剧中有个常见桥段，就是两人在当了多年好友或死敌后坠入爱河，而此前双方的关系中毫无性元素。人脑足够强大也足够灵活多变，爱上某人并不需要从原始的身体吸引起步。

再进一步说，全社会越来越意识到并接受有些人是无性恋。无论是出于什么原因，有些人对其他人的性欲或情欲极少，甚至根本不存在。[579]虽然对于无性恋是如何产生的，以及该如何对无性恋进行分类，目前学界仍存在大量争议，但值得注意的是，无性恋者仍然会建立浪漫关系。[580]这表明，在我们的大脑看来，浪漫之爱与情欲是两回事。

事实上，多项脑部扫描研究都支持这一结论。例如，当某人情欲上头的时候，前岛叶的活动会出现明显的峰值。而当某人坠入爱河的时候，后岛叶的活动则会激增。[581]这听起来似乎没什么大不了的；毕竟，它们不是都属于岛叶吗？

但事情并没有那么简单。我在前面提到过岛叶，因为它与情绪的产生、感知和分享息息相关。它是处理加工厌恶等情绪的重要区域，也是负责共情的关键区域。但研究发现，岛叶的不同部位发挥着不同作用。具体来说，前岛叶，也就是岛叶的"前侧"，负责处理更自我中心的情绪体验。而越往后，也就是越靠近岛叶的"后侧"，情绪信息会变得越复杂抽象。[582]

从本质上说，岛叶的前侧与"我喜欢……""我想要……""我觉得……"有关，岛叶的后侧则更多与"我喜欢这个，是因为……""我强烈反对这个，因为它意味着……""我有这种感觉，是由于……"有关。从神经和情绪层面来看，这就相当于经典的"从猿到人"演化图：岛叶的前侧是浑身皮毛、用指关节行走的黑猩猩，岛叶的后侧则是直立行走、手拎公文包的现代人类。

第五章　情感关系

所以说，情欲引起前岛叶活动增加，意味着情欲是更本能、更短暂、更自我的感觉。爱则更复杂、更抽象，涉及更上层的脑区。说白了，这表明情欲是本能，爱则更多涉及认知。爱需要更多思考，所以人们很难在一瞬间坠入爱河。情欲则没有这种限制，所以许多人在一度春宵过后，发现身边躺着个自己压根儿不喜欢的人。

当然，这并不是说爱完全是抽象、涉及认知、更高级的脑部现象。远远不是这样。爱的产生要归功于众多潜意识的情绪运作。例如，浪漫之爱会提升我们大脑中的多巴胺水平。多巴胺通常被称为"使人快乐的化学物质"，因为它是奖赏回路使用的神经递质。[583]所谓"奖赏回路"，就是大脑深处能让我们体验到愉悦的神经回路。[584]如果爱能使大脑这部分的多巴胺水平飙升，那么我们会感觉到美妙又亢奋也就不足为奇了。

但正如我不厌其烦地指出的，大脑中的多巴胺活动不仅仅是为了体验奖赏和愉悦，还具有众多其他重要功能，会涉及自控、认知、驱动力等。因此，坠入爱河会影响上述所有方面。难怪坠入爱河的体验令人头晕目眩，会对我们的行为和思维造成如此深远的影响。

研究浪漫之爱的另一个重要神经区域是尾状核，它是基底节的重要组成部分。基底节是位于大脑深部的区域，拥有众多涉及潜意识和情绪的重要功能。有证据显示，尾状核与"接近－依恋行为"（approach-attachment behaviour）密切相关。[585]所谓"接近－依恋行为"，就是我们认识到某些东西重要且有好处，所以有动力采取某些行动，以便接近或留住那些东西（取决于具体是什么）。

正如本书第二章探讨过的，我们与世界互动的过程中，大脑一直在做一件事。它在说："我想要这个东西，我要去做些什么，这样才能获得它或与它互动。"具体表现形式从简单到复杂都有，比如非常简单的"我口渴，那里有水，我要去喝"，以及比较复杂的"婴幼儿会对母亲或主要照料者产生依恋，紧紧黏着对方"。[586]

当然，情况也可能极其复杂微妙，比如我们爱上一个人的时候。很难想象在什么情况下，我们会比在恋爱之初更有动力去寻找某人并与其相伴（这就是"接近-依恋行为"）。因此，沐浴爱河的人往往大脑尾状核活动激增。这就解释了，为什么爱不仅仅是一种情绪，还会促使我们去行动、去思考、去表现，以便展示并印证我们的爱。[587]

尽管如此，第二章中也提到过，这种由情绪触发的驱动力在大脑中并非不受约束。更多时候，复杂认知过程会参与其中。我们人类并不是纯粹凭冲动行事的物种，因为值得庆幸的是，大脑赋予了我们执行功能，让我们能有意识地控制、调节甚至抑制自己的基础本能。有人推测，如果爱纯粹是一种情绪现象，我们大脑中更聪明的元素大概能制约住它。

然而，事实并非如此。爱及其影响并不局限于大脑的情绪中心，还会影响认知区域。试图从理智上控制和限制你对某人的爱，就像为一周前吃掉的三明治找店家退款。严格来说并非不可能做到，但至少要经历一场艰苦卓绝的斗争。

给沐浴爱河的人做的脑部扫描显示，大脑的高级认知区域的活动都有所增加。这些区域包括，枕颞回和梭状回（位于大脑后部的枕叶）、角回、背外侧额中回（位于额叶）、颞上回（正如前面提过的，它是共情与心智化的关键区域）等区域。

如果你懒得关注这些细节，只要知道这些脑区参与社会认知、注意力、记忆、联想和自我表达等就行了。所有这些复杂的认知性"高级大脑"过程都会受到爱的影响，因此爱会影响我们的思维方式、记忆方式、对人和物的感受与态度，以及我们如何看待自己。

当我们坠入爱河的时候，其他参与情绪和认知的大脑过程也会受到抑制或干扰，其中就包括心智化，或者称为认知共情。[588]这就解释了为什么恋人在我们眼中通常做什么都对。恋爱脑会严重影响我们的判断力，使我们难以质疑或评估恋人的思维和动机。[1]此外，再加上正面情绪提升和负面情绪被压抑，就意味着我们对恋人的感觉往往是百分之百积极正面。

我们跟伴侣在一起的时间越长，这份爱就越根深蒂固，因为我们对伴侣的正面情绪反应会直接强化记忆，尤其是与伴侣共度时光的记忆。[589]于是，恋人在我们记忆中的形象会变得极为突出且难以磨灭（这要归功于"情感衰退偏差"），远远超过不那么容易激发情绪的人和事。

简而言之，爱一个人对我们的大脑和情绪来说确实是件大事。也就难怪失恋会令人如此痛苦。但是，既然坠入爱河时大脑似乎全力以赴，那为什么浪漫关系竟然会破裂，而且经常破裂？为什么我们既会失恋，也会坠入爱河？

这背后的因素有很多。首先，人不是一成不变的。你爱上某人，并不意味着对方会被封存在琥珀里，永远保持那一刻的模样。随着年龄和环境的变化，人会成长和改变。两人携手共度十载，历经无数风雨之后，你爱的人可能会变成另一副模样。无论有多少童话故事或爱情喜剧的结局是"他们从此幸福地生活在一起"，并不会因为你与某人踏进了婚姻的殿堂，生活就停止滚滚向前。

不过，鉴于我们是由周遭世界塑造出来的，共度时光更像是一种外部过程。就大脑中发生的事而言，长久维持爱之纽带的一大重要因素是情绪。也就是说，我们在浪漫关系中如何展现和处理情绪。

比如，人们常说"七年之痒"或某段浪漫关系"没了火花"，相关的故事和歌曲更是数不胜数。说白了，大家似乎都认定浪漫之爱会逐渐消逝。如果你了解大脑在最基本的层面上是如何运作的，那就更说得通了。

---

1 父爱母爱的过程也与此类似。因此，哪怕孩子因为果汁颜色不对而在餐馆里当众大发脾气，许多父母也坚持认为自家孩子是可爱的小天使。

尤其是在恋爱初期，爱需要非常多的能量和资源。前面已经提过大脑有多节俭，所以有理由得出结论：大脑无法长久维持最初的激情悸动。事实上，有许多机制确保大脑不需要长久维持激情。例如，习惯化[590]就会阻止我们对过于熟悉的事物做出激烈反应，以省下有限的资源，用来应对意料之外的新事物。对我们来说，有什么能比朝夕相处多年的那个人更熟悉呢？

人们还常说，恋爱就像嗑药（两者会激活大脑中相似的区域，这一点毋庸置疑[591]）。持续嗑药的大脑会出现耐受性，因为灵活多变的神经系统会做出改变和调整，代偿脑内出现的新化学物质进而恢复某些正常功能。鉴于爱对神经系统造成的破坏，我们的大脑也不得不对爱做出同样的反应。

这就是为什么"爱会随时间消逝"吗？是因为我们的大脑已经习惯了伴侣，淡忘了他们曾经激发的情绪吗？这种想法相当悲观凄惨，也否决了"他们从此幸福生活在一起"的可能性。但值得庆幸的是，尽管这些现象确实存在，大脑还是有不少维持浪漫关系的小把戏。

"习惯化"是细胞层面的基本处理过程，通常不适用于大脑认为"在生理层面上很重要"的东西，比如食物。[592]如果经常吃某种类型的食物，我们可能会吃腻。但我们很少会厌倦一般意义上的"吃东西"。鉴于爱、情欲和性欲在我们的大脑中根深蒂固，伴侣同样对我们"在生理层面上很重要"。

此外，相伴多年后关系的微妙变化也有助于抵消"伴侣变得过于熟悉"。你可能觉得自己了解伴侣的一切，但你了解身为铲屎官的他吗？或是身为管理者的他？身为房主的他？身为家长的他？随着对方的成长变化，你可能最终会更爱他。

研究显示，这种认为"爱终将消逝"的观点并不正确。没有理由认为一对伴侣会纯粹因为时间流逝而不再相爱。许多长期伴侣似乎仍然像激情四射的新婚夫妇一样相爱。[593]这里的关键词是"激情"。"爱会随时间流逝而褪色"的观点似乎源于人们将浪漫之爱与情欲，或者说是所谓的"激情之爱"混为一谈。激情之爱其实是浪漫之爱与情欲渴望的结合体。

大脑通常无法长久维持这种激情四射的状态。激情之爱在恋爱初期更常见。所以说，如果浪漫关系持续下去，激情之爱确实会逐渐消失。尽管大量文艺作品认为这是坏事，但科学研究指出，出现这种情况其实是好事。

研究显示，刚恋爱的情侣往往将激情和情欲视为正向特质，而与伴侣相伴多年的人往往认为激情和情欲是负面特质。[594]部分原因在于，处于长期关系中的人通常年纪较大，而性爱是相当耗费体力的事。在激素分泌旺盛的青春期，我们希望尽可能多地翻云覆雨。而当身体逐渐衰老时，我们会缺乏进行激烈性活动所需的精力、耐力，也不会像过去那样受维持性生活的激素影响。[595]

身体和激素分泌受影响还仅仅是一方面。前面提到过，坠入爱河会对大脑产生许多正面（但有一定破坏性）的情绪影响，但影响并不全是正面的。当我们爱上某人，而且爱得深沉时，就不仅仅是爱他，还会痴迷于他。这会激起大量负面情绪：妄想对方会为了别人离开自己；嫉妒与对方交往的其他人；想要"保护"对方，可能表现为试图控制和限制他，只让他陪在自己一个人身边。诸如此类的事屡见不鲜。[596]

如果恋爱双方对彼此有同样的感觉，这些并不是问题。许多刚恋爱的情侣似乎从好友们的生活中消失了，因为他们时时刻刻都腻在一起。但只要双方的步调略有差异，比如一方先于另一方度过痴迷期，想找回自己（不一定包含对方在内）的生活，那么痴心爱恋、控制欲强的伴侣很快就会显得令人窒息。你可能会认为，在这种情况下，深陷痴迷的一方会意识到自己让对方感到不安，从而改变自己的行为。但还记得吗？恋爱会抑制我们的认知能力，使我们难以洞察伴侣的想法。谁说恋爱一定是好事呢？

还有一些数据显示，伴侣之间的情感联系极其重要，甚至比肉体联系还重要。这不禁让人联想到了性虐恋的吸引力。也许这就是为什么人们常说"爱会伤人"？

有一项研究调查了人们对出轨的看法，询问人们认为哪种出轨更糟糕：是性出轨（你的伴侣跟其他人发生性关系）还是情感出轨（你的伴侣跟你们关系之外的人建立情感联系，却把你排除在外）？[597]女性受试者大多认为情感出轨比性出轨更糟糕。可以说，这在一定程度上符合性别刻板印象。那么，举止肤浅、心扉紧闭、痴迷性爱与地位的男性呢？他们也认为情感出轨比性出轨更糟糕。这再次说明，至少在情绪这方面，男性和女性好像相似大于不同。

这也可以解释，为什么有些人能开开心心地保持开放式关系，也就是跟其他人有肉体上的亲密接触，但只跟伴侣有情感上的联系。或者说，为什么人们在性生活消失后还能长久相伴。关键在于，浪漫关系中的情感联系往往超过肉体联系。而决定浪漫关系成败的正是情感联系，也就是你如何与伴侣进行情感交流。

每对情侣都会有争吵和分歧，这是不可避免的。同样不可避免的是，与伴侣争吵会引发负面情绪。如何处理和调节这些情绪，往往决定了浪漫关系能否渡过难关。

2003年的一项研究[598]显示，与伴侣发生争执后，许多恋爱中的人会选择压抑或否认自己的负面情绪。虽然在短期内这种办法也许挺管用，有助于维持浪漫关系现状，避免发生进一步冲突，但这么做其实弊大于利。研究发现，压抑情绪的长期后果是，人们往往会忘记说过的话或争吵的具体细节，只记得体验到的负面情绪。因此，你会感到烦躁不安乃至心生怨恨，但争执的起因（以及随之而来的负面情绪）并没有得到应对处理，甚至完全被忘光了。这无疑会大大增加再次发生争执的可能性。

结果是，如果你与伴侣反复争吵，却压抑由此引发的情绪，那些情绪就会累积起来。因为如果你不直面它们，就没法有效应对它们。最终，你会对伴侣产生大量负面情绪联想，而那些联想并没有显而易见的来源或理由。它们最终会压垮你对伴侣的爱吗？很有可能。

但同一项研究显示，如果你重新评估自己对争吵的情绪反应，最终就会记住争吵的细节和具体内容，却不太记得它们激起的负面情绪。重新评估情绪的方式就是反思并进行解读。人们常说，伴侣之间应该通过讨论解决问题。重新评估情绪能让你做到这一点。

假如伴侣忘记了你们第一次约会的纪念日，你可能会感到愤怒又伤心。压抑这些情绪意味着它们会留在你的大脑里，影响大脑的其他功能。你大概遇到过这样的情况：某人显然沮丧不安，别人问他怎么了，他却极力否认，表示自己"挺好的"。这就是典型的情绪压抑。[1]

但如果你向伴侣承认，你对他忘了纪念日很生气，而对方解释说他没忘，只是快递延误了，他订的礼物还没送到，那会怎么样？或者是，他忘了纪念日，是因为在安排你一直期盼的度假之旅。或者是，他没意识到纪念日对你这么重要，但保证以后一定会做得更好。

在上述每一种情况下，你都会获得更多信息，对"伴侣忘了纪念日"这件事的情绪反应也会得到相应调整。你会从愤怒转为开心或满意，因为对方并没有忘，或是在忙着做更好的安排。

当然，如果对方只是没意识到纪念日对你这么重要，你可能会感到恼怒，但也总比不明不白生闷气好得多。前面提到过，大脑会根据新体验和新信息不断重新评估并更新自己的情绪反应。[599]与对方讨论发生的事，从情绪层面重新评估争执，就能让大脑进入处理过程。反之，压抑愤怒和悲伤意味着你会因此受困，还会把负面情绪记得更久，却不记得伴侣到底为什么或是怎样伤害了你。你只知道，自己被对方伤到了。

---

[1] 这也是共情的另一种绝佳体现。因为尽管他们极力否认并咬定不松口，但他们显然并不是"挺好的"。

这种处理过程不局限于争吵和纠纷。研究显示，长期伴侣往往会成为我们情绪的"调节器"。他们通过成为我们生活的一部分，让我们能更好地体验、处理和控制自己的情绪。[600]

你有没有过这样的体验：伴侣常常让你感到沮丧，因为每次你跟他说起烦心事，对方的第一反应都是提出可行方案，或是试图替你"解决"问题？从表面上看，这似乎挺不错：你承认遇到了问题，爱你的人试图帮你解决问题。这么做又有什么错？

只不过，鉴于情感交流在亲密关系中的重要性，你会感到沮丧其实完全说得通。我们向伴侣倾吐烦心事的时候，无论是工作中令人恼火的琐事，还是为自己糟糕的健身表现不爽，我们不一定是在寻求解决方案或补救措施。我们想要的是在安全的环境中表达情绪，并得到对方的认同或共情。伴侣耐心倾听并支持我们的情绪反应，能让我们更好地处理情绪，也能鼓励我们继续拥有那些情绪，这才是最健康也最管用的做法。

反之，如果伴侣试图提出解决方案和补救办法，无论他们的本意有多好，我们通常会觉得对方在否定我们的情绪。如果对方提出的解决方案是我们已经考虑过并否决掉的，那就更像是他们在否定我们的情绪和智慧。我们怎么可能不对此作出负面反应？

这就解释了，为什么数十年来的研究显示，通过共情、心智化和相关过程建立的强烈持久的情感联系，是维持幸福关系的关键因素。[601]坠入爱河是一回事，但如果能建立并维持沟通顺畅的紧密情感纽带，双方就能一直相爱下去。[602]

在最牢不可破的浪漫关系中，双方会成为彼此情绪面貌的重要组成部分。你有没有过这样的体验：你喜欢上某种风格的音乐或电视节目，纯粹是因为你的伴侣喜欢它？这种情况十分常见，但它清楚地表明，伴侣从根本上改变了你的情绪反应。这可能就是为什么处于长期关系的人往往身心更健康。[603]情绪是身心健康的重要因素，而在体验和处理情绪这方面，拥有伴侣的人明显占据优势。

但这是不是有点儿过了？跟某人发生肉体关系是一回事，但让别人成为你情绪运作的重要因素，那就是另外一回事了。情绪是我们大脑做的几乎每件事的重要组成部分。如果我们的伴侣在其中发挥了如此重要的作用，就说明他们已经成了构筑我们身份认同和自我意识的要素。

事实上，大量研究显示，情况正是如此。前面提到过，当我们坠入爱河的时候，大脑的多个区域都会被激活，不过活跃度通常取决于受试者与伴侣相爱的时间长短。然而，有一个特殊的神经区域也会在坠入爱河时被激活，而且无论浪漫关系持续多久都能保持活跃。它就是角回。[604]

这一点意义重大，因为角回与自我意识（或者说自我认同感）等密切相关。[605]据此可以得出一个显而易见的结论：我们爱的人以及我们与对方的关系，实际上已经构成了我们身份认同的一部分。鉴于伴侣对我们情绪的影响，鉴于我们记忆中包含或涉及伴侣的比例越来越高，鉴于我们当前所有的计划、目标和抱负都与伴侣有关，如果对方没有成为我们身份认同的重要组成部分，那才更叫人惊讶呢！

我认为，这解释了为什么长期关系破裂或失去伴侣会对情绪造成破坏性影响。所有计划和期望都落空了，所有快乐回忆都变味了，所有情绪投资都白费了；未来突然充满了不确定性，给人带来巨大压力；原本紧密相连的两个生命骤然分离，引发了无数实质性的问题。除此之外，还有一些更具破坏性的基本因素：随着时间的推移，与我们共度人生的挚爱会真正成为我们的一部分，成为我们自我意识的一部分。对方离去后，我们会觉得自己的一部分也随之而去。

这就绕回了最初的问题：为什么失去伴侣似乎比失去父母更令人痛苦？父母不是也塑造了我们的情绪和身份认同吗？他们难道不是我们记忆中的重要人物吗？我们难道不是同样仰赖父母吗？没错，但那是小时候。

我认为，这才是问题的关键。童年时期，父母对我们的情绪和世界观起着至关重要的作用。[606]这就是为什么，在针对儿童的霍姆斯和拉赫压力量表中，"失去父母"带给人的压力最大。但进入青春期后，我们会投入大量时间和精力打造身份认同和独立自主，这是人类走向成熟过程的重要组成部分。这也意味着，我们会努力成为不受父母影响的个体，而这一直被视为青春期亲子冲突的根本原因。[607]

大多数情况下，当我们长成独立成熟的成年人后，亲子冲突最终会宣告终结。这通常意味着，父母与成年子女的关系比童年时期更平等，毕竟童年时期无疑是父母说了算。[608]事实上，随着时间的推移，如果父母走向衰老或体弱多病，没法自己照顾自己，成年子女可能会成为亲子关系中的主导者。

从许多方面来看，浪漫伴侣的情况则恰恰相反。我们从一开始就是独立的成年人，积极寻找可以去爱的人。如果我们找到了那个人，也获得了爱的回报，就会投入大量时间、精力与对方建立情感联系，将对方融入自己的生活、记忆和自我意识，通常还会希望与对方一起生儿育女。如此循环往复，物种便得以延续。

显然，我不能代表所有人。每个人跟父母的关系都有所不同。有些人成年后仍会与父母保持亲密关系，有些人会与父母渐行渐远，有些人则介于两者之间。在这个问题上，我只能说说自己的看法。

我爱我爸，这是事实。那种爱有点儿怪，但它确实存在。不过，即使在老爸去世之前，我也很久没感觉到需要他了。因此，失去他虽然痛苦，但显然我还能承受。

我太太则是另外一回事了。我爱她。在这段艰难时期，我比以往任何时候都更需要她。如果失去她，我真的会不知该怎么办才好。

第五章　情感关系

爱上陌生人：我们为何，又是如何形成单向情感关系的

我爸这人广受欢迎。我小时候，他是本地社区的支柱，因为他是当地酒吧的房东。随着我们年龄的增长，这一点也从未改变。我爸一直是大小派对上的灵魂人物（通常也是办派对的那个人）。当然，这意味着他的离去让许多人悲痛万分，大家都希望能来参加他的葬礼。

可惜的是，葬礼是在严格的疫情封城政策下举行的，只有14个人获准参加。这就意味着，当天有数百人在塔尔博特港（老爸生前居住地）的街道两旁排起长龙，目送送葬队伍经过，以此向逝者聊表敬意。这还仅仅是在严格出行限制下能来的人。如果没有那些限制，人数可能会再翻上一番。

那次经历给我留下了深刻印象。我坐在殡仪车上，跟在运送老爸灵柩的灵车后面，缓缓驶过一群表情肃穆、身着黑衣的人，其中许多都是我多年未见的童年熟人或远房亲戚。背景是威尔士郊区的街道，后面衬着连绵起伏的群山，那是我儿时熟悉的景致。

不幸的是，由于我（当时）不善于察觉和处理自己的情绪，只能用不怎么好笑的笑话来形容，说那就像戴安娜王妃的葬礼在威尔士重演。那个油腔滑调的比喻后来久久在我脑海中盘旋，而且似乎越来越不好笑了。

戴安娜王妃在1997年香消玉殒，那场悲剧深刻影响了全世界数百万人。虽然我爸去世对我和许多人来说都是毁灭性的打击，但掀起的悲恸浪潮远远比不上戴安娜王妃。显然，许多人对戴安娜王妃满怀深情，甚至无比爱戴。但除了极少数人，大家并不了解她，至少不了解她私下里的模样。他们对戴安娜王妃的了解是通过媒体报道间接获得的，而媒体报道的准确程度和道德标尺千差万别。反过来说也成立：戴安娜王妃并不认识大多数爱戴她的人。

这就不得不提到"邓巴数"。它是由英国人类学家和演化心理学家

罗宾·邓巴（Robin Dunbar）最先提出的。具体来说就是，鉴于人脑的构造和特质，我们能建立并维持稳固社会关系的人数有上限。这个数字是150，也就是所谓的"邓巴数"。[609]

许多人根据观察提出反驳，质疑邓巴数的可靠性。[610]例如，有些人最多只能跟几十个朋友保持联系，有些人却能跟超过150人保持紧密联系（我爸就是其中之一）。毕竟，每个人的大脑都是独一无二的。

但即使将上述所有因素纳入考量，"人脑只能维持有限数量的人际关系"从逻辑上也说得通，因为我们与别人建立社会联系时会涉及大量情绪元素。我们的认知会说"我们跟这个人有共同点"，我们的情绪则会说"我们喜欢这个人，有他在身边很享受，所以希望多跟他相处"。

因此，考虑到每段有意义的社会关系都需要投入大量情绪资源，根据逻辑推论，通常节俭的大脑当然会给"能够维持的社会关系数量"设上限。有人说，我们之所以有交友上限，是因为"情绪带宽"不足以维持更多友谊。[611]人脑尽管功能强大，但仍然存在局限。

维护和滋养社会关系不仅需要投入情绪，也需要付出认知努力。所以说，我们大脑中理性的认知元素也会参与进来。请试想一下，你跟朋友聊天的时候，正好有机会开一个搞笑但没品位的玩笑，脱口而出之前，你会花极短的时间判断一下，朋友究竟是会哈哈大笑，还是会一脸嫌弃。说白了，大脑会利用你掌握的信息，模拟出朋友的反应。

但要做到这一点，就需要在几分之一秒的时间里处理加工所有信息。这是一项需要投入大量认知能力的壮举，而在每次互动过程中我们都在这么做。就像情绪劳动一样，这种认知劳动也会耗尽大脑的能量和资源储备。[612]与朋友交往的时候，我们大脑中有丰富的信息和情绪可供利用。前面提到过坠入爱河对大脑的影响，而严格来说，友谊也是一种形式的爱。也就难怪，无论社交活动多么令人愉悦，回报有多丰厚，都容易让人精力透支。[613]

鉴于这一切，竟然有数百万人定期对某些人投注大量时间和情绪，却可能永远都不会遇见对方,更不可能与对方建立起有意义的联系,这是不是有点儿令人惊讶?事实上,看看《星球大战》系列的爱好者"星战迷"、《哈利·波特》系列的粉丝"哈迷",还有所谓的"马迷"(Bronies)[1],再加上各种电子游戏和动漫人物的狂热追随者和崇拜者,你就会发现,无数人将大量"情绪带宽"贡献给了现实中不存在、通常也不可能存在的人物、角色或地点。怎么会这样呢?

多亏有现代大众传媒,我们如今常常会接触到其他人的思想、观点、私生活、外表、穿衣打扮、幽默感、创造力、对话等,而不用与他们同处一室,甚至不用身处同一国家。这么一来,情况就变得有趣了。

比方说,你偶然发现了某个播客,里面讲的是你感兴趣的东西。你听着听着,发现主播极具魅力,风趣幽默,说的内容也翔实易懂。你知道了他的名字和生活背景,当他说起自己遇到的问题时,你会跟他产生共鸣。说白了,你喜欢他。这就像你在标准社会互动中遇见某人并对他"一见钟情"。

只不过,这并不是标准的社会互动。主播对这种"交流"一无所知。这是一种准社会互动(parasocial interaction),[614]也就是当你以并非面对面的方式接触另一个人时,情绪层面上受到对方的刺激并被对方吸引,而对方却对整件事浑然不知。

假设你对主播产生了浓厚兴趣,向对方投注了情绪,有动力去寻找更多信息。于是,你订阅了那个播客,收听了此前每一集,搜索出了主播做过的每件事,等等。现在,这就成了一种准社会关系。[615]准社会互动会持续下去,你会为喜欢的人投注精神和情绪能量,就像现实世界中的亲密关系一样。只不过,你投注情绪的那个人在这一过程中毫不知情,也并没有参与。

---

[1] 也就是身为动画片《小马宝莉》铁杆粉丝的成年男性。是的,确实存在这么一群人。

考虑到现实世界中的情感联系如此重要，而且对神经系统要求极高，准社会关系似乎就显得没用又怪异了。但如果你深入探究这背后的科学依据，就会发现它其实是合情合理的。

从严格的客观意义上说，准社会关系可能并不"真实"，但对我们的大脑来说，区分真实与虚假并没有你想象中那么容易。无论是靠感官从周遭世界获取的信息，还是内心不断涌现的情绪、想法、记忆和预测，最终都会表现为神经元内和神经元间的活动。因此，从某种意义上说，无论真假，在大脑看起来都一样。

值得庆幸的是，我们大脑中的系统能通过内部过程，区分来自现实世界的感官信息与自己产生的信息。这些系统涉及大脑中多个重要区域，包括处理原始感官数据的丘脑，将感官数据转化为认知的感觉皮质，相关神经连接、进行记忆编码与检索的海马体，有意识探测与利用信息的额叶等。[616]

不幸的是，尽管这套系统强大又复杂，但它并非百分之百可靠。这个网络受损是导致精神分裂症等疾病的潜在因素。精神分裂症的常见特征是幻觉和妄想，而幻觉和妄想就是大脑认为自己生成的现象是"真实"的。[617]

但即使在典型的健康大脑中，"真"与"假"的界限也模糊得出奇。例如，我们回忆或想象某件事的时候，通常会运用心理意象，也就是借助所谓的"心灵之眼"将其具象化。研究显示，这么做会激活大脑的视觉系统，就像真正用眼睛看东西一样。[618]而且，无论是真实的还是想象出来的东西，激活的都绝不仅仅是视觉皮质。想象不仅仅是空想或艺术表现，还是人脑运作的重要组成部分。

我们的心智有很大一部分涉及预测事物、预期结果、推敲可能性、制订长远计划、形成抱负和目标、在陌生地点导航等。每当做这些事的时候，大脑都在进行模拟，也就是生成关于场景、情况、结果、地点乃至个人的心理表征。这些表征可能目前不存在，从前没有发生过，甚至未来永远不可能发生。因此，想象远不是转移注意，更不是无关紧要，而是认知的关键要素，是我们与世界互动并在世间存活的能力。

这就要说到想象的神经基础。大量研究数据显示，想象和预测与记忆存在许多重合之处。[619]还记得吗？当我们回想起一段记忆的时候，那是大脑根据特定记忆的相关元素迅速重组的结果。那些元素分散存储在大脑皮质中，只是以适当的形式激活了。[620]

但我们都知道，对于为了某个目的演化而来的神经过程，大脑会将它调整成其他用途。例如，前面提过的催产素就是这样。那么，如果说回想起某段记忆是大脑以正确方式激活存储的信息，那么有什么能阻止大脑以错误方式激活信息？没有什么能做到。我们的记忆常常出错。

我们每个人都有一些历历在目的记忆，只不过某些方面出了岔子。我们记得某件事，但记错了当时跟谁在一起；我们会记错某句名言的出处或作者；我们觉得别人对某件事的描述不对，而那件事是我们和对方的亲身经历，也就意味着肯定有谁的记忆出了错。事实上，本书第三章提到过，梦的本质就是记忆中的一连串元素被随机激活，只不过脱离了前后背景，所以才会显得如此怪异。

想象就是有意识、刻意地激活记忆中的元素，使我们能对可能发生的事进行心理模拟，推断出可能出现的结果，进而充分利用那些信息。从这一点来看，海马体似乎不仅仅是负责记忆的关键区域，还是负责想象和预测的关键区域。这完全说得通，毕竟有多项研究证明了这一点。[621]还有数据显示，海马体受损的人很难想象事物或设想未来场景。[622]

这同样说得通。虽然我们想象的事通常并没有发生过，而且可能永远不会发生，但想象的具体细节，无论是人物、地点还是事件，都是我们遇见过并纳入记忆的。如果你以前没有见过类似的特征，就无法想象出独一无二的事物。就好比试着想象一种全新的颜色或形状——你根本办不到！大脑中存储的记忆之于想象力，就好像字母表里的字母之于小说：它们可以通过众多方式组合并表达出来，发挥出几乎无穷无尽的创造力。

但你不可能用根本不存在、没有人认识的字母写出故事来。因此，海马体这个负责存储、检索和连接信息的大脑记忆中枢，会成为想象过程中不可或缺的一部分，也就完全说得通了。

不过，负责想象及相关事宜的并不是只有海马体。这对任何一个神经区域来说都是极大的挑战。为此负责的还有一个称为"核心网络"的神经回路，这个神经回路涵盖众多脑区，包括（但不限于）内侧前额叶、外侧前额叶、后扣带回、压后皮质、外侧颞叶和内侧颞叶。[623]它们占据了大脑的大部分，与海马体协同运作，提供想象的各种形式与途径——目前我们对此知之甚少，还在探索中。这个核心网络无疑涵盖了众多重要的认知和情绪区域，这进一步突显了想象对我们有多重要。

想象不仅用在做决策上，也不仅用在类似的复杂认知活动中。我们想象的东西会在更直接、更基础的层面上影响并塑造我们的大脑。依靠想象来预测或预知某件东西，最终会改变大脑在真正接触到它时的感知。研究显示，如果我们预测某人不会对某物做出强烈反应，往往就会认为在之后对方的真实反应并不强烈。[624]另一些研究显示，如果我们预测某种气味不好闻，那么真正闻到那种气味时，就会觉得它很难闻，哪怕它实际上既不好闻也不难闻。[625]想象某些事件发生，甚至会引起实质性的身体反应，也就是下意识的条件反射，比如瞳孔放大或缩小。[626]

这一切给我们的启示是：尽管某些事物严格来说在现实世界中并不存在，但我们想象、幻想和假设的东西会对大脑和身体产生实质性的影响。其中一大关键因素就是情绪。许多参与想象和预测的脑区也在情绪过程中扮演重要角色，而想象会触发真正的情绪反应。这正是恐怖片产业的基础。那么多恐怖媒介不遗余力地诱导人们产生恐惧感，也就是对有可能发生的事持续感到恐惧，而不是对当下实际看到、听到或读到的东西感到恐惧。恐惧完全取决于我们基于想象的预期。

第五章 情感关系

让我们感到恐惧的东西，甚至不需要是故意设计出来吓人的。现代人的大多数压力都源于害怕或担心有可能发生的事。要是失业了怎么办？要是伴侣离开自己怎么办？要是领导给自己穿小鞋怎么办？要是误了航班怎么办？虽然这些担忧都合情合理，但在绝大多数情况下，它们还没发生，至少目前还没发生，也许永远都不会发生。但我们会想象它们发生了，还会模拟出那种情境，并体验到实质性的、对身体有影响的情绪反应。

我想说的是：如果我们想象的东西完全是大脑模拟出来的，而且能引发真正的恐惧，那还有什么能阻止这些想象触发其他情绪和情绪过程呢？比如快乐、爱、喜爱和共情。

事实上，没有什么能阻止它们。因此，人们很容易跟素未谋面的人，甚至是现实中不存在的人建立密切的情感联系。只要有足够的信息在脑海中创造出某人的模拟形象[1]，大脑的推断力和想象力似乎就足以让人投注真正的情绪。难怪社会关系和准社会关系用的是同样的神经机制了。[627]

大脑很容易跟从未见过或并不存在的人建立情感联系，具体表现形式多种多样。除了前面提过的准社会互动和准社会关系，另一个过程是所谓的传输。[628]你有过"迷失"在精彩书籍、电视剧、电影或电子游戏中的体验吗？也就是我们投注了大量情绪，极度沉迷某事，以至于"淡忘"了周遭世界，专注于自己沉湎的虚构世界。我们的意识就这样从现实世界传输进了幻想世界。

这个例子也许再次证明了一点：大脑同时处理多项任务的能力有限。如果某个故事引人入胜，情节扣人心弦，人物惹人喜爱，我们高度亢奋的情绪系统就会投入更多神经资源。这就意味着，能用来关注周遭真实世界的资源减少了。

---

1 无处不在的媒体技术为我们提供了大量这样的机会。

当然，旧式娱乐方式不会造成这种传输现象。首先，人们普遍认为，无论是虚构作品还是非虚构作品，都需要借助某种媒介进行叙事。出于种种复杂的原因，叙事对我们的大脑理解事物和事件极其重要。[629]叙事有助于我们弄清人物、事件与他们所处世界的关系。叙事能为我们提供抽象信息中缺乏的结构和模式。叙事还涉及动态变化，而我们生来就更关注变化。

要想达到传输效果，除了需要叙事，还需要人物，[630]能够让人理解、同情并产生共鸣的人物。讲述发生在某时某地的一连串惊人事件固然很棒，但无论那些事有多重要，普通听众往往会觉得过于抽象或遥不可及，因此难以全身心投入。[1]引人入胜的故事很少只讲述发生过的重要事件。

但如果能加入引人共鸣的人物，就有了"进入"故事的渠道。由于大脑的运作方式，我们更容易在情绪层面上与另一个有思想、有感情的个体建立联系，而不是与事件、环境或情境建立联系。就好像故事里的人成了我们情绪过程的传导体，或是讲述故事背景的翻译官。

当我们对远方或虚构的人物投注情绪时，另一个发挥作用的过程是认同。[631]很多时候，我们对某位名人或大人物投注情绪，是因为我们认同对方，觉得对方跟自己很像，或是想变得更像对方。鉴于人类如此关注自己的社会地位，而且总是本能地向别人学习，我们会看重有权有势之人的某些特质，试图通过模仿崇拜的人获得那些特质，可谓再正常不过了。

有些人可能会对此嗤之以鼻，觉得这么做有失身份。然而，这种认同名人的方式正如人类文明一般源远流长。[632]

研究显示，当我们认同媒体和娱乐节目中的人物时，就会更喜欢那些节目。我们会觉得更容易与他们共情，所以会对他们演绎的故事投

---

1 如果你上学时曾在枯燥的历史课上百无聊赖，那你应该对此深有体会。

注更多情绪。[633]我们会受到崇拜之人的影响，迫不及待地与他们产生共鸣。这就是为什么名人代言如此有效。如果我们对某人投注了深厚感情，而对方传递了某则信息，代言了某种产品，或是穿戴了某款名牌服饰，我们会更有可能认同那则信息或购买那款产品。[634]

不过，情感联系不仅仅是借助名人向大众兜售商品，它也有助于传播有益信息，也就是通过正面方式告知、影响和教育民众。

这对孩子来说特别管用。一项有趣的研究显示，如果由幼儿熟悉喜爱的角色——在那项研究中是儿童木偶剧《芝麻街》里的人偶艾摩——来教他们做算术，美国幼儿的学习效果要好于由他们不熟悉的角色来教学。不过，如果让幼儿通过玩配套玩具和看电视节目，与不熟悉的卡通人物进行"情感交流"，其影响效果很快就会赶上艾摩。[635]

另一项类似的研究显示，幼儿可以从互动媒体人物身上学到新技能。如果那个人物是为他们量身定制的，学习效果会更好。如果那个人物取了他们的名字，还拥有他们喜欢的特质（比如他们最喜欢的颜色），教学效果还会更好，远远超过不针对特定幼儿的普通人物。[636]

鉴于情绪能帮我们判断哪些东西该追求，哪些东西该规避，这其实完全说得通。当我们对某人抱有好感时，会更容易接受对方传递的信息。反之，如果你对某人心怀芥蒂，对方说什么都会当耳旁风。如果你曾经因为不喜欢某位老师而学不好某门功课，肯定对此深有体会。

成年人也一样。尽管存在许多负面说法，但向永远不能或不会给予回报的人投注情绪，其实对我们的成长发展和心理健康有好处。[1]

虽然最理想的结果是与真人建立有情绪回报的关系，但有些人很难做到这一点。可能是由于害羞等社交焦虑，也可能是由于生活在偏远地区，周围没有人可以结交，或者是出于其他原因。这种情况确实有可能

---

1 热衷于某些东西的人被称为"书呆子"或"不合群"，被催着去"找点儿有意义的事去做"，诸如此类的嘲讽或贬损屡见不鲜。

发生，而且常见得令人惊讶。[637]但大量证据显示，如果你难以取得最理想的结果，准社会关系对你的身心健康和行事动机等都有好处。[638]它们也许严格说来并不真实，但至少对大脑的某些部分已经足够真实了。

准社会关系本身也能起到教育和提供信息的作用。我敢打赌，在参加重要的面试之前，每个人都在脑海里排练过对话。那些对话并不存在于我们的脑海之外，却能让我们练习并完善与他人互动的方式。同样，我们都有过这样的经历：花好几个小时在脑海中"回放"争吵过程，好弄清自己当时本该说什么，或是下次见到对方时要说什么。这同样是利用想象出来的互动（虽说那些互动源于真实世界的信息）练习并完善自己的反应，为将来可能出现的类似情况做好准备。

对孩子来说，"假想朋友"是一种准社会关系，那些虚构人物完全由关系发起者创造出来。孩子拥有丰富的想象力，也有与他人互动和建立关系的动机，还有玩耍的强烈冲动。[639]但同时，孩子的大脑缺乏真实世界的运作经验，因此难以区分真实发生的事和自己想象出来的东西。因此，有些孩子会借助想象力构建出模拟人物，与模拟人物建立情感联系，把对方当成真实的朋友对待，也就不足为奇了。

许多父母可能会觉得，孩子拥有假想朋友是令人担心的事。但现有的证据表明，假想朋友其实好处多多。他们可以在孩子孤单无聊时提供安慰，可以成为孩子学业上的良师益友，通常还能鼓励孩子，给孩子动力，培养孩子的自尊心。他们甚至可以成为孩子的道德指引，就像带有互动性质的良知，有助于孩子思考并作出正确的道义抉择。[640]

拥有假想朋友的孩子在语言和社交方面往往胜人一筹。[641]就仿佛在与人沟通和交往等方面，他们比普通孩子多了很多练习机会。

准社会关系的好处也体现在青春期。出于种种原因，青春期对每个人来说都是令人困惑的麻烦阶段。众所周知，青春期有一个令人沮丧的特征，那就是容易陷入"暗恋"，也就是几乎无法自控地迷恋某人。[642]

暗恋对象可以是任何我们心仪的人[1]，可能是名人或虚构人物，也可能是同学。但令人沮丧的是，暗恋对象通常不知道暗恋者的感受，也不知道自己对暗恋者的影响。所以说，暗恋其实是另一种形式的准社会关系。

尽管青春期的暗恋往往会导致压力、分心、欲求不满和无力感，但研究显示，这是我们走向成熟过程的重要组成部分。据统计，青春期的暗恋往往会增加日后找到并体验美满爱情的可能性，还有助于提升暗恋者在浪漫关系中的自信。[643]青少年的暗恋不仅包含浪漫元素，往往还带有受激素影响的性元素。即使如此，性幻想也能帮助我们成长，提升我们日后处理和应对性互动的能力。[644]总的来说，只要我们能幻想，就能从中学到东西，而且不用冒险，毕竟真正的恋爱可能会带来心碎。

所以说，准社会关系其实有许多重要用途，远不是浪费大脑的有限资源。它可以让大脑以风险较低、较为安全的方式思考问题和成长发展，还能改善我们的身心健康，帮助我们学习和吸纳信息。它塑造了我们看待自己的方式，为我们提供了向往和效仿的榜样，激励我们不断进步。很多时候，它只是让我们感到快乐。有这个好处通常来说就足够了。

说了这么多，如果我不指出准社会关系也有坏处，那就太失职了。

人们偶尔会真的遇见自己投注大量情绪的准社会关系对象。那对粉丝来说可能是千载难逢的欣喜经历，但被崇拜的对象通常会困惑不安。

我在前面提到过《星际迷航》中的戴达少校。那个角色可谓大受欢迎，深受众多"星际迷"喜爱。当然，戴达并不是真人，而是由美国演员布伦特·斯皮内饰演的虚构角色。遇上超级影迷是什么感觉？斯皮内对此一点儿也不陌生。由于一连串匪夷所思的事件，我和斯皮内碰巧有

---

1 尽管男孩也很容易陷入暗恋，但大部分文献都关注少女的暗恋问题。我不知道这是因为男女在走向成熟的过程中存在差异，还是"女性＝受情绪支配"的刻板印象又在作祟。两者都有可能。

了共同好友。这就意味着我可以问问他，遇到对他饰演的角色投入那么多感情的人是什么感觉。

> 对很多人来说，只要一想到我，脑海里就会蹦出戴达的名字。虽然我很高兴得到他们的关注，但实在没法说喜欢听人喊我戴达。
>
> 人们给我写信或在公共场合见到我的时候，常常会喊我"戴达"。比如"嘿，戴达！"。我知道他们是一片好意，但这似乎抹杀了我其余的人生。虽然他们特别希望我就是戴达，但事实上，在我心里，我只是我自己。毫无疑问，饰演"戴达"是一份超级棒的工作，附带的福利也很多。但即使那是个超级棒的角色，它也只是我全部生活的一部分。
>
> 每次我说类似的话，影迷都会觉得我讨厌这个角色。其实不是这样的。我爱戴达，但爱是一种非常复杂的情绪。我和戴达的关系跟其他人和他的关系截然不同。

斯皮内提出了不少有趣的观点。首先，他与戴达这个角色有自己的准社会关系，这种关系与那些只从电视荧屏上看到戴达的人截然不同。显然，这两种关系没法融洽共处。我想，那就像你讨厌某个兄弟姐妹，却遇上了爱慕他／她的人。那人总是把他／她夸得天上有地下无，你却觉得他／她是个令人讨厌、自私自利的小屁孩。

正如斯皮内敏锐观察到的那样，一些研究显示，当你看到某位演员的形象与你认定角色不符时，准社会关系会"推翻"你的不协调感。[645] 如果影迷向准社会关系投注了足够多的情绪，想要"保护"自己投注感情的对象，就可能会假定演员本人是自己喜爱的那个角色，而不是与角色截然不同、有私生活的大活人。

虽然准社会关系对体验者可能有好处，但如果该对象意识到了这种关系，则会感到困惑乃至痛苦。"尴尬的对话"已经不足以概括那种情形了。如今，经常有粉丝抱团抗议著名角色或虚构世界的改动。[646]痴心一片的粉丝甚至会对"毁掉"自己心爱之物的人发出死亡威胁。这使"饭圈"的概念遭到了谴责，也突显了情绪元素在其中发挥的作用。

更糟糕的是，有些人会对现实世界中的大活人投注不健康的情绪，与对方形成准社会关系。虽然这种情况相对罕见，但确实有人陷入"名人崇拜"，也就是投入全部时间和精力去爱某位名人。

由于准社会关系完全存在于脑海之中，所以严格来说，我们应该能完全控制。但事实往往并非如此。我们投注情绪的个人或角色通常拥有独立的私生活，我们对此毫无发言权，也无法对其施加影响。这一事实可能极其令人沮丧，因为我们对某人投注了那么多情绪，那么想与他相伴并保护他，却时常被现实提醒"有些事超出你的能力范围"。丧失自主权会给大脑带来压力。[647]在极端情况下，粉丝甚至会觉得自己不得不"控制"这段关系，乃至融入迷恋对象的生活。"名人跟踪狂"由此诞生。[648]

说到底，我们在脑海中创造出的关系通常会"见光死"。我们的崇拜对象不是我们的朋友，因为他们压根儿"不了解"我们。不幸的是，正如前面提过的，人们有时会对自己创造的准社会关系投注过多情绪，以至于大脑会推翻所有感官证据。这也就解释了，为什么广受欢迎的名人一旦出现令人不快的爆料，他们的死忠粉通常会第一个跳出来否认。这也解释了为什么跟踪狂始终不肯罢休，无论跟踪行为会给他们所谓"非常在乎的人"带来多少痛苦。

但同样常见的情况是，感官证据也可能推翻我们在脑海中创造出的关系。这就是为什么与暗恋对象见面并交往后，青少年的暗恋大多会烟消云散。[649]因为，即使暗恋对象没有做错任何事，通常也与暗恋者心目中构建的完美形象大相径庭。面对相互矛盾的数据，要维持原有幻想可谓难如登天。维持原有幻想需要极力否认现实，而多数大脑对准社会关系并没有那么投入，还不至于为了追求虚幻关系而屏蔽现实。

在这种情况下，更健康理性的选择是给准社会关系画上句号。不幸的是，这么做并非毫无弊端。研究显示，当一段准社会关系由于任何原因或丑闻终结时，对当事人造成的情绪影响可能类似于现实生活中的感情破裂。[650]当事人会体会到强烈的悲恸（比如对戴安娜王妃），或是感觉遭到背叛。

同样，如果大脑在处理准社会关系时用到的情绪过程与处理真实关系时相同，那么结束准社会关系带来的影响也应该类似于真正的分手，只不过感觉可能没有那么强烈。但准社会关系很少会像真实的关系那样，让人充满成就感和满足感，因此，结束准社会关系带来的影响也相对较小。从严格意义上说，我们与名人的关系可能并不"真实"，但从中体验到的情绪确实真真切切。因为人脑足够强大，足以让我们体验到不属于现实世界的真情实感。

也许这就是准社会关系相对于真实关系的优势。对方不需要在场，不需要参与互动，我们就能对其产生情绪。这给了我不少安慰。我爸已经告别人世，我再也见不到他，他也不再是这个世界的一部分。但无论如何，我和家人都会继续爱他。因为事实证明，不可思议的人脑完全有能力做到这一点。由此可见，人与人之间的情感联系有多么强大。

有时候，这种联系是如此强大，就连死神也无法斩断。

第六章
情感科技

我家卧室的衣柜里有一件红睡衣。它松松垮垮，起了毛球，还褪了色，不过穿起来很舒服。睡衣最重要的一点就是舒服，不是吗？

不过，我已经有一年多没穿过它了。我可能再也不会穿它，但又舍不得扔掉。它蕴含了太多太多的情感。跟老爸最终道别的时候，我穿的就是那件睡衣。

那是2020年4月的一个周六上午，医院刚刚通知我，已经上呼吸机一周多的老爸病情突然恶化。事实证明，新冠病毒造成的影响太严重，他的身体已经无望恢复，告别人世只是时间问题。那可能发生在几天后，也可能发生在几分钟内。所以，如果我想跟他道别，最好是马上就做。这就是为什么我会穿着睡衣站在厨房里，强忍泪水跟老爸道别，尝试用短短几句话感谢他40年来为我做的一切，告诉他我有多么爱他。毕竟，医院只提前了20分钟通知我。

我不得不借助WhatsApp[1]的语音通话功能做这一切。当时，一位英勇的重症监护顾问举着手机，凑到我奄奄一息、毫无反应的老爸耳畔。我要郑重声明，那绝不是我想要的。那种感觉太不对劲了。

但话说回来，亲身到场就会更好吗？我想，那样就算不会更痛苦，

---

1 一款用于智能手机之间通信的应用程序，功能和用法类似于微信。——译者注

至少也会同样痛苦，只不过是出于截然不同的理由。也许，通过手机道别非但没有折损或毁掉那段经历，反而起到了缓和情绪冲击的作用，让我能够正常生活并挺了过去。

事实上，如果没有通信技术，我根本没机会跟老爸道别。疫情导致医院执行严格的隔离政策，所以我根本不可能进入病房。当时，许多人的初次约会、过生日、问好或道别都是靠科技手段实现的，因为他们别无选择，而我的经历只不过是其中之一。科技手段是否削弱了其中的情绪元素？如果答案是肯定的，那又是为什么？

目前为止我提过的关于情绪的一切，都是大脑经过数百万年演化的结果。然而，我们如今常常要面对几十年前还不存在的物件和体验。这会带来什么样的影响？通过屏幕与亲朋好友互动，能否像面对面交流一样获得情绪上的回报？社交媒体上的好友跟现实世界中的朋友一样有意义吗？数字领域中真实与虚幻的分界线到底在哪里？鉴于我的亲身经历，这些问题对我来说非常重要。我怀疑，许多人也有跟我一样的感受。

于是，我决定寻找答案。

社交需求：社交媒体与相关科技对情绪的影响

还记得我在前面说过，如果条件允许的话，会有数百人出席我爸的葬礼吗？我之所以敢这么说，是因为有数百人观看了葬礼的现场直播。

作为家里最精通科技产品的人，我的任务是设法让老爸的众多同事、朋友远程参加葬礼。为此，我在脸书（Facebook）上创建了一个专门的群组，供所有想要吊唁的人加入，还用我的手机在群里直播葬礼。我小心翼翼地把手机架在了小礼拜堂的后侧。

纯粹从逻辑上说，通过世界上最大的社交媒体平台做直播可谓合情合理。每个想参加葬礼的人都有脸书账户，所以都对这个平台不陌生。况且，这个平台是免费的，还有内置的流媒体直播选项。如果退回到二十年前，我们根本无法想象能随时随地运用这种科技手段。仔细想想，真是令人不可思议。

只不过，尽管分析起来合情合理，但在脸书上分享老爸的葬礼还是让我觉得不对劲！就连写下这句话都显得如此怪异。我会用脸书宣传新作、发布笑话或表情包，还有分享家里那只臭名昭著的猫咪。但用它来直播我爸的葬礼？光是想一想我都浑身不舒服。

为什么会这样？在现代社会中，脸书、X、照片墙、色拉布、Tiktok[1]等可谓无处不在。我自己就在使用其中几款应用程序，世界上大部分人也一样。[651]尽管如此，通过社交媒体分享葬礼这种令人百感交集的场面，似乎还是有点儿过分了。

不过，我知道不是每个人都这么觉得。例如，有一次我太太办生日派对，通过脸书邀请我们的朋友来参加，结果招来了许多莫名其妙的询问，问我们的婚姻是不是亮起了红灯。为什么呢？因为脸书上的邀请名单里没有加上我。郑重声明，我没有收到太太生日派对的脸书邀请函，是因为我们住在同一屋檐下，毕竟我俩也是老夫老妻了嘛。为什么我进自己家还需要脸书邀请函？但是，不行，我参加太太的生日派对没有得到脸书认证，所以在许多人看来，我就相当于没参加。可真够怪的，不是吗？

这种情况并不罕见。在许多人看来，在社交媒体上分享东西似乎就代表盖戳认证。我们都认识这样一些人：他们就像得了强迫症似的，不停地拍照并分享最新消息，内容涵盖美食、服饰、健身或节食的进展、参加的音乐会或正在追的电视剧。对他们来说，拍照发布似乎是每种体验必不可少的组成部分。

---

1 以上皆为国外社交平台名称。——编者注

我想澄清一点：这么做从客观上说并没有错。只不过，这种现象相当古怪。仿佛从某种意义上说，虚拟世界比现实世界更重要。

从神经心理学角度来看，社交媒体无处不在且广为流行，其实是个耐人寻味的现象。社交媒体如今拥有如此巨大的影响力，其实也相当耐人寻味。我认为，如果我想弄清自己不安感的根源，就需要了解社交媒体对我们和我们情绪的影响。

首先，社交媒体拓展了我们的社交能力。线索就藏在"社交媒体"这个名称里。研究一再表明，积极正面的社交互动会刺激大脑中负责奖赏的区域。[652]由于数字环境不受空间或距离的限制，我们在网上能跟更多的人进行社交互动。

尽管网上互动不受面对面的肉身限制，但人脑在线交流时的情绪反应与面对面交流时大致相同。这与前面提过的准社会关系并没有什么不同。如果说我们的大脑常常对只存在于书本文字里的人形成强烈的情感依恋，那么对大活人在网络上的表现产生同样的情感依恋，也再正常不过了。

社交媒体还会提供持续不断的新奇感，而众所周知，新奇感同样能激活大脑中的奖赏回路。[653]我们都有自己熟悉和喜爱的事物，它们能让我们感到快乐。那么，通过新奇的方式体验那些事物呢？那会让我们更快乐！我们最喜爱的乐队发行了新专辑，最心爱的系列小说推出了新一部，跟最好的朋友聊起上次见面过后发生的事……这些都是令人愉悦的体验，都是我们投注情绪的事物，也都充满了新奇感。

这种熟悉与新奇的结合会让大脑深深陶醉。在这方面，社交媒体可谓相当慷慨。推送给我们的信息流似乎永无止境，总会有最新的更新、帖子、链接、表情包、游戏、动图冒出来，通通来自我们喜欢、信任或崇拜的人。我们的大脑怎么可能不乐在其中？

其次，就要说到"地位"了。正如前面提过的，我们在潜意识中对别人如何看待自己很敏感，也对别人如何看待我们在社会等级中的地位很敏感。结果就是,人脑演化出了一些特质,用来维护或提升自己的地位。

前面提过一个例子,说这是睾丸素造成的影响。这里要提另一个有趣的例子,证明了我们的大脑生来就是为了追求社会地位。那就是所谓的印象管理。[654]也就是说,我们的大脑倾向于(出于本能或有意识地)利用社会交往给别人留下最佳印象。我们总是试图展现出自己最好的一面,赞同(至少是装作赞同)交往对象说的话,掩饰或否认自己的缺点或失误,或是条件反射式地给自己找借口。这一切都是为了给别人留下好印象,进而维护或提升自己的地位。

早在社交媒体出现之前,我们的大脑就在这么做了,但随着社交媒体的出现,我们操控自身地位的机会大大增加。如今,我们会拍上数百张自拍照,然后只分享最惹人喜爱的那一张;我们会花几个小时精心推敲最恰当的措辞,只为发布帖子、评论或推文;我们会定期分享一些内容,让自己看起来更有见地、更体贴、更慷慨、更有爱心,或是塑造自己想成为的形象。如果某些内容引起的回应不佳,我们完全可以直接删掉,将名誉损失减到最少。说白了,社交媒体大大增强了我们以最佳形象示人的能力。至于我们的大脑总是对此欣然接受,就是另外一回事了。

我们本能地希望博得别人的好感,并为此付出了大量努力,这意味着现实世界的社交互动中还存在另一个因素——风险。大脑的"印象管理"本能也许会不断促使我们努力讨人喜欢,但并不能保证每次都会顺心如意。其他人也有自己复杂的内心世界,哪怕是最直接的面对面互动,我们也不可能考虑到每个变量。事情很容易出错,而我们大脑的一部分时刻对此保持警惕。要是我无意中说了侮辱人或惹人不高兴的话怎么办?要是我的裤子拉链没拉好怎么办?要是我牙缝里塞了菠菜怎么办?要是我不小心被某桩悲剧逗乐了怎么办?

其实,在面对面互动中犯错要比你想象的容易得多。例如,在现实世界的对话中，如果你想了半天才回复，往往会被视为社交惨剧。互动、讨论和聊八卦都是人类演化而来的能力与偏好。[655]根据一些研究，人脑是如此倾向于交流，以至于两个人交谈的时候，双方大脑中的相关区域会"同步"，成为同一系统中专门用于交换信息的两部分。[656]这在前面讨论过的模仿的过程中起到了一定作用。也就是说，我们的大脑演化成了会在互动过程中持续接收信息并进行对话。[657]所以，哪怕是出于完全合情合理的理由，想半天才回复也会让人感到不快，甚至会被视为没把握、反应迟钝、不诚实、不真挚[1]等。

这就引出了另一个问题：从认知层面来看，在现实世界中进行互动是一项艰巨的任务。总是不得不实时处理信息并做出回应，在心理层面上对人提出了苛刻的要求。除此之外，我们还得时刻考虑如何更好地展示自己，再加上还得不断评估风险，以免暴露自己不好的一面。[658]总之，社交互动常常会令人精疲力竭，也就不足为奇了。[659]

从根本上说，尽管现实世界中的互动可能带来巨大回报，但也伴随大量风险与苛刻的要求。这就像一边品尝上等葡萄酒，一边在深谷上空走钢丝。这正是社交媒体可以大显身手之处。因为，无论我们在社交媒体上跟谁互动，对方都不在自己身边。这意味着规则、要求、时机和期望与现实互动截然不同，我们无意间出丑或惹恼别人的可能性也大大降低。

哪怕你惹恼了对方，对方也远在天边，所以不会造成危险。降低风险是人脑特别喜欢做的另一件事，尤其是奖赏没有明显减少的情况下。[660]减少脑力劳动也一样。当大脑不试图同时完成多项任务的时候，我们往往会更舒心也更享受。[661]

社交互动范围扩大，自我展示机会增加，风险或尴尬减少，安全感飙升……所有这一切都是社交媒体为我们提供的。综合起来看，社交媒

---

1 因为你看起来像在挖空心思编答案，而不是表达自己的真情实感。

体还让我们更有掌控感，使我们觉得更能控制自身形象、互动方式、时机和对象。还有一件事也能让人脑得到奖赏，[662]那就是自主感增强，尤其是涉及对我们非常重要的事物时，而社会交往和人际关系正是如此。

以上都是我们的大脑会在潜意识层面做出反应的典型事物。我们觉得社交媒体令人愉悦、使人满足，还能带来成就感，但这是在我们并未意识到的情况下发生的。换句话说，我们使用社交媒体时，不涉及过多有意识的决策。

你有没有过因为浏览社交媒体熬到凌晨，哪怕你清楚这么做既不明智也没好处？你是不是经常像条件反射一样，频频刷新手机上的社交媒体，即使是在毫无必要或不切实际的地方，比如在公共卫生间里？你有没有经常为了刷社交媒体而不假思索地中断本该做的事？[1]你见过多少人宣称，他们目前暂停使用社交媒体，因为那太耗费精力或太让人分心？这一切都表明，社交媒体的诱惑力在很大程度上来自潜意识的情绪过程。

然而，我从上述例子中反复看到的一点是，情绪与认知紧密交织在一起。哪里有情绪，哪里就有认知，反之亦然。因此，社交媒体会带来情绪上的回报，意味着我们经常会有意识地重视社交媒体。也许这就解释了为什么人们常常觉得，只有上网分享出去，某些东西才算得到了"认证"？社交媒体善于操纵我们的情绪过程。它已经成为许多人生活中熟悉而诱人的一部分，乃至整合进了有意识行为和例行事务，就像出门前先洗漱，或是在做出会影响双方的决定前先找长期伴侣聊一聊。严格来说，你不一定要做这些事，但不这么做又会觉得不踏实。现在可能不在社交媒体上分享自己的最新经历也会觉得如此。

社交媒体还会更直接地影响我们的思维。一些研究显示，使用社交媒体会诱发一种被神经科学家和心理学家称为"心流"的状态。这个概

---

[1] 我向你保证，我在写下这段话的时候，就因为刷社交媒体中断过好几次。

念很难界定（研究起来就更难了），相关理论不胜枚举，[663]但以下是我个人的理解。

人脑不是同一时间只能做一件事的简单系统，而是复杂得令人发指的大脑网络、区域和过程的集合，它们同时在做着无数件事。这些东西构成了我们的心智和意识，但它们绝不是天衣无缝地协同运作。我们都有过这样的经历：在完成重要任务的过程中时常分心，或是想睡觉却忧心忡忡，满脑子都是尚未支付的账单，尚未解决的家庭矛盾，迫在眉睫的截止期限，等等。说白了，我们的大脑随时都在做很多事，而大多数时候，大脑的不同部分会彼此妨碍、相互干扰，甚至争夺优先权。

不过，偶尔也有某些事能提供恰到好处的刺激，让大脑中彼此争先的部分开始协作。这么一来，我们不但突然变得擅长手头的事，还会乐在其中，觉得那事很有意思。你可能是音乐家，正在进行精彩的独奏；也可能是建造者，正在构建新颖原创的作品；或者是青少年，正在玩细节丰富的电子游戏。总之，你会全身心沉浸在手头的工作中，而且似乎能力超群。

这就是认知"心流"，[664]也称为进入"化境"（in the zone）。当我们的思维、注意力、潜意识、感官、情绪等协同运作的时候，就会出现这种现象。由于几乎没有东西能分散你的注意力，或是把你的心智资源转移向别处，你会感觉大脑所做的一切更加顺畅、迅捷又轻松。那种感觉流畅极了。

心流与传输现象存在某些相似之处。所谓传输，就是我们读书、看电影时沉浸其中，对现实世界的感知减弱。但传输是比较被动的过程（我们只是旁观者，无法影响叙事），心流则发生在你正在做某件事或完成某项任务的时候。

科学家认为，只有技能和需求达到精准平衡时，才有可能进入心流状态。也就是说，"任务需要你做什么"与"你完成任务的能力"必须精确匹配。[665]如果任务太简单，参与任务的脑区就会减少，未参与任务的脑区就会继续做自己的事，阻碍你进入心流状态。如果任务太困难，大脑的大部分区域就会受到压力、失控、自我怀疑、不确定性的困扰，这也会阻碍你进入心流状态。

然而，有些事处于恰到好处的"适居带"，容易使人进入心流状态。这些事会让我们充满掌控感和成就感，感觉能力十足且充满动力，还能塑造积极正面的自我形象（因为我们会清楚地意识到自己做得棒极了）。

同时与多人互动当然也是一项任务，而我们的大脑擅长也乐于承担这项任务。正如前面提过的，社交媒体会刺激许多不同的神经系统过程，而这正是实现心流的关键。研究显示，社交媒体会促成心流，也就难怪我们会持续沉浸其中。毕竟，许多人终其一生都努力达成心流状态。[666]

这就是为什么社交媒体如此引人入胜，如此令人欲罢不能，如此轻易就成了我们接触周遭世界的重要手段。不过，正如许多危言耸听的报刊文章告诉你的，社交媒体并不全是好东西。远远不是。

我们拥有的线上好友可以比线下朋友多得多。而且有证据显示，线上好友越多，人就越快乐、越满足。但同样的研究证据显示，回报最大、最亲密的人际关系仍然主要是面对面关系。这不是说社交媒体上的关系不会带来情绪上的回报，而是说它们无法与"实实在在的人际关系"相提并论。显然，线上关系带来的情绪满足更多是数量上的，而不是质量上的。[667]

研究显示，过度使用社交媒体或对社交媒体产生依赖，在社交焦虑症患者身上更为常见。[668]这完全说得通。毕竟，如果你在现实世界中难以建立人际关系，社交媒体可谓理想选择，因为它能为你降低风险，让你更有掌控感。这大概就是为什么，社交媒体对许多边缘化个体或群体来说乃是福音。因为那些人在现实世界中常常被忽视，甚至受到糟糕对待。[669]但反过来说，如果你已经拥有了足够多且有价值的面对面关系，社交媒体能提供给你的东西也就不多了。

不过，这还是侧重于社交媒体积极的一面。不幸的是，社交媒体上有不少东西容易引起强烈的负面情绪。最典型的例子可能是网络霸凌，也就是通过电子手段霸凌或骚扰他人。目前的统计数据显示，大多数青少年和年轻人都遭遇过网络霸凌。[670]社交媒体无疑在其中扮演了重要角色，而社交媒体的某些要素会放大网络霸凌的害处。[671]

网络霸凌或许不像现实生活中的霸凌那样，会给人造成身体上的伤害，但这只是意味着网络霸凌造成的后果全是情绪层面上的。[1]收到伤人信息时的痛苦；对不公行径的愤怒和无力；不知道下一条信息何时到来的恐惧；不知道谁才是幕后黑手，对方为什么要这么做，还有哪些人参与其中……这些都对心理健康有害。[672]这就是为什么专家一致认为，网络霸凌就像现实世界中的对等物一样，是一种实实在在的霸凌方式，与"传统意义上"的霸凌一样有害。[673]缺少身体伤害并不会减少对情绪的伤害，只不过是减少了中间环节罢了。

事实上，社交媒体可能使网络霸凌比传统霸凌更恶劣。[674]如果你在使用多款社交软件，就意味着潜在的霸凌者比以往任何时候都更容易找到你。与现实世界中的霸凌不同，只要你上网，网络霸凌就可能随时随地发生在你身上。当霸凌成为无处不在的威胁，给人带来的压力会更大。[675]

但或许，霸凌与社交媒体最有意思的交互作用是影响观察者效应。人们通常认为，霸凌行为只涉及两方，一方是霸凌者，一方是受害者。但如果有他人旁观，情况会变得更糟糕。被人看见你丧失地位，会使情况大大恶化，因为"别人如何看待你"是霸凌的一大基本要素。此外，如果旁观者对霸凌行为无动于衷，情况更是糟糕至极。无论旁观者不干

---

1 这甚至没有考虑到，正如前面反复提到的，情绪总是包含生理成分。因此，从科学角度来说，情绪伤害与身体伤害的界限并不明显。

预的理由是什么[1]，受害者都会认为别人觉得自己不值得帮助。因为如果不是这样，旁观者就该阻止霸凌行为，不是吗？这么一来，受害者的感觉会更加难受。[676]这大概就是为什么许多霸凌者身边都会围着一群小跟班或"小喽啰"。

通过社交媒体进行的网络霸凌中，观察者发挥的作用尤为重要，因为你几乎不可能在网上"独处"。除非是直接发私信，否则所有互动都可能被你和对方所有的联系人，甚至是更多的人看见。因此，如果有人在你无伤大雅的帖子底下发表刻薄或侮辱性的评论，可能会被成百上千的人看到。[677]如果那些人都不挺身而出，也不替你打抱不平，你可能会感到情绪不适，就像现实世界中旁观者不站出来的时候一样。

社交媒体从本质上看是"公共"空间，朋友圈里的每个人都能随时"见到"其他人，这就是使用社交媒体的意义。但这并不是现实世界中的互动方式。在现实生活中，没有哪个人能让所有朋友整天围着自己转。社交媒体的这个特点会在情绪层面给人负面影响，而这种影响不仅仅针对霸凌对象。

这就要说回印象管理，也就是展现自己最佳形象的潜意识驱动力。这种强大的冲动意味着我们经常过度夸大自己的形象，哪怕那有悖现实。[678]为了展现自己有多了不起、多有价值，我们似乎总是在自己骗自己，宣称自己有多优秀，能力有多强。脑部扫描实验显示，当我们谎称自己一文不值的时候，前额叶的某些部分会被激活，而当我们把自己吹牛吹上天的时候，前额叶的那些部分不会被激活。这表明，自欺欺人的自我吹嘘是大脑的默认状态；[679]只有当撒谎不是为了自我吹嘘时，脑内活动才会发生变化。

在大家产生误解之前，我想澄清一下：这种持续不断的自我欺骗是好事，甚至是有必要的。我们对自己感觉越好，心理和情绪就越健

---

[1] 力求自保或同伴压力都是说得通的理由，但这并不意味着合乎道德。

康。[680]因此，拥有并不准确、过度正面的自我印象是好事，因为它能巧妙地激励并指导我们与他人进行面对面互动。

但社交媒体正是因此引起了问题，因为它为我们提供的技术自由和掌控力，意味着我们可以向（虚拟）世界展示不准确的自我形象，而这没有好处。

有一些人，尽管你清楚他们的生活并非一帆风顺，经常做出错误决定，通常还过得相当凄惨，却总在网上发布励志表情包和"有益"建议。还有一些人，尽管永远过得捉襟见肘，却不断在社交媒体上发布自拍，显示自己正在异国参加精彩派对。社交媒体上充斥着这样的人，他们对自身和生活的描述比实际上正面得多。

但这并不一定是夸夸其谈，也不一定是毫无根据的自负。正如前面提过的，花在社交媒体上的时间会直接影响我们的自我认知。[681]这就意味着，网上互动就像现实生活中的经历一样，有助于大脑塑造我们对自己的看法。所以说，某人在脸书或照片墙上夸大自己的优点，并不一定是为了操纵别人或招人喜欢。恰恰相反，他可能是为了说服自己，好让自己相信他跟虚拟出来的形象一样棒。

不幸的是，其他人还是会一眼看穿。这就可能引发问题。

首先，自信满满的人往往比显得不自信或不确定的人看起来更可信。然而，这个过程可能发生逆转。也就是说，如果随后爆出猛料显示自信人士说的话纯属骗人，大家就会觉得他们还不如一般人可靠。[682]这大概就是，为什么现代政客通常被视为不值得信任；他们一直都在自信满满地提出主张，事后却被证明那些主张基本不靠谱。最戳心的是，这意味着如果你经常在社交媒体上夸大自己的生活有多美好，却被人发现现实并不像你声称的那么美好，别人对你的看法就可能一落千丈。

这是因为人脑通常不喜欢受到欺骗或被人操纵。自欺欺人可能是大脑的默认做法，但其他人这么做呢？那会引发强烈的负面情绪。这就是为什么没法逗笑我们的笑话会激起一些反感。[683]这意味着有人假定那些

第六章 情感科技

笑话能诱发我们的情绪，结果却失败了。也就是说，想操纵我们情绪的人假定我们头脑简单。他们真是吃了豹子胆了！

研究显示，社交媒体上过度正面的描述可能代表存在问题或心存不安。特别臭名昭著的例子是，人们经常在社交媒体上表示自己深爱伴侣，伴侣是自己的"全世界"，或是不停分享饰以花朵爱心图案的深情对视美照，一口咬定自己和伴侣是"天造地设的一对"，等等。

你可能觉得这么做真甜蜜，也可能觉得这么做好恶心（我个人属于后者）。平心而论，考虑到浪漫之爱对大脑的强烈影响，有些人这么做无疑是发自内心。但根据研究，这种行为通常是感到不安的结果。也就是说，不断在社交媒体上大事宣扬爱意的人，往往对浪漫关系更焦虑。[684]

这似乎有悖直觉，不过考虑到浪漫关系对我们的身份认同有多重要，一切也就顺理成章了。如果你质疑亲密关系，就会导致情绪不适。但既然有了社交媒体，你就可以让这段（虚拟）关系看起来坚如磐石。如果说社交媒体上的表现是我们对自身看法的重要组成部分，那这么做的确会让我们感觉更好。[1]

同样的逻辑大概也适用于在社交媒体上通过其他方式炫耀自己的人。严格来说，这是"装逼直到变牛逼"（fake it till you make it）的一种表现形式，因为人脑中的自我感觉就是这么起作用的。但从旁观者的角度来看，那可能显得虚伪又烦人。

这就绕回了最初的话题：在社交媒体上，我们的一言一行几乎都发生在互相关注的人面前。然而，现实世界中的大多数互动并非如此。我们大脑中古老的社交系统会因此感到困惑，进而导致有害后果。

---

1 这背后可能还有更多阴暗的动机。比如，不断告诉你们共同的熟人你俩关系很好，会给你的伴侣带来社会压力和社会期望。也就意味着，如果你们结束这段关系，会造成更严重的后果。不过，我还是假定每个人的意图都是好的。毕竟，外界的负面情绪已经够多的了。

这可能正是社交媒体有害健康的根本原因：数据显示，主观社会地位与心理健康存在密切关联。[685]其中的关键词是"主观"。客观来说，如果你受过良好教育，生活在富裕地区，收入可观，能享受到现代生活的一切便利，那么你的生活可能相当美好。但是，如果你周围的人也拥有这些东西，而且数量更多、质量更好，你就会在主观上觉得自己地位低下。这会使人情绪低落，因此也不利于心理健康。[686]

社交媒体为我们提供了更广阔的关系网络，使我们能更持久地接触更多人。鉴于我们大脑的运作方式，大多数人都在展示自己过于正面的形象。因此，如果一个人经常使用社交媒体，就会经常看到朋友、熟人和自己崇拜的人光鲜亮丽的一面，仿佛身边每个人都活得精彩纷呈。这种过于浮夸的展示单独来看似乎人畜无害，但累积起来就可能造成危险。

问题就在于，只有使用社交媒体的人自己才能意识到自己的缺陷或问题。在他们看来，别人的生活都那么光鲜亮丽，自己的生活却是一塌糊涂。这么一来，他们就会在主观上觉得自己是朋友圈里缺陷最多的人，也就是地位最低的人。这会危及心理健康，导致问题产生。

有些人可能会对此嗤之以鼻：肯定没有谁会把别人在社交媒体上的表现看得那么重吧？当然，大多数时候并不会。但正如前面提过的准社会关系、青少年暗恋等现象，我们的大脑并不需要太多铺垫就会对某人投注情绪。

此外，前面还提到过，社交焦虑症患者，也就是对别人的看法极其敏感的人，正是最依赖社交媒体的人。因此，他们会接触到更多不切实际的积极正面描述。结果就是，社交媒体容易让已经相当纠结痛苦的人变得更自卑，甚至可能对他们的心理健康造成伤害。

顾名思义，社交焦虑症患者不愿意跟别人接触，无论是在线上还是在线下。对他们而言，社交媒体的负面影响变得更为严重。这是一个大问题，因为许多研究显示，社交媒体对"被动"用户和"活跃"用户的身心健康影响有所不同。[687]

活跃用户是指经常发布信息、分享经验、与人联系交流的网友。社交媒体实际上对他们的身心健康有好处。但如果你是被动用户，只是默默观察别人在做什么，就无法体会到联系、互动和认可带来的正面情绪效果。你只会看到别人过得有多好（哪怕对方在吹牛），而这不利于你的心理健康。[688]

这种现象似乎也存在"代沟"。大部分关于社交媒体影响的研究考察的都是青少年和年轻人，因为社交媒体伴随他们度过了神经和情绪发育的关键阶段，[689]他们是第一代有这种经历的人。于是，社交媒体对青少年心理健康的潜在危害引发了关注。人们普遍认为，社交媒体会对青少年的健康产生负面影响。但科学研究的结果似乎并非如此。[690]

考虑到前面提过的内容，你可能会对此感到惊讶。不过，社交媒体并不是对年轻人的心理健康毫无影响。影响肯定是有的，只不过既有坏的一面，也有好的一面。[691]

社交媒体可能通过多方式危害青少年的心理健康。它增加了青少年遭受虐待、网络霸凌和社会排斥（青少年的大脑对此特别敏感[692]）的可能性。事实上，社交媒体把更多的人联系在一起，会让青少年意识到自己没做的事或没收到的邀请[1]，从而看似矛盾地让他们感觉更加孤独。

现代科技使我们能通过自拍滤镜和美颜软件提升自己的形象。但是对青少年（特别是少女）来说，分享经过修饰美化的照片，展示现实生活中根本不可能存在的体形，往往会导致形象焦虑。[693]因此，社交媒体显然能损害青少年和年轻人的心理健康。

不过，社交媒体也能对他们的心理健康产生正面影响。社交媒体能使仍在摸索身份认同的年轻人以极低的风险展示自己，这有助于提升他

---

1 这就是可怕的错失恐惧症，担心失去或错过什么东西。

们的自尊。数十年前，敢于身着奇装异服、行为离经叛道的青少年很容易遭到谴责、蔑视或骚扰，类似的例子不胜枚举。而社交媒体的特性则意味着这种情况不太可能发生。

与此相关的是，社交媒体将年轻人与志同道合的人联系在一起，会让他们感受到更多的社会支持。这对青少年的大脑至关重要。对于成长过程中的敏感问题（比如性爱），社交媒体也能让他们安全地表达和探讨，这大大增加了他们向别人学习和进行安全讨论的机会。[1]除此之外，还有很多很多。

我们掌握的证据似乎表明，总体来说，社交媒体对青少年心理健康的影响往往正负相抵。再强调一遍，这不是说社交媒体对青少年的健康毫无影响，只是它带来的利弊相对平衡，远远超出大多数人的想象。

不过，老一代人对社交媒体的反应有所不同。例如，有一项研究选取了一些孤独寂寞的退休人士，在几周内教会了他们使用社交媒体。研究人员的想法是，鉴于社交媒体能把你和许多人联系在一起，你可以跟更多人互动，这会减轻社会隔绝感，增强幸福感。毕竟对年轻人来说是这样。[694]但不幸的是，使用社交媒体对老年人的身心健康几乎没有任何影响。[695]

道理很简单：老年人活得更久，积累的经验更多，心智模型（对"世界该如何运作"的理解）也更根深蒂固。[696]偏离或挑战这种理解的事物会引起负面情绪反应，[697]因为我们的大脑会抵制变化，捍卫现有想法和信念。[698]因此，如果你对世界的理解是在社交媒体和相关科技还不存在的时候形成的，你就会对社交媒体心存疑虑，也就不那么愿意使用它们。这是一个问题。

我曾在一次会议上做演讲，演讲的主题是我们目前处于人类社会的

---

1 有些人认为，易于接触的大量色情内容会让年轻人对性产生不切实际的想法和期望，进而对他们造成伤害。这个说法很有道理。但这更像是"互联网"的问题，而不是社交媒体的问题。

独特时期，一代数字移民（在互联网出现之前成长起来的人）养育了一代数字原住民（伴随互联网长大的人）。互联网已经、正在并将继续对我们的生活产生重大影响，这一点再怎么强调都不为过。因此，孩子、父母和祖父母对互联网的感受和使用方式大相径庭，这可能会引发超乎寻常的代际摩擦与纠纷。同样，这也不利于人们的心理健康。

这让我联想到，或许这就是"在脸书上直播葬礼"让我如此不安的原因。是因为我年纪大了吗？这是最显而易见的答案，但似乎不完全正确。互联网刚出现的时候我还是个孩子，所以我大概属于"数字移民"一代。不过，我年纪轻轻就走进了数字世界，可以说是在网络上长大的。老实说，我并不觉得数字世界古怪诡异或令人不安。我爱它。如果没有它，我根本没法正常生活。

接着，我突然意识到，无论过去和现在我上网上得有多溜，社交媒体玩得有多顺手，我爸对网络和社交媒体的感受其实与我截然不同。他是典型的数字移民，对脸书的不信任和厌恶更是溢于言表。而他去世以后，我却借助他不断抨击的那个平台，跟所有认识他的人分享他的葬礼。他大概不会太高兴。

当时我情绪波动太大，没有仔细考虑这个问题，但现在我怀疑，这就是为什么"在脸书上直播葬礼"的过程令我如此不安。

但我还能怎么做呢？或许这么做是不尊重老爸的意愿，但不这么做，不让数百名朋友有机会跟老爸道别，显然更无礼又不尊重人。

残酷的事实是，社交媒体和相关科技已经成了世界的一部分，我爸却不再是这个世界的一分子。许多人难以接受前者，我则难以接受后者，但我们都对此无能为力。

我想，这就是情绪与社交媒体的共同点：当它们与现实世界正面交锋时，最终胜出的往往是现实。

无法计算：情绪与科技的冲突

前面提到过，老爸葬礼那天，直到晚上家人都睡了，我孤身一人的时候，眼泪才掉了下来。我是指，直到这时我才终于觉得可以"卸下心防"，因为流泪不会威胁我有毒的男子气概。这当然是一部分原因。不过，令我落泪的导火索其实是跟几个朋友的Zoom[1]视频通话，而他们的本意是想让我感觉好一些。

向关心我但不认识我爸的人发泄一通，似乎是个理想的选择，因为他们不会深陷悲恸不可自拔。有朋友说，如果我想找人聊聊，他们会陪在我身边。于是，葬礼结束后，我给他们发了信息，匆匆安排了一次Zoom视频通话。

那次通话持续了将近两个小时，但没有一个人问我葬礼的事，也没有人问起我的感受，而我自己因为情绪太激动，没法把话题引向那方面。最后，大家都下线了，只剩我一个人孤零零坐在电脑前面。朋友们认为我爸的葬礼不值得一提，那种孤独沮丧的感觉最终让我哭了出来。我想，晚哭总比不哭强。

我想澄清一点：那些朋友并不是毫不体贴，也不是冷酷无情，如今我对他们的爱一点儿也不比从前少，因为他们不该为此负责。在我看来，科技才是罪魁祸首。

当我重读自己为安排虚拟聚会发出的信息，才发现它们并不像想象中那么清晰明了。我以为自己写的大意是："我参加葬礼回来了……需要跟朋友们聊聊这事。"然而，朋友们读到的却是："……我希望有人能让我忘掉这事，聊聊其他随便什么都行。"我当时疲惫不堪，情绪也不稳定，沟通技巧不够好。不幸的是，朋友们避而不提我爸的葬礼，是因为他们觉得那才是我想要的。

1　Zoom，一款海外常用的多人视频会议软件，类似于腾讯会议。——译者注

第六章 情感科技

只不过，那根本不是我想要的。

哪怕是在最理想的情况下，与深陷哀恸的人交谈也相当棘手。要是通过视频链接、低分辨率的网络摄像头和大小不一的屏幕交谈，那就更是难上加难。如果是面对面聚会，还会发生这种事吗？我深表怀疑。面对面聊天的时候，朋友们会更清楚我的感受。如果换成是用嘴说出来，加上语气语调，我发信息的意图也会更明确。然而，由于新冠疫情和封城隔离，我们只能通过科技手段远程交流，这就引发了各种问题。

我想说的是，尽管现代科技取得了巨大成就，但在情绪方面仍然举步维艰。由于情绪在人际交往中扮演着重要角色，这可能是个大问题，也是许多人迫切希望解决的问题。

科技与情绪无法完美结合，这不是什么新鲜观点。正如前面提过的，机器人或机器无法体验或理解情绪，早已是科幻作品中的老生常谈。但既然如今的科技能瞬间识别人脸，跟踪细微的眼球运动，实时辨认和翻译语言，绘制基因组图谱，观察单个原子……为什么情绪仍然会带来这么多问题？

首先，通信技术抹去了面对面交流时传递的大部分情绪信息。例如，嗅觉和触觉是情绪交流的重要组成部分，[699]但即使是最先进的通信技术也不具备这些感官要素。通信技术在视听领域的应用更为得心应手，但即使是在这个领域也存在明显的空白。某人歪头的动作，他们的姿势和姿态，以及表达紧张、愤怒、快乐、恐惧的细微下意识动作，声音语调中的微妙泛音……科技手段往往依赖媒介而难以识别和（或）传达这些东西。哪怕你拥有最先进的软件，当你用笔记本电脑进行Zoom视频通话，对方只能看到你肩膀以上的部分时，你又能通过肢体语言传递多少信息呢？

从根本上说，运用科技手段与他人互动，必然意味着交流中会缺失许多常见的情绪信息。还记得吗，我们的（潜意识）大脑会意识到它们的缺失。大脑期待那些信息，一旦无法获得就会陷入困惑。比方说，你在煲电话粥的时候，是不是会站起来四处走动？这种现象普遍存在，但毫无逻辑可言。我们是可以拿着手机走来走去，但这么做完全没必要。跟人面对面聊天的时候，我们很少会说到一半就开始在屋里打转。那么，为什么打电话会促使我们这么做呢？

我听过一个有趣的理论：打电话缺乏传统对话中极其重要的非语言要素，比如面部表情和肢体语言。因此，我们打电话跟人聊天的时候，处理人际交往的复杂神经系统会启动，但它会发现缺少面对面交流时常有的信息。于是，我们突然被迫四处寻找那些信息（我们的通话对象），以便填补交流中显而易见的空白。

这个理论非常耐人寻味，尽管有好几个人跟我提过它，我却没有找到支持它的公开研究成果。真是可惜。

还有人认为，我们打电话的时候喜欢来回踱步，是因为负责共情和情绪反应的神经活动无所事事，因为我们看不到通话对象，也看不见对方在做什么或表达什么。所以，那些神经活动被"转移"了，以运动的形式展现出来。[700]大脑与身体的联系会引发一些有趣的情况，而生理反应是情绪体验的重要组成部分，所以这种解释并不牵强。事实上，研究显示，创造力和（或）解决问题的能力与肢体运动存在密切联系。[701]与别人实时对话无疑需要许多创造力，因为你不可能提前写好聊天的剧本。

如果是网上交流，那就更有可能出问题了。尤其是在社交媒体上，交流主要通过文字、图片和短视频进行。虽然这种交流方式简单、安全甚至有趣，但往往难以加入面对面交流中丰富的情绪信息。我们的大脑需要进行大量猜测，才能理解那些简单信息中蕴含的情绪元素，而且容易猜错。我在老爸葬礼后发出的Zoom视频通话邀约就证明了这一点。

此外，在线互动引发的情绪反应似乎也不如面对面互动来得强烈。[702]这可能就是，为什么网上关系通常不像现实世界中的关系那样具有重要情绪意义。当然，它们也可以意义重大。例如，始于网络的浪漫关系如今相当常见，但这种关系很少能永远保持在线上，在现实世界中见面仍然是展开新恋情至关重要的一步。网络科技虽然能做许多事，但难以容纳有意义的情感联系。而没有这些，真正的恋爱就无从谈起。

说到底，不是不可能在网上与其他人建立有意义且持久的情感联系，只不过这对我们的大脑来说是种挑战，因为网络这种媒介缺少情绪信息，而演化至今的大脑期待并擅长运用情绪信息。

此外，在现实世界中，情绪表达往往发生在不知不觉之中。我们拥有和表现出来的感受，以及我们对其他人的共情，通常发生在意识介入之前。情绪与认知相互影响，但我们很少会停下来，有意识地思考该如何表达当前的情绪状态。没有谁会刻意去想："刚才发生的事简直气死我了，所以我要摆出生气的表情，好让每个人都知道我的感受。"

通过科技手段交流的时候则不是这样。当然，你经常会在社交媒体上看到一些帖子，里面详细描述了某人痛苦或振奋的情绪体验，或是人们泪流满面的视频或照片，因为他们想分享自己此时此刻脆弱的一面。这不是坏事——如果在社交媒体这种人满为患的受控环境中，你愿意也能够敞开心扉，展现自己脆弱的一面，那就继续加油这么干吧！

然而，即使是在情绪最激动的时候，我们也不会在没有意识到的情况下，在脸书上长篇大论地书写自己的感受，或是拍摄上传展示自己感受的视频。

互联网与我们的面部、身体和各种腺体不同，并不直接与潜意识大脑相连。因此，我们在网上发布的任何信息都要经过手、嘴和语言中枢，而它们在很大程度上受高级意识过程控制。说白了，那不可能是百分之百出于条件反射、发自本能或不假思索的，因为在网上分享任何东西（包括情绪）都必定是有意识的决定。

当然，在分享情绪之前先停下来想一想，会对我们大有好处。科技使我们能更好地控制表达情绪的方式和时机，这是它的一大优点。但就像任何事物一样，它也存在缺点。

正如前面提过的，网上交流难以涵盖所有相关的情绪信息。这已经够麻烦的了，但更麻烦的是，人们在网上交流的情绪可能根本不对。

情绪过程与认知过程在我们的大脑中保持动态平衡，两者相互影响（或是相互支配），取决于具体环境和情况。但是，在网上表达情绪需要更多有意识的思考，而让认知在情绪表达中发挥更重要的作用则会破坏原有的动态平衡。结果就是，我们在网上的情绪表达会偏离在人前的做法。

据说，在网上最慷慨激昂、自信无畏的人，在人前却出奇地温和、放松且委婉。对此有许多不同的解释。他们在人前隐藏自己的真情实感，可能是因为他人在场会提升真诚表达情绪的风险。此外，在网上表达情绪的时候，认知扮演着更重要的角色，这可能会使人更容易钻牛角尖，说出平时根本不可能说的话。无论是出于什么原因，大家普遍认为，人们在网上交流与面对面交流时的表现大相径庭。

这并不是什么新鲜事。每个人工作时的行事作风，都跟在家里或酒吧与朋友相处时不一样，而这完全是出于本能。功能强大的大脑能以多种方式表达身份认同，使我们更好地融入特定环境和群体。[703]表达情绪也一样。比方说，如果在酒吧举办的"喜剧之夜"活动中，喜剧演员讲了个粗俗恶心的故事，（通常）会被视为搞笑逗趣，惹得大家哈哈大笑。但是，如果同一个人在繁忙的街道上大声说出同样的话，则会令人感到不适，甚至挨上一顿胖揍。在不同的环境下，同样的做法会引发截然不同的情绪反应。

网络和现实世界当然是不同的"环境"，会使人们产生不同的行为和反应。这两种环境会塑造出相应的情绪表达。事实上，研究显示，如果你通过某人发布在网上的内容（分析他们使用的情绪词汇数量等）评估他的情绪状态，同时让这个人当场记录下自己的情绪状态，这两种方法得出的情绪数据可能大相径庭[704]——尽管它们都来自同一个人，而且是在同一段时间内。

当然，这种影响的程度因人而异。如果你是重视公开分享的人，在网络和现实世界中的情绪可能比较一致。相反，如果你重视隐私，或是希望在别人面前保持正面形象，就会对公开分享情绪（和其他东西）更为警惕，于是在网络和现实世界中的情绪会截然不同。因此，从情绪角度来看，有些人在网上和现实中几乎一模一样，有些人则不然。不管怎么说，这意味着靠科技手段交流情绪会更令人困惑，因为你无法百分之百确定，对方分享的情绪到底有没有准确反映他的真实状况。

说到"耍手段"，还有一点也相当重要。那就是，互联网不是自然形成的，不是人类偶然发现的数字大草原，而是由某些个人和组织刻意搭建的，尤其是社交媒体网站，它们由科技公司制造、拥有、维护并监管，但那些公司做这些事的理由和方式往往并不透明，对平台使用者藏着掖着。这就可能会引出一些问题。

2014年，媒体曝光了全球最大的社交媒体平台脸书，说它在用户不知情或未经用户同意的情况下，对近100万名用户进行了实验。这让许多人感到震惊又愤怒。脸书对此的辩解是，用户在注册服务时勾选了同意条款[1]。但人们对这个解释并不满意，尤其是因为这远不符合大多数实验要求的知情同意标准。[705]

为什么我要提起这件事？因为脸书进行的实验与用户情绪有关。具体来说，它们研究的是能否操纵或控制用户的情绪。[706]实验结果表明，答案是肯定的。

脸书的做法相对简单：他们操纵给用户推送的信息流，使不同用户看到不同的帖子。有些人看到了比平时更多的负面情绪帖子（坏消息、催泪小事、令人愤怒的不公事件等），另一些人则看到了更多的正面情绪帖子（让人开心的新闻、鼓舞人心的表情包等）。可想而知，看到更多负面内容的人自己也开始发布带有负面情绪的帖子，而接触到更多正

---

[1] 但几乎没有人会去读那些条款，这一点他们和其他所有人都心知肚明。

面内容的人则开始发布更多积极正面的内容。研究得出的结论是，社交媒体推送的情绪化内容会影响用户的情绪状态。由此可见，网络情绪传染是社交媒体上一股不可小觑的力量。

然而，即使撇开可疑的伦理问题不谈，当你了解了情绪是如何发挥作用的，就会开始质疑上述结论。其他新近（也更严谨）的研究和分析显示，网络情绪传染要比这复杂得多。[707]虽然不可否认我们接触到了比以往更多的情绪的内容，但由于网络上缺少潜意识的情绪线索，加上大脑可能对情绪化内容感到厌倦进而"淡忘"，这些都会阻止情绪传染。

此外，社交媒体上推送的信息流是由我们的网络好友发布的。我们主动选择关注那些人，是因为跟他们有共鸣，对他们感到亲切。这基本上就是社交网络的意义所在。因此，如果那些人开始在网上发布挑动情绪的内容，比如"看看这种不公平现象，这让我非常愤怒"，我们大脑的反应很可能是："这种现象确实不公平，违背了我的信念和道德标准，而我跟这个人有共同的信念和道德标准，所以它也让我相当愤怒，我也要在网上表达出来。"此时此刻，我们能意识到自己情绪反应的来源，也就意味着那不是情绪传染，因为情绪传染是指我们无法将自己的情绪归咎于特定的某人某物。

我们的大脑喜爱和谐融洽。我们常常会在不知不觉中，为了不惹是生非而做出牺牲。因此，如果我们在社交媒体上有许多朋友和志同道合的人，而他们发布的大多是不开心的事，我们可能会觉得自己也该"随大溜"。如果发布情绪积极正面的内容，哪怕它们准确反映了我们的感受，却跟众多网络好友背道而驰，那我们绝不会想逆流而动。[708]

说白了，脑内运作会促使我们改变在网上传达的情绪，以便与收到的推送信息流保持一致，但这并不是情绪传染。这也许看起来像吹毛求疵，但其实非常重要。因为，如果一家市值数十亿美元、影响全世界三分之一人口的组织，它的决策和行动竟是基于不准确的信息，那就不禁令人担忧了。

第六章　情感科技

还有一点也令人担忧，那就是脸书研究的前提存在缺陷，而那个缺陷我在前面提到过。脸书根据数十万用户发布的情绪内容，分析得出了数十万人的情绪状态，然后根据这些情绪状态得出了研究结论。所以说，那项研究是假设受试者在网站上发布的帖子（在他们看到的推送内容不知不觉受到操纵后）真实反映了他们内心的情绪状态。但我们现在知道，无法百分之百保证那是真实准确的反映。这表明，脸书研究得出的结论可能并不可靠。

脸书为什么要做这个实验？这对他们有什么好处？事实上，借助科技手段快速准确地判断和操纵人们的情绪状态，是许多大公司和大组织梦寐以求的目标，尤其是广告、营销和安全领域的大公司。

许多通过科技手段检测和影响情绪的研究都来自企业界，因为情绪在决策过程中扮演着重要角色，包括影响我们决定购买什么。[709]说白了，我们更有可能把钱花在自己投注情绪的东西上。[710]这种情绪可能是正面的（某位备受喜爱的名人穿过某款衣服，你决定购买同样的衣服），也可能是负面的（你讨厌某位邻居，决定购买比他更大更好的车），但结果都一样：情绪会让你花钱买东西。因此，如果你有一家公司，有某款产品要售卖，又能检测并影响数百万人的情绪，你为什么不利用这种能力，通过发布针对性的广告或直接操纵，促使人们购买你的产品呢？

这并不是什么新鲜事。几个世纪以来，各类组织一直通过操纵人们的情绪为自己谋利。各国政府和意识形态新闻平台经常联手，通过散布危言耸听的消息或暗藏危险的威胁，向民众灌输恐惧，敦促大家遵纪守法，也就是使人们更容易受控制。[711]在历史上，宗教人士经常进行充满"地狱之火"的布道，告诉人们如果不循规蹈矩，死后会有什么等着他们。两者基本上是一回事：让人们感到恐惧，使他们保持忠诚（说白了，就是乖乖听话）。

不光是恐惧和愤怒等负面情绪可供利用，正面情绪也同样有用。充满希望、乐观向上的宣传内容是奥巴马首次总统竞选成功的关键，名人代言（充分利用准社会关系，通过将产品与人们喜爱与崇拜的人联系在一起）则是屡试不爽的市场营销与广告宣传工具。[712]

现代科技也为从情绪层面操纵大众创造了大量新机会。过去，销售商品的企业主要通过报纸、电视、广告牌等媒介向世人发布唤起共鸣的信息，希望能有足够多的人看到（并受到适当影响）。如今，互联网、社交媒体、智能手机和无处不在的监控摄像头，意味着企业可以与无数人进行一对一互动，观察他们的情绪反应，并利用这些便利手段细化和实现自身目标。难怪脸书会研究能否从情绪层面上操纵用户了。从经济角度来看，相关信息可谓价值连城。

尽管各大公司毫不遮掩地热衷于检测和影响情绪，但越来越清楚的一点是，他们并不理解情绪。他们既不清楚也不赏识情绪的运作方式，更不明白情绪是多么错综复杂且令人困惑。脸书进行的研究就是绝佳例证：他们假定人们在网上发布的情绪内容真实可靠地反映了内心的情绪状态，但科学研究数据并不支持这个假设。这并不是唯一的例子，远远不是。

除了关注盈利的公司组织，安保公司组织也同样热衷于寻找检测人们情绪的可靠方式。例如，"9·11"恐怖袭击事件发生后，机场越来越重视安保和对抗恐怖袭击。然而，机场里挤满了来自世界各地的各色人士，一天到晚都人头攒动。这就带来了一个难题：怎么才能增强安检措施，让人们放慢速度，将一些人拒之门外，同时又方便越来越多的全球旅客，使他们能尽可能快速便捷地进入机场？

一种可行的解决方案是借助科技和软件扫描机场人群，检测特定面部表情和行为线索，迅速找出过度紧张、愤怒的人或其他可疑人士。2007年，美国运输安全管理局就采取了这一方案，推行了"旅客观测筛选技术"（Screening of Passengers by Observation Techniques，简称SPOT项目）。该项目运用94项独立的筛选标准，意图通过检测乘客的紧张、攻击性、焦虑等迹象，排查出潜在的恐怖分子。截至2015年，在雇用了近三千人、耗资近十亿美元后，SPOT项目一个恐怖分子也没抓到。[713]这个项目自始至终都深陷投诉与批评的泥潭。

SPOT项目失败可以归咎于多方因素，但请想一想，它的基本原理是基于保罗·艾克曼的研究成果。[714]本书第一章就提到过，艾克曼进行的研究（面部表情可靠、准确、前后一致地反映了人的情绪状态）从全盛时期起就不断受到学界质疑。特别重要的一点是，费德曼·巴瑞特教授发现，在缺少具体情境或相关线索的情况下，我们根据面部表情判断别人情绪状态的能力会大受影响。[715]

然而，艾克曼最初提出的理论取得了巨大成功，影响极为深远，直到今天还有许多人认为它百分之百准确。这套理论也影响了不少重要组织的做法和思维方式。大量官方发表的关于情绪的研究都是基于以下假设：可以通过面部表情准确可靠地解读情绪。这不禁让人对那些研究的结论产生怀疑。

因此，在艾克曼的理论指导下[1]，SPOT项目期望能在基本没有接触的情况下，迅速可靠地检测并判断陌生人的情绪状态。最新科学研究显示，这种期望根本不切实际，因为我们的大脑不是这么运作的。

上述关于表情和检测表情的观点早已过时，甚至会带来潜在危险。但令人担忧的是，尽管众多科学界人士一再呼吁采用实证方法，许多司法、执法和安全领域的监督机构还是对上述观点深信不疑。[716]

这还是在现代科技介入之前。人们希望（或者说是期待）专门设计的软件能比人类观察者更迅速地检测表情。很遗憾，尽管用于理解表情的复杂神经系统已经演化了数百万年，我们的大脑仍然难以通过陌生人的表情迅速准确辨识对方的情绪。那么，新晋开发的科技手段又怎么可

---

1 要说明的是，这并不完全是艾克曼的错。后来他根据新证据调整并修改了自己的理论，但他最初提出的理论产生的巨大影响，显然不是他能够控制的。

能做得更好？也就难怪，开发出能真正做到这一点的科技手段乃是巨大挑战。[717]

尽管存在上述明显限制，还是有无数产品、项目和"激动人心的新公司"声称能通过面部识别技术检测情绪，进而"监测你的身心健康""判断客户需求和欲望""塑造用户体验"等。[718]然而，假装这种技术已经存在并能发挥作用，并不能奇迹般地将其变成现实。大量研究数据显示，它还没有成为现实，至少目前还没有。众多身居要职之人却持相反观点，这着实令人费解，也不禁令人担忧。[719]

可是，为什么这种技术不管用呢？是什么阻碍了现代科技驾驭情绪，就像驾驭几乎所有其他东西那样？

前面提到过一个因素——情境。我在前文介绍过，我们的大脑有多么善于捕捉和识别其他人的情绪状态，但通过SPOT的例子，你可能会惊讶地发现，人们竟然如此不善于根据面部表情解读别人的情绪。但话说回来，我们确实很少只通过面部表情识别他人情绪。毫无疑问，面部表情对整个解读过程非常重要，但要解读面部表情，还需要将周围的一切通通纳入考量。这就好比说，蒙娜丽莎的微笑或许是世界上最著名的微笑，但如果达·芬奇只是在明信片背面画了张笑脸，它绝对不会如此家喻户晓。单个元素只有结合全局来看才有意义。我们的大脑也是这么看待表情的。

例如，如果你看见某人睁大眼睛、嘴角上扬的面部图片，大概会认为对方很惊讶。如果图片放大，显示出那张脸的主人刚刚收到一辆新车作礼物，你就会认为自己猜对了。但如果画面显示，那个人刚刚在厨房里发现了一个挥舞大砍刀的杀人犯，你就可能会重新思考，认为他的面部表情是在表达恐惧。面部表情其实一模一样，但在不同场景和情境下表达了不同的情绪。

大多数情况下，我们解读他人情绪时总会有一定的大背景。只有在存在人为限制的时候，无论是科技局限、实验设置还是SPOT项目，我们的情绪识别能力才会减弱。

即使不存在人为限制,情境仍然非常重要。SPOT项目就是绝佳的例证,因为它被用于机场。世界上害怕坐飞机的人数不胜数。穿过层层严密安检会令人焦虑,航班晚点更是会让人坐立不安。航班延误会使我们火冒三丈,遇到趾高气扬、不可一世的检查员更是会让人气不打一处来。关键在于,即使确实能轻松检测出某人的焦虑感或攻击性,但在机场这个地方,人们出现上述情绪的原因有很多,其中大多数都比"策划恐怖袭击"常见得多。

这再次说明,即使人脑"对情绪信息极为敏感",识别情绪也不是件容易的事。电脑硬盘或服务器上的一堆代码怎么可能做得比人类还要好?

此外,还有另一个因素也在起作用。现代科技也许先进到能呈现或模仿情绪,但我们在运用这些技术时往往会产生负面情绪反应。虽然我们会被脸书或推特上发自内心的帖子、照片墙或抖音上震撼人心的视频深深打动,但我们也会意识到那些情绪源于别人。于是,我们的大脑会本能地填补媒介造成的情绪缺失。

如果情绪信息是人造的,也就是不仅仅通过科技手段传播,还是由科技手段制造出来的,无论传达的情绪什么,我们都会感到不适和厌恶。例如,不少人都讨厌跟自动语音系统打交道。无论是给银行打电话、预订电影票,还是在车站月台上听到车次延误的广播,不得不跟预先录制的语音打交道会让人感到沮丧。这背后的原因有很多,但其中之一是人类不喜欢受骗。[720]感觉受骗会让我们不再信任对方,为别人试图操纵自己而火冒三丈。

人类通常很善于识别情绪欺骗。[721]如果某人并没有某种情绪,但想让我们相信他有,那他就必须极其擅长才行,因为我们的大脑很难被糊弄过去。这就是为什么,我们通常并不相信明明心烦意乱却坚持说自己"挺好"的人。这也是为什么糟糕的演技和喜剧旁白的罐头笑声会让我们感到心烦。

因此,当预先录制的语音告诉我们"很抱歉耽误了您的时间"或"您的来电对我们很重要"时,我们并不会感到欣慰,也不会被糊弄过去。录音怎么会对我们"感到抱歉"?它甚至不知道我们存在,更不用说对我们的处境感同身受了!那不是真正的情绪,因此从逻辑上说这是欺骗,而我们本能地不喜欢被骗。

尽管语音合成技术和文本转语音软件取得了巨大进步,但我们的大脑仍然能敏锐意识到人工合成语音与真实人声的区别,而且只会对后者产生亲密感。[722]尽管科技手段已经相当发达,但还是难以让人脑体验到真情实感。试图用人工合成语音哄骗人脑,就好比未满饮酒年龄的十二岁小孩试图从精明的酒保手里买酒。

如果你正在听这本书的有声书,这就是为什么它是由技巧娴熟的真人朗读出来的,而不是由电脑程序快速转换成的音频。虽然电脑转音频速度更快,成本也更低,但没有人爱听,那么做可不就弄巧成拙了嘛。

幸运的是,如果有视觉元素介入,情况就会发生变化。视觉元素有助于调动情绪。具体来说,它使科技手段能通过人脸调动情绪。虽然我们可能需要具体情境才能解读人脸,但人脸仍然是情绪表达的重要组成部分。因此,我们的大脑会主动寻找人脸,有时甚至对此过于热衷。这意味着我们会看到并不存在的脸,比如在烤焦的面包片上看到耶稣。这就是称为"空想性错视"的古怪现象,也就是我们大脑努力从现代世界中追寻意义。[723]

这会带来令人惊讶的结果。例如,没有几个人会对土豆投注情绪,而不是仅仅把它当成食物。然而,给土豆贴上一对塑料眼睛,加上一张嘴,再戴上一顶小帽,它就摇身一变,成了深受数百万儿童喜爱的经典玩具。[1]

---

1 此处指1952年由孩之宝公司推出的玩具薯头先生。——译者注

第六章　情感科技

说白了，只要人造物品拥有我们认同的特质，我们就能对它产生情绪和共情，甚至与它建立准社会关系。这就是为什么动画人物这么受欢迎：尽管它们显而易见是人造的，但呈现它们的媒介拥有视觉属性，也就意味着它们有清晰可见的面孔和身体，因此能展现出许多近似人类的特征。通常来说，人造物品越是拥有人类特质，就越能让人投注情绪。

下一回你看动画片的时候，请注意其中人类角色的眨眼频率。[1]他们可能会经常眨眼睛。卡通人物是二维图像，其实并不需要眨眼。他们的眼球并不是真的，所以当然不需要润滑。但人类需要眨眼，而且是经常眨眼。我们跟别人面对面交谈的时候，对方会经常眨眼，我们也是。这很正常，也很常见，我们不会刻意去关注。但如果有人不眨眼，那就不正常了，我们大脑的潜意识会注意到，进而觉得出了问题。所以在小说里，常常用"眼睛一眨不眨"来表示紧张或惊恐。

所以说，动画人物经常眨眼不是因为眼睛干涩，而是因为这会让他们更"人性化"，免得敲响我们脑海中的警钟。这么一来，我们就会对他们产生更积极正面的情绪。只要人造角色拥有足够多可辨识的人类特征，我们的大脑就会乐于与他们建立情感联系，哪怕他们拥有与人类截然不同、不切实际的特质。事实上，许多动画人物看起来跟大活人迥然不同，但行为、举止和动作却足够像真人，或是类似我们熟悉的可爱动物。只要他们有足够多可辨识的人类特质，我们就会对他们投注情绪。

然而，无论是最初的电脑合成动画人物、早期的机器人，还是令人不安的逼真玩偶或木偶，某些人造物品与人类极其相似，反而会激起负面情绪反应。我们会觉得它们阴森恐怖，甚至对它们心生厌恶。

这就是所谓的恐怖谷效应。[724]也就是说，人造物品看起来越像人，就越容易惹人喜爱；但达到"很像人但又不完全是人"的地步时，我们对它的好感度会急剧下跌；而当我们认为它真的是人时，对它的好感

---

1 《辛普森一家》就算不是史上最受欢迎的系列动画片，也是一个绝佳的例子。

度又会反弹。这么一来，就会在图表上形成先下降后上升的"峰谷"图形。

目前尚不清楚为什么会出现这种现象，但人们提出了众多相关理论，比如这是一种演化而来的本能，好让我们远离尸体。在远古时代，由于尸体含有大量传染性细菌，还可能招来危险的食肉动物或食腐动物，所以在尸体周围活动相当危险。此外，死亡会改变一个人的模样，使他们看起来勉强像人，但又不完全是人。[1] 于是，我们演化成了会本能地厌恶极其仿真但又不太符合人类标准的东西。

无论是出于什么原因，恐怖谷效应意味着很难通过科技手段传达情绪。尽管可以做到，但并不容易。前面已经透露过，我是皮克斯动画的忠实粉丝。皮克斯靠着自己创作的动画片，成功让数百万人对电脑动画合成技术制作的玩具、怪兽、汽车、老鼠，甚至是备受喜爱的小机器人瓦力（说白了就是个精心制作的方盒）投注了情绪。

不过，皮克斯显然了解通过科技手段传达情绪的局限性。他们创造的人类角色没有一个百分之百像真人，从而避免了"恐怖谷"现象。每个角色都由真人配音，因为电脑合成的声音会令人反感。[2] 皮克斯的作品通常大获成功，其他公司却频频失误。《玩具总动员》或《机器人总动员》中每个可爱迷人的角色都惹人喜爱，而《火星需要妈妈》（*Mars Needs Moms*）中却出现了一群令人不安的怪物，《极地特快》（*Polar Express*）中则出现了一帮目光呆滞、举止诡异的小孩。如今，数字手段创造出的角色甚至殃及了真人电影，比如《侠盗一号：星球大战外传》（*Rogue One: A Star Wars Story*）中利用数字手段"复活"的彼得·库

---

1 作为一名经验丰富的遗体防腐师，我可以证明这一点。
2 在《机器人总动员》中，皮克斯甚至利用了这一优势。除了影片的大反派——飞船的自动驾驶仪之外，影片中每个机器角色都由人类配音。飞船自动驾驶仪的声音则由人工合成，以显得冷酷无情。

欣[1]（Peter Cushing），简直叫人看了眼角抽搐。

说白了，即使是坐拥数十亿资产的大公司，哪怕是拥有大批优秀员工和最先进的设备，在"通过科技手段检测并表现情绪"这方面仍然举步维艰。从这个角度来看，同事发来的电子邮件"语气不对劲"、脸书上的帖子在有些人看来是求助，在有些人看来却是哗众取宠，或是老爸葬礼后我跟朋友们在Zoom视频通话中发生误会，这些都不足为奇了。运用科技手段分享情绪的过程比人们想象中还要充满不确定性。

不过，科技一直在不断进步。因此，虽说在检测和表达情绪这方面，科技手段目前还相当吃力，但不一定会一直如此。

例如，现代交流手段虽然以文字为基础，但如今加入了数百种表情符号和图标。尽管语言纯正论者可能会讨厌它们，但插入这些小表情、小符号和小图标能增添原本不存在或难以传达的情绪元素。这么一来，理解某人话语背后的意图或情绪就容易多了，尤其是加入表情包和动图以后。这表明，我们日常使用的科技已经发展到了一定的程度，在交流过程中传达更深刻的情绪已经成了许多人的第二天性。

那么，像电脑软件那样，无须其他人类帮助就能检测情绪的科技手段呢？它们也在不断进步。根据研究报告，机器学习和神经网络（处理器模仿生物神经元的功能来提取和提炼信息[725]）已被用于开发软件，那些软件能够在线检测情绪，会将具体情境纳入考量，[726]而且识别能力还在不断提升。这就是科技进步的具体表现。

当然，鉴于前面提到的一切，这可能是件坏事。我们真的希望不负责任的大公司和组织拥有能准确监控乃至影响我们情绪的科技手段吗？毕竟，它们已经试图用并不那么管用的科技手段逮捕罪犯，或是促使我们购买商品了。这种担忧不无道理。

---

1 已故英国男演员，因在1977年上映的电影《星球大战》中饰演总督塔金而闻名。——译者注

但也不一定全坏。能够敏锐检测情绪的科技手段是心理健康领域的福音,尤其是它能扩展和增强相关疗法。在本书第二章中,我采访了英国谢菲尔德大学的克里斯·布莱克莫尔博士,了解了他"将情绪元素融入在线学习平台"的研究。如果说有人在研究情绪与科技的融合,那肯定非他莫属。幸运的是,他还向我介绍了一种软件算法的开发情况。那种软件能评估患者在治疗过程中的交流内容(无论是心理咨询中的录音、讨论相关问题的论坛发言,还是社交媒体上发布的帖子),检测出患者暗示考虑放弃治疗、濒临复发或即将发作的言语变化。如果把接受治疗的患者比作在结冰湖面上行走的人,那么言语变化就像冰面上蔓延的裂缝。早在他们掉进冰冷的湖水之前,那些裂缝就已出现。如果能尽早发现那些警示信号,治疗师就有时间引导患者走上坚实的地面。

要做到这一点,软件就需要检测并量化交流过程中患者带有情绪色彩的词语,比如"沮丧""害怕""担心""伤心"等。如果这些词语出现得更为频繁,就表明患者大脑中累积了与病情有关的负面情绪,那些情绪影响到了他们的言语。这种软件显然相当管用:研究显示,这种算法能为药物成瘾[727]和精神病复发[728]提供预警。

除了识别情绪,高效传达或展示情绪的科技手段还能起到治疗作用。面对面谈话疗法,比如认知行为疗法,需要花费大量时间、精力和金钱,因为那需要训练有素的专家每周跟患者对谈好几个小时。哪怕全球心理健康领域不是长期资源不足,这也是个棘手的问题。

但如果软件能提供谈话疗法,就能大大降低服务成本,使数百万人更容易接受治疗。这对心理健康领域来说可谓福音。因此,人们对开发虚拟治疗师进行了大量(令人振奋的)研究,也就不足为奇了。[729]

当然,虚拟治疗师要想高效可靠地开展工作,就必须能像真人一样展示并识别(患者的)情绪。这个要求相当苛刻。此外,面对面疗法通常之所以管用,是因为谈话对象是活生生的人。患者能与治疗师建立相互信任的情感联系,获得足够多的安全感,进而吐露问题并接受帮助。

科技替代品能否扫除这些障碍？只有时间能给出答案。

不过，哪怕科技手段永远无法像人类一样处理情绪，仍然能在处理情绪这方面发挥重要作用。心理健康领域的另一项技术创新是阿凡达疗法。[730]说白了，如果你由于精神障碍不断听到声音，也就是出现幻听，这种虚拟化身疗法可以通过电脑动画合成技术制作出头像，充当你幻听的"来源"。

精神问题的症状往往令人不安，因为那些症状与思维和意识纠缠在一起，我们不知道它们"来自何处"。它们没有明显的源头或决定性因素，而这会令人担忧。值得庆幸的是，如今的科技手段可以有效"背负骂名"，为我们的情绪困扰提供"靶子"或关注对象。我们可以说"这不是我们的错，是屏幕上那个笨蛋的错"。这对身心健康会大有裨益。

虚拟现实技术也对治疗心理症状越来越管用。例如，如果创伤后应激障碍患者遇到了会让他们联想起创伤的事，就会触发极端情绪反应，令他们陷入虚弱状态。幸运的是，如今治疗师可以通过安全可控的虚拟现实技术，帮助患者以更健康的方式应对那些触发因素。到目前为止，虚拟现实疗法取得的成果令人振奋。[731]

现有科技手段也许不是太擅长识别、传达或以令人信服的方式展示情绪，但仍然有不少用处。科技手段能为我们提供宣泄情绪的出口，而这个出口不是另一个人，所以对方不会难过生气，也不会感情用事。说"科技缺乏情绪"其实是件好事，虽然有些奇怪，但确实有道理。

毕竟，"科技"不仅仅是指现代科技，也就是每个人都拥有功能强大的小工具，通常放在口袋里的那种。石斧曾经是最"尖端"（此处是故意一语双关）的科技。后来，我们又有了笔墨、印刷机、磁带录音机等。它们都是科技的典范，都使我们表达情绪的方式有所增加。这对我们的影响再怎么强调也不为过。我本人在疫情隔离时期的哀恸经历就很好地证明了这一点。

当然，这一切也有不利的一面。因为，即使科技手段能有效传达情绪信息，但是怎么才能保证信息本身正确无误或证据确凿呢？答案是"根本做不到"。毫无疑问，只要是上过网的人都会意识到，你看到的"新闻"很可能是"假的"。

事实证明，这种现象的核心是情绪。我觉得有必要深入考察这种现象，因为它不但给全社会造成了许多严重后果，还把我人生中最痛苦的时期变得更糟糕了。

假新闻，真观点：情绪与科技如何削弱现实

哀恸是一种极度情绪化的体验。这并不是什么突如其来的大揭秘，但理论上"知道"与实际发生在自己身上绝对不是一回事。我终于明白了，哀恸不仅仅是久久萦绕的悲伤，不仅仅是一种无处不在的情绪状态，而且是由许多种不同情绪状态组合而成的。其中当然有悲伤，也有恐惧，还有不同形式的痛苦，比如悔恨、内疚与羞愧，有些甚至根本不合逻辑，但情绪本来就是这样。那是一锅真正的"大杂烩"，沉甸甸的一大锅，盛满了令人困扰的感受。

不过，哀恸中有一个元素确实让我大吃一惊，那就是愤怒。正如前面提过的，亲人离世会让你感到深深的失落和无力。那总会让人感到不公平，因为无论在什么样的情况下，你都不会觉得这事合情合理。感到不公和失控会令人愤怒，哀恸则会让人愤怒得无以复加。

但我敢说，我在哀悼过程中体验到的愤怒比平时更糟糕。因为我爸去世后最让我愤怒的一点是，许多人坚持表示疫情并没有发生，或者说没什么大不了的。

通常来说，在哀悼过程中，你的痛苦和情绪波动并不会遭到公开嘲笑或否认。但在2020年，这是我和无数人面临的现实，因为新冠疫情使我们痛失亲友，而一大批人无视所有证据，令人痛心地宣称新冠病

毒无害，或者说根本不存在，或是"只会杀死原本就生病和不健康的人"——因为显然嘛，不是"百分之百健康"就意味着你的生命毫无价值。[1] 我是个作家，但还是难以用文字描述当时的感受：当你挣扎着熬过了一生中最痛苦的时期，却有一大群人一口咬定那根本没发生过！"怒火冲天"都不足以形容我的感受。

可想而知，那些可疑的说法绝大部分发在网上，通常是通过社交媒体传播。有些人可能会说："那你就别上网嘛。"不幸的是，在封城隔离期间，上网几乎是我接触他人的唯一途径，而鉴于我经历的一切，我迫切需要接触他人。此外，潜伏在网络阴暗角落里的不光有匿名的"键盘侠"，那些令人愤怒的言论往往还来自知名媒体人、政客，甚至还有世界各国的领导人！在如今这个媒体饱和、互联互通的世界里，又有谁能避开所有这一切？[2]

我没法阻止这种现象，也没有更好的选择，所以决心弄清为什么会发生这种事。这至少能让我感觉似乎能掌控局面。那么，怎么会有那么多身心成熟的成年人相信，在我和无数人身上发生过（而且如今仍在发生）的惨剧是纯属编造、夸大其词，甚至是阴谋诡计？套用媒体常用的流行词就是：为什么有那么多人相信疫情是"假新闻"？

重点在于，我们的大脑喜欢获取关于世界和世人的新事实和新信息。社交媒体推送的许多信息流都属于这一类。大脑使我们充满好奇，渴望新事物，不断搜寻潜在的危险或有利条件，觉得不确定性会带来压力，总在模拟和假设可能发生在自己身上的事。

了解周遭世界正在发生的事，有助于我们理解世界的运作，指导我们的决策和行动，塑造我们的信念、态度、行为、决定和思维。总而言

---

[1] 还有人告诉我，封城其实根本没必要，因为新冠的死亡率只有1%。受新冠影响，仅英国本土死亡人数就超过68万（2020年英国国家统计局数据），比第二次世界大战的死亡人数还要多。
[2] 此外，如果你真的想惹我生气，请继续教我"应该"怎么哀悼。

之，大脑接收的信息和事实决定了我们对世界的理解和感知。这一点看似简单直接，却至关重要。

问题就在于，我们是如何获取信息的，我们理解世界基于的事实从何而来。首先，像大多数物种一样，我们通过感官获取关于周遭世界的信息。感官就是派这个用场的。那棵植物是绿色的，这些浆果味道棒极了，被猛兽咬了会很疼……这些都是感官提供给大脑的事实，直接又具体的事实。

不过，人脑能做到的远远不止这些。由于我们演化出了极强的社会性，人脑在很大程度上依赖从其他人那里获取信息。我们大脑的许多部分（比如共情网络）专门用来观察别人，从他们身上推断出信息。与他人互动为此增加了一个新维度，意味着我们可以间接抽象地获取信息。某人告诉我们"别去那条河边，那里有一头饿虎"，于是我们听从建议并活了下来，因为我们从别人那里获得了信息，不必冒着生命危险去亲身实践。

我们的大脑乐于与他人交流和分享信息，这又有什么好奇怪的呢？正如前面提过的，这使我们这个物种得以存活，并相应地塑造了我们。有些理论甚至提出，人类之所以会演化出语言，会有意识地与其他人沟通交流，就是由"聊八卦"这一基本需求促成的。[732]毕竟，聊八卦不就是跟其他人分享新信息吗？

后来，人类发明了科技，使我们能更可靠、更有效、更稳妥地存储和共享信息，而不是仅仅依靠杂乱无章、变化莫测的记忆。文字的出现是一块重要里程碑，塑造了我们如今所知的世界。[733]无论文字是雕在石板上、刻在泥板上还是写在兽皮上，都使我们能以不会变动的形式记录具体想法、观点、观察、指示等，还可以随时与他人分享。随着交通方式不断发展进步，我们甚至能与相隔越来越远的人分享信息。

由于散落各地的人们能够交流和分享信息，这极大拓展了人类能产生"归属感"的群体规模。[734]如今，我们有了社区、村镇、城市、国家，而不仅仅是部落。世界主要宗教之所以能存在，也是文字传播的结果。毕竟，宗教几乎都基于圣书或圣典，而当神明的话语能以可供阅读的形式记录下来，传播起来就会容易得多。

显然，这并不全是好事。不少大社群最后变成了帝国，它们（以及众多宗教）的历史上充满了血腥事件。更好地分享信息固然是好事，可惜分享的信息往往是："那边的人不赞成我们的看法，我们得宰了他们。"

但无论是好是坏，当人类社会出现了分享信息的科技手段，科技反过来也对人类社会产生了毋庸置疑的巨大影响。获取的信息决定了我们的思维和行为方式，因此越来越多的信息获取途径直接推动了我们自身和文明的发展。科技发展又加快了社会进步的步伐，因为当来之不易的信息被写成文字并易于获取时，人们就不必煞费苦心地重新发现和重新学习了。

时至今日，经过数千年的文化动荡、社会进步和科技发展，同时与数百万人分享世界上的最新信息已经成了我们司空见惯的事。这本身就形成了一个产业，也就是所谓的"新闻业"。在20世纪的大部分时间里，人们获取新闻的主要渠道是报纸或广播媒体（电视和电台），并通常认为这些信息源最可靠也最可信，[735]这一点至今不变。这就意味着，无论这些平台是否刻意为之，它们都拥有巨大的权力和影响力。

如果说大脑吸收的信息会直接影响我们对世界的理解，那么顺理成章可以得出结论：控制和提供信息的人能决定我们最终的想法和信念。研究显示，这种情况确实存在。例如，2014年的一项研究询问人们认为某些类型的癌症有多常见。研究发现，他们的答案并非基于实际的医学统计数据，而是基于新闻和媒体对某类癌症的报道。人们往往会高估脑瘤（相对罕见，但热播电视剧经常提到）的常见程度，而低估膀胱癌（十分常见，但媒体鲜有报道）的常见程度。[736]当国内每个人都从少数几个来源获取信息时，就意味着新闻能决定整个国家的优先事项。[737]

不过，即使是影响力最大、覆盖面最广的新闻媒体，也不能想说什么就说什么、想什么时候说就什么时候说、想怎么说就怎么说。科技或许是大大拓展了人类文明共享信息的能力，但这种能力仍然受到人脑的限制和约束。我们的大脑或许是喜欢不断获取新信息，但常常要为此付出艰辛努力。

尤其是纯粹的抽象信息，比如原始数据、数值和方程式，还有缺少具体情境的时间、日期和定义。我们能理解并记住这些东西，但大脑这么做起来并不容易。处理这些东西需要耗费时间，也需要神经系统付出努力。例如，聊八卦很轻松，做学问则很难。两者都涉及获取新信息，但前者包含情绪刺激和情绪动机，后者则更多是获取抽象信息，不涉及具体情境也不那么刺激，只涉及最复杂的认知过程。对大脑来说，这就像用极细的画笔写正式信函，做当然是做得到，但需要更加专注，也要花费更多时间。因为严格来说，画笔是用来画画的，而不是用来写信的。

处理抽象信息涉及众多相互关联的神经认知区域，[738]也需要消耗大脑大量资源，[739]因此做学问通常让人感到枯燥乏味。还有一个事实是，工作记忆——操纵并管理抽象事实和抽象信息的脑部功能（有点儿像电脑的中央处理器）——的容量小得惊人，一次只能容纳大约四样"东西"[1]。[740]这就是，为什么你很难听一遍就记住完整的地址或电话号码。

因此，对人脑进行信息轰炸，期望它能一口气接纳所有信息，就像试图把生日蛋糕塞进细细的吸管。那根本办不到。不过，你可以把蛋糕掰成小块，一点儿一点儿慢慢塞进去。当然，那要花更多时间，但最终能办到。只需要耐心和毅力，就像做学问一样。

幸运的是，我们的大脑对此已经习以为常。毕竟，我们清醒着的每一分每一秒，感官都在向大脑传递信息，而大脑根本用不到那么多信息。因

---

1 "东西"的定义在不同情况下不尽相同，因为你的大脑就是这么运作的。

此，我们的大脑开发出了许多应对方法，比如潜意识系统会定期将我们的注意力转移到"感官噪声"中看似重要或有用的东西上。[741]同样，当接收的新闻和信息超出承受能力时，大脑会判断优先顺序，将注意力和资源转移到它认为最重要的地方。

但是，大脑怎么才能判断哪些信息最重要呢？在理想的情况下，大脑会对所有可用信息进行梳理，理智且合乎逻辑地弄清哪些信息最有关或最紧急。然而，这就要求大脑预先接收所有信息，以便对它们进行正确评估。这就像试图打开一只紧锁的盒子，钥匙却被锁在了盒子里。因此，大脑必须利用其他东西来判断该优先处理哪些信息。这里说的"其他东西"通常是指情绪。

毕竟，比起不带情绪元素的记忆，带有强烈情绪的记忆更容易得到有效处理。[742]我们能从与自己有情感联系的人或事物中学到更多东西。[743]嗅觉特别能激发和唤起情绪，主要是因为它与处理情绪的脑区直接相连。[744]既然是这样，情绪会成为我们关注和留存信息的关键因素，也就不足为奇了。

电视新闻和报纸显然早就意识到了这一点，并将情绪因素融入了新闻的呈现方式。虽然直接放重要事件的文字描述看起来会简单得多，但电视新闻仍然由新闻播音员朗读出来，因为当信息从我们投注情绪的人口中说出时，我们的大脑会更容易接受。同样，报纸头版也总是拿"丑闻""震惊""恐怖""愤怒""欢乐"等充满情绪色彩的字眼作大标题吸引眼球。[745]显然，情绪化、人性化的因素相当重要。

现代信息源极其依赖引人入胜的图像和声音，比如戏剧化的音效、细节丰富的照片、引人注目的图表等。你可能认为这有点儿过火，或是会令人分心，但研究显示，在提供信息的同时配以唤起情绪共鸣的图像，会让人觉得那些信息更可信。[746]所以说，如果你好奇为什么社交媒体上的励志名言背景图往往是绝美自然或壮观山巅，那你现在知道了吧？

说新闻只该包含"事实"固然没错,许多平台也坚持自己就是这么做的,但对我们的大脑来说,这就好比你去餐厅吃饭,服务员却端上了一盘鲜血淋漓的鸡肉和沾满泥土的蔬菜。严格来说,那可能确实是我们点的菜,我们也能咽得下去,但那绝不会是愉快的美食体验。将情绪特质融入事实信息,就相当于洗、切、烹饪食材,以便大脑更好地消化。这个有趣的系统是经过数十年乃至数百年时间才逐渐形成的。

20世纪末,科技掀起的"数字革命"再次改变了世界。[747]那场革命带来了诸多影响,意味着如今大多数人都能使用某种形式的个人电脑,运用它提供的所有功能,包括上网。

互联网的兴起既带来了好处也引发了问题。这一章已经讨论过它的许多利弊,但互联网带来的最深远的影响是,普通人获取新闻和分享信息的能力大大提升。在互联网时代,人们不必再依赖每天或每隔几小时更新一次的新闻节目和报纸。如今,只要轻触按钮或轻滑屏幕,你就能全天候获取世界上所有最新新闻。

颇具讽刺意味的是,早在电脑和互联网还没有进入寻常百姓家时,许多人就在期待这类场景出现。他们认为,如果世界上每个人都能随时获取所需的所有事实信息,那么无知很快就会成为过去时。然而,与其说现在是纯粹理性、讲求逻辑的时代,倒不如说我们如今在网上遇到的人,越来越多是那种认为"地球是平的"的人。[748]对于信息极大丰富对人们的影响,前人乐观的预测忽略了重要的一点:我们的大脑存在局限性。

互联网为我们提供了海量信息,我们根本无法通通消化吸收。与此同时,我们拥有了更多的掌控权,可以自己选择要接收哪些信息。面对比以往任何时候都多得多的庞杂信息,我们的大脑必须加倍努力工作,判断哪些信息该优先考虑并重点关注。为此,大脑可能比以往任何时候都更依赖情绪,而这绝不是理想状况。原因有许多。

首先,如果你只接收令人愉悦、让人放心的信息,你对世界的理解最终会出现偏差和缺陷。因为世间百态并非全都令人安心，而你对它们的感受是好是坏其实无关紧要。

但也别认为人类就没救了。当然，统计数据显示，难免有人只关注能让自己放下心来、印证自己既有想法的新闻。不过研究表明，这种情况并不像许多人担心的那么普遍。[749]普通人的大脑中随时会发生许多事，这意味着还有其他复杂因素在起作用，这能避免每个人都沉浸在自我满足的回声室里。

其中一个因素就是人类的好奇心。没有几个人满足于随时只听到自己想过或知道的事。我们对新奇有趣、令人兴奋，甚至是充满争议、存在禁忌的事物都兴趣盎然，[750]所以经常会去主动寻找它们，这就抵消了"只接收支持自己既有想法的信息"的本能欲望。

此外，我们的大脑存在负面偏好。[751]也就是说，比起能引起正面情绪反应的东西，能引起负面情绪反应的东西往往对大脑影响更大。这无疑也会影响我们对哪类新闻和信息更感兴趣。

如果你觉得现代新闻总是阴郁又压抑，那是因为信息源受到人类偏好的影响。具体来说，就是人们想听到什么东西，会对什么东西投注情绪。[1]研究显示，人们通常对负面新闻的兴趣大于正面新闻，即使我们确信事实恰恰相反。[752]人们可能会声称自己看腻了负面新闻，而且说这话的时候真心诚意，尽管如此，他们仍然会深受负面新闻吸引。

这一点在实验室之外也得到了证实。比如，有一些新闻出版物决定只报道正面故事，结果迅速流失了三分之二的订阅者。[753]所以说，虽然这种负面偏好会让生活显得愁云惨淡，但至少使人们不只关注令人安心的新闻和信息。

此外，面对浩如烟海的选择，我们该相信谁？谁会为我们提供关于

---

1 请想想看，有多少新闻专门报道体育和名人逸事。那些事对普通人的生活很少有直接影响，但无数人仍然对它们投注了大量情绪，这使它们拥有了新闻价值。

周遭世界的信息？正如前面提过的，多年来主要是广播媒体和报纸。每天准备报纸文章或电视新闻并供应给数百万人，需要耗费大量人力、物力，所以只有有能力提供这些东西的人才能进军新闻业。这就意味着，新闻在很大程度上是企业、公司或政府等大集团或大组织的专利。

但由于现代科技的发展，这种情况已不复存在。如今，任何人只要有一台笔记本电脑或智能手机，再加上网络连接，不费吹灰之力就能提供信息并发布到网上。而且，得益于社交媒体，每个人都有自己的公开平台，可以与网上好友（动辄成千上万，甚至更多）分享任何信息。

正如我们看到的，这可能有利也有弊。其中特别重要的一点就是我刚才提到的：在人类历史上的大部分时间里，人脑大部分信息都是从其他人那里获得的。总的来说，至今我们还是更喜欢从其他人那里获取信息，这是一种与生俱来的本能。

事实上，研究和实验一再证明，我们周围的人所想、所信、所做的事，直接影响着我们的所想、所信、所做。[754]我们的大脑就是这么社会化。这意味着我们倾向于顺应、认同和赞同周围的人，也就是我们认同的人。事实上，最近的研究显示，即使一个人有意识地想要抗拒，也难以抵抗"随大溜"的强迫性冲动。[755]

互联网出现之前，我们只能通过电视和报纸获取世界上的新闻和信息，这意味着每个人只能从少数几个渠道获取大致相同的信息，所以人们的信念和世界观较为类似。此外，还有一些法律法规和制衡措施，防止报纸和广播公司为达成自己（或老板）的目的而不择手段。监管机构、禁止诽谤中伤的法律和强大的竞争对手，都有助于保证新闻平台发布的信息"尚可接受"。[1]

此外，这些新闻平台需要在潜在受众群体中保持可信度，也需要赢

---

1 对于它们的有效性或必要性，每个人的看法可能不尽相同。但它们确实存在，这才是最重要的。

得人们的好感。而调查显示，人们最看重信息源的准确性。[756]于是，"官方"新闻平台尽管有不少缺陷，但长期以来一直必须付出大量努力，确保自己分享的信息有效、准确且合理。这就意味着，无法核实的可疑说法很少会被公之于众。毕竟，如果新闻平台的负责人有海量新闻可供分享，却只有一则电视头条或一张报纸头版可供利用，他们绝不会把它白白浪费掉，交给某个心存恶意或想法荒唐的家伙，因为那人有可能给平台惹上麻烦。如果真有这样的漏网之鱼，他的日子绝对不会好过。

不妨来看一看大卫·艾克（David Icke）。他是20世纪七八十年代英国著名的足球运动员，后来成了广播员。20世纪90年代，艾克开始宣称自己是上帝之子，一口咬定变形太空蜥蜴组成的阴谋集团控制了全世界。[757]尽管艾克是大众传媒的宠儿，比普通人享有更多特权，但他的言论还是广受嘲讽和谴责。

你可以说我是吹毛求疵、思想狭隘[1]，但我确实认为这也有好的一面。如果说新闻中的信息会影响人们对世界的理解，那么新闻中没有的信息……就不会造成影响。因此，对其他种族／性别／宗教持危险观点的极端主义者、阴谋论者、末日预言家等，他们的观点没有被可信的新闻平台分享并放大，因此也没有得到认证，这其实是件好事。

当然，在足够庞大复杂的社会里，缺乏事实根据的边缘观点或极端信念常常冒出头来。不过，当大多数人都从主流信息源获取信息时，要维持并传播这类世界观会相当困难。因此，认同那些观点的人不太可能遇到志同道合之辈。

请想象一下，在20世纪80年代，某人跟朋友们坐在酒吧里，表示自己坚信英国女王是会变形的太空蜥蜴吸血鬼，他可能会遭到持续多年的嘲笑和讥讽。换句话说，他必须在非传统观点与社会接纳之间做出选择，而后者往往会占上风。[758]因为，如果坚持某些观点意味着会遭到社

---

1 你绝对不会是第一个这么做的人。

会排斥，那么我们的大脑通常宁愿放弃自认为正确的信息。总的来说，如果人们都依赖主流媒体获取新闻和信息，不现实、不科学、令人不快的世界观就难以存活。

如今，在大多数情况下，防止主流新闻平台为所欲为的制衡机制仍然适用。但对于人们在网上或社交媒体上的言论，监管和限制则要少得多。许多人认为，现有的监管和限制还远远不够。[759]这意味着，任何人只要有自认为重要的信息，无论它有多荒谬可笑、多不切实际，都可以在几秒钟内将它传播到世界上每个角落。因此，人们最终接触到的毫无益处、并不准确的信息数量会暴增。

这不是好事，因为我们的大脑一点儿也不挑剔，不实信息也会像真实信息一样影响大脑。还记得前面提过的一项研究吗？人们在估计某种癌症的发生率时，根据的是媒体报道频率，而不是医学数据。这清楚地表明，不实信息（尽管在这个例子中是无意为之）也会影响人们对世界的认知和理解。

当然，数据显示大多数人都希望并期待信息源是准确的。不过，这么说可能存在误导性。有些东西可能从客观上说是准确的，因为它是得到证据和数据支持的事实，但没几个人有时间、资源和专业知识去核实。对大多数人来说，判断一件事是否准确，更多的是看它是否符合自己对"世界如何运作"的认知。但人们对世界如何运作的"了解"几乎完全取决于脑海中最先浮现的既有知识，而如今那些既有知识可谓因人而异。

好比说，你深信本国执政党经常在热狗店举行崇拜撒旦的食人仪式。如果你看到两则官方新闻报道，一则说这确有其事，另一则说这是无稽之谈，你更有可能认为印证自己"已知"信息的那则新闻才准确。只要我们不知道那是不实信息，就有可能笃信某些离奇牵强的事，因为不实信息与真实信息一样有影响力。

由于不实信息不受"证物"和"证据"等东西限制，也无须为寻找证据投入大量时间、精力，所以它有更大的"活动空间"来塑造人们的想法和信念，无论那些信念与客观现实相距多远。可悲的是，现代互联网的许多特性（很可能是无意为之）使这种情况成了真，以至于不实信息，尤其是关于健康等重要问题的不实信息，成了目前现代社会面临的主要问题。[760]

致力于打击迷信和伪科学的怀疑论者和理性主义者常把一句话挂在嘴边：谣言说再多遍也不是真理（the plural of anecdote is not data）。这句话的意思是，哪怕有许多人告诉你某件事是真的，也不能说明它就一定是真的。例如，在历史上某一时刻，大多数人都会自信地说"太阳绕着地球转"。但事实并非如此，现在不是，过去不是，从来都不是。事实就是事实，真理就是真理，不管有多少人持相反观点。

不幸的是，尽管在真实世界和客观现实中，"谣言说再多遍也不是真理"固然没错，但在神经层面上却是另一回事。就大脑而言，如果有足够多的人告诉我们某件事，我们就很可能接受它是事实。我们与对方的情感联系越紧密，就越有可能相信对方。[761]我们的大脑就是这么设定的。

这就绕回了聊八卦与做学问的区别，也是为什么新闻播音员和名人代言在现代媒体上如此常见。在演化过程中，我们大部分时间都从其他人那里获取信息，也就是那些我们眼睛看着、耳朵听着的人。所以，那些人更能激起我们的情绪，也就是说我们的大脑更容易接受从他们那里获取的信息。

这可能是件好事。研究显示，如果信息不是直接呈现给我们的，而是由我们投注情绪的其他人提供的，我们会更有可能扭转看法或改变观点。[762]这就意味着，喜欢"听别人说"这个事实有助于我们对抗不实信息和有害观念。

不过，这是一把双刃剑。大多数人最终还是会受到不实信息和有害观念的影响，这要归咎于他们与其他人的互动，而互联网早已把我们与他人的互动变得面目全非。

互联网,尤其是社交媒体,模糊了"可信"与"不可信"信息源的界限。过去,人们很容易辨别官方信息源和非官方来源。如果把一份知名报刊摆在一本自费出版的小册子旁边,没有人会弄混。同样,官方电视新闻节目光鲜亮丽,绝不是拿家用摄像机在地下室里就能拍出来的。有时候,可信度由生产价值决定。[763]

而如今,无数人主要通过网络获取新闻和信息,于是老牌新闻平台也不得不通过推特、脸书、视频分享网站油管(YouTube)等渠道发布新闻。网络世界人人平等,所以越来越难区分官方信息源和个人随机提供的信息。业余博客看起来跟专业文章没什么不同。某家大报在脸书上发布的帖子可能会推送给你,看起来却跟你老妈好友发的帖子没什么两样,两者对移民的看法都相当令人担忧。24小时新闻频道发布的油管视频旁边,俨然就是某个精通剪辑软件并对光明会[1]持"有趣"观点的家伙发布的视频。

鉴于上述现象,人们对报刊、广播和网络信息源的相对可信度进行了大量研究。[764]虽然官方新闻内容提供方仍被视为"可信",但众多研究显示,网上的人通常认为好友和关系密切的人提供的信息同样可信,甚至更可信。[765]或者说,如果某则新闻来自你的朋友,或是与你朋友圈内普遍认同的信息一致,那么你会认为它更可信。[766]我们与他人的情感联系影响着我们认为哪些信息可信,哪些信息可以接受,而这往往发生在不知不觉之间。

我认为,最后这一点才是问题的核心。或许互联网和社交媒体带来的深刻影响是,如果你有某种想法、信念甚至质疑,无论它有多荒谬,你总能找到支持它的信息。而许多人都缺乏批判性评估信息真伪的能

1　光明会,阴谋论中常见的古老神秘组织,通常被描绘为一小撮顶级富豪试图通过阴谋在幕后控制全世界。——译者注

力，也就意味着他们更有可能信以为真。

不过，比找到支持你想法的（不实）信息更重要的是，你几乎总能找到同意自己观点的人，通常还是一大群人。而能否得到别人的认证，尤其是与自己有情感联系的人的认证，往往是信息能否得到信任和留存的重要因素。一旦达成群体共识，人们就会本能地努力维护并强化原有观点。[767]

无论你的理论或主张有多荒唐可笑，无论有多少证据将它驳得一文不值，只要有其他人赞同并支持，我们的大脑就会认为它得到了认证。我们分享自己的主张不会遭到排斥，只会得到情绪上的回报，这会使我们更坚信自己的想法正确无误。[768]因此，由于互联网在信息共享和人际联系方面发挥的作用，客观上不实的信念会在主观上得到证实、滋养和鼓励。

你可能会问，既然互联网和社交媒体将我们与众人联系在一起，为什么我们没有受到持反对意见或其他观点的人影响？如果我们每时每刻都在接触每个人的观点，而且难以区分那些观点与事实，为什么我们的想法没有不断变化？问得好！

首先，我们并不是每时每刻都能接触到每个人的观点。现代科技意味着我们能控制自己接触到和打交道的人，这正是现代科技吸引人的一大原因。就好比你去参加一场大型派对，每个人都在叽叽呱呱说个不停，但你不用跟每个人打交道，只需要跟自己认识的人聊天，其他人不过是背景噪声罢了。

但更重要的一点是，一旦信息被我们的大脑接受，开始影响我们的思维和理解，大脑就极不愿意改变或抗拒它。鉴于情绪是我们接受信息的关键，情绪会通过多种形式维护我们的既有理解，也就不足为奇了。

证实偏差[769]指的是，我们会回避或忽视质疑自己既有想法的信息。如果证实偏差不起作用，还有动机性推理，[770]也就是人们在处理信息时会以自己想要的结果为导向，而不是忠于信息提供的客观事实。如果证实偏差和动机性推理都无法阻止向既有想法发起挑战，那么还有信念固着。[771]它是指，即使面对确凿无疑的反面证据或信息，人们仍会坚持既有信念或结论，甚至既有信念还会因此变得更坚定。所以，这种现象有时也被称为"逆火效应"。

毕竟，吸收、处理和留存抽象信息是极为重要的事，而对大脑来说这么做通常相当困难，所以严格说来，只要是向大脑辛苦积累的信息发起挑战的东西，都会被大脑视为威胁，因为它有可能使此前的所有努力付诸东流，导致我们对世界的理解陷入混乱。这就是，为什么当我们看到有悖自己既有想法和信念的信息时，往往会迅速出现负面情绪反应，包括倍感压力和心理不适，也就是所谓的认知失调。[772]

为了防止认知失调，我们要么改变对信息的情绪反应，承认自己是错的；要么采取更批判挑剔、愤世嫉俗的思考方式，找出驳斥那些信息的理由，维护既有观点和信念。这就点出了情绪的本质：改变想法往往比改变感受容易得多。正如前面提到过的，人们热衷于听坏消息（哪怕他们一口咬定不喜欢坏消息），又容易违背自身喜好"随大溜"，这证明了有意识的思维与潜意识的情绪驱动力相互矛盾。而通常情况下情绪会占上风，哪怕情绪反应是基于不实信息产生的。

有些人正是抓住了这一点大做文章。令人不安的是，网上的不实信息不仅仅来自满腔热情却被误导的人，还有许多来自成心欺骗或误导别人的家伙，是他们故意发布到网上的。他们这么做的动机有很多，比如政治权力、影响力、金钱、地位、意识形态、关注、认可、自尊等。通过网络欺骗来操纵别人就能达到目的，而目前这么做的后果似乎并不严重。既然没有什么能阻止你兜售不实信息，你为什么不这么做呢？

显然，这也涉及利用情绪。只要瞄一眼不实信息或有误导性的声明，你就会发现那通常不是好话。通常是"你受骗了""有权有势的人想弄死你""所有你担忧的猜测都是事实""你不喜欢的那些人私底下虐杀小孩"，诸如此类。这充分利用了大脑的负面偏差，更容易吸引眼球，使收到不实信息的人情绪激动。而众所周知，这会让他们更容易记住不实信息。研究甚至证实，平时思考问题更依赖情绪而非理性的人，更容易受到假新闻的影响。[773]

不幸的是，由于社交媒体以参与、点赞、点击和分享为导向，数据显示社交媒体的本质就是调动情绪和煽动愤怒，[774]而这不可避免地会让情况变得更糟糕。

正因如此，许多专家和关注这个问题的团体夜以继日地打击不实信息，提出更正和反驳意见，进行事实核查，揭露虚假信息。但这是一场艰苦卓绝的战斗，因为我们的情绪会设置多重防线，防止任何东西破坏既有信念。不实信念受到网上志同道合之人的鼓励，又得到他们情绪层面的支持，于是不断滋长蔓延。

有人可能会认为我在夸大其词。毕竟，这在很大程度上仅限于网络世界，而且我不是不久前还说过，现实世界比虚拟世界更能激发情绪，因此影响力更大吗？没错，但我并没有说过，虚拟的科技世界不会对我们造成影响。有时候，它造成的影响可能更大。最近的研究显示，如果过度接触创伤性事件或灾难性事件的新闻报道，我们受到的影响可能比亲身经历灾难还要严重！[775]

这或许是因为，亲身经历重大灾难固然可怕，但灾难结束后事情也就过去了，而新闻报道、网上猜测和回复讨论则不然。那通常会将几分钟的事件变成持续几小时、几天乃至几周的情绪化信息，那些信息更有可能渗透进接受者的大脑，放大他们原有的担忧和恐惧。

也许这正是科技手段和虚拟世界的优势所在。现实世界中存在实打实的限制和约束，互联网和社交媒体则不存在那些阻碍。

那么，把前面提到的一切通通加起来，我们能得出什么结论？现代社会中充斥着海量信息，我们的大脑根本处理不过来，所以在选择"哪些才是重要信息"时更多依赖情绪。"可信的消息源"与"不实的流言蜚语"或"毫无根据的猜测"之间的界限越来越模糊，而且它们往往并列呈现，仿佛根本就是一回事。任何想法或信念，无论多么牵强或不切实际，都能迅速得到"证据"支持和社群认同，而热爱社交的大脑就喜欢这样。网络世界的本质，加上为达成邪恶目的不择手段的恶人（包括掌控社会的政客、权贵[776]），确保我们的情绪时刻会受到刺激，进而更容易接纳不实信息。

鉴于这一切，许多人会相信新冠疫情并不存在，也就不足为奇了。这也许是一种令人欣慰的妄想，但科技和情绪却乐于放纵并印证这种妄想。

对此我们能做些什么？有些人认为，最好的做法是把情绪抽离出来，尽可能凭借理性和逻辑处理一切，同时只听信基于实证的可靠信息源。我本人曾经支持这种做法，还积极加入了倡导这么做的社群。

但后来，尤其是在写这本书的过程中，我学到了很多。如今，我不禁觉得这种做法存在缺陷，因为它严重误解或低估了情绪的作用。情绪在我们的一切思考和行为中发挥着重要且根本的作用。

对，不可否认，情绪是带来了不少问题。但你知道吗？骨头会断裂，细胞会生癌，皮肤会晒伤，眼睛会出毛病……这些事时有发生，而这就是人生。但从来没有人提议我们抽出骨头，剥掉皮肤，杀死细胞。因为我们需要它们才能活下去。现在我明白了，情绪也是一样。

这就是，为什么我认为试图忽略、压抑、抗拒情绪的努力注定会失败。这不仅仅是猜测，因为你在网上经常会看到这种情况：有些人一口咬定自己完全按照理性和逻辑行事，却不知为何总是跟不赞同他们观点的人吵起来（而这么做既不合理也不合逻辑）。

还有一些人自许为怀疑论者、理性主义者、知识分子等，常年鼓励人们做决定时只依靠科学证据和可靠信息源。别误会我的意思，这本身是个崇高目标。不过，那些人一旦找到了自己极为热衷的东西（能刺激他们情绪的东西），无论是性别问题、政治意识形态、言论自由或审查问题，还是其他什么议题，他们原本的崇高原则就会转瞬消失。只要是支持他们对特定问题看法的说法，无论多么低劣浅薄、存在争议或站不住脚，都成了他们拿得出手的证据。

这是科学界公认的现象。事实上，最近的一项研究显示，人们更愿意相信能刺激情绪的信息和新闻报道，哪怕信息源根本不可信。[777]

这再次证明，情绪无法与大脑的认知处理过程分割开。事实上，请扪心自问，为什么人类总是倾向于根据理性和逻辑思考问题？你可能会说，这是因为我们喜欢"事事都对"，喜欢解决问题，喜欢在充满不确定的世界里提供确定性。这能让人安心，让我们感觉倍儿棒。

这完全说得通。但它意味着，大脑之所以运用逻辑推理和理性思维，归根结底是因为这么做能带来情绪上的回报。[778]逻辑和理性非但不会阻碍情绪，反而要依赖情绪。没有情绪，它们就无法存在。因此，如果你试图压抑或消除思维中的情绪，结果只会适得其反，注定无法成功。

那么，我的解决方法是什么？情绪也许并不理智，会带来种种问题，还会让我们相信许多荒唐有害的东西，但它无疑是"人之为人"的关键和基础。我们该怎么解决这个看似无解的问题？

要我说，其实根本没法解决。我们目前只需要承认这一点就够了。几千年来，世界上最睿智的人一直没搞懂情绪的运作方式，在接下来很长一段时间里仍会如此。而我不过是个神经科学家，坐在英国卡迪夫郊区的小屋里，在老爸不幸去世后试着弄清自己的情绪，然后把了解到的一切写下来，写给其他感兴趣的人看。

但我要说的是，大量研究显示，我们越是能意识到自己的情绪及其作用，就越能削弱并控制情绪对自己的影响。[779]至少对我来说是这样。

例如，现在我明白了，为什么面对新冠疫情的严峻现实，有些人会认为疫情根本不存在，或是别人出于邪恶目的放出的假新闻。科技发达的现代世界很容易出现这种情况，而出于某些原因，这会给人带来情绪上的慰藉。

而这个时候，我突然蹦了出来，大谈特谈老爸被疫情夺走后我的情绪创伤。这剥夺了那些人的情绪慰藉，激起了他们大脑的防御反应，导致他们得出结论：我肯定在撒谎，或者是在搞什么阴谋，总之可以忽略不计。他们并不是想打击我，让我在哀恸的泥潭中越陷越深，只是想规避自己的情绪不适。

我没法说喜欢他们的做法，当然也不认同这种做法。但至少可以说，现在我理解这种情况是怎么发生的，又是为什么会发生的了。老实说，这确实让我感觉好多了。这就已经很了不起了，因为我不知道有什么能改变那些人的看法。

当然，除非他们的亲朋好友也死于新冠。但我绝对不希望这种事发生。我最不希望的就是其他人（无论他们是谁，无论他们做过什么）跟我有一样的经历，我也不相信发生那种事会让我感觉好一些。我承认，不久前我可能这么想过，但如果不出意外的话，我可以肯定地说，自己对情绪不再那么无知了。

希望我能帮到你，让你也能说出同样的话来。

结　语

我写下这段话的时候，已经过世的老爸正注视着我。

我不是说他从天上注视着我，[1]而是说我办公室后侧的搁板上摆着两个相框，里面镶着老爸的照片。

那些照片不是特别重要，更说不上意义深刻，拍的不是重大事件，也不是庆祝活动或诸如此类的东西，只是我和老爸随便拍着玩的。事实上，拍完后我根本不当一回事，害得它们在电脑硬盘里躺了好几年，在二进制代码意义上积了不少灰。我偶尔会在翻找其他东西时瞥它们一眼，但也仅此而已。

然后，老爸去世了，由于新冠肺炎离开了人世。如今，这些照片对我来说变得更重要也更有意义，乃至在我的家庭办公室里占据了重要位置。

我之所以告诉你这些，是因为它完美展示了本书探讨的东西：哪怕在记忆形成许久之后，强烈的情绪体验也能改变那段记忆，改变你对相关事物的感受。

事实上，现在回过头来想，这本书就是一个绝佳的例子。我原本打算写一本轻松有趣的读物，书中不少内容也是按这个思路写的。但后来，我经历了一次深刻的情绪体验，结果这本书变得比我计划中深刻得

---

[1] 虽说也有可能是这样，但这超出了我可以探讨的范畴。

多,也比我预想中私人化得多。

我要据理力争:这样其实对书更好,对我也更好。亲身经历这段旅程并把它写下来,让我对情绪的理解有了翻天覆地的变化。这在我的意料之中。但越来越清楚的一点是,就在我的眼皮底下,情绪深刻地改变了我。这则是我始料未及的。

但也许这是不可避免的。因为,如果说我在写作过程中了解到的情绪相关知识有个共同点,那就是情绪与改变密不可分。

我觉得,自己对情绪及其运作方式极其无知。可我发现,几乎所有人都说不清情绪是怎么回事。因为我们对情绪的定义和理解在不断变化,数千年来一直如此。

我曾经认为,情绪纯粹是大脑中的抽象现象,但事实上,每种情绪都会导致我们体内发生变化,有可能是神经变化,也有可能是生理变化,甚至有可能是化学变化。

我了解到,情绪最初之所以会产生,是因为原始大脑需要对环境中可察觉的变化作出反应。而且,情绪绝不是多余的演化遗物。在长达数百万年的时间里,情绪改变了我们,塑造了我们看待事物的方式和对事物的感知,也塑造了我们形成的记忆。

跟许多人一样,我也相信有针对特定场合的特定情绪。不过,我们体验到的情绪会随着时间推移发生变化,而且因人而异。

甚至,由于情绪涉及整个大脑,它们经常会在小范围内、个体层面上改变我们。情绪会改变我们对事物的看法,哪怕是在客观上根本说不通的情况下。比方说,情绪会让我们享受痛苦,或是在看到挚爱时畏缩不前。

正因如此,许多事物都会通过情绪影响和改变我们,比如音乐、故事、动物、婴儿、色彩、人际关系,以至于可以是我们遇到的几乎所有东西。

情绪甚至会从好坏两方面改变我们对现实的理解。它们会促使我们设想更好的结果，或是严重扭曲我们对现实的感知，乃至拒绝接受感官提供的证据，甚至是攻击已经备受折磨的人。

无论你是什么样的人——无论你年纪多大，性别认同如何——你的情绪和表达情绪的方式（就像你大脑中发生的其他事一样）都会受周遭世界的影响，也会受世人对你期待的影响。

接下来，就要说到我本人了。在应对丧父之痛的过程中，我发生了哪些变化？

这段旅程除了让我收获了许多知识，积累了许多极度情绪化的回忆，还让我意识到，自己不该像许多类似的人常做的那样，拒绝接受自己的情绪。

是的，失去亲友，尤其是在令人痛心的情形下失去挚爱亲友，当然会让人产生极度不快、难以承受的情绪。但我现在明白了，这些失控的情绪是内心的自然反应，相当于身体受伤感染后的炎症和疼痛，是人体的应对机制。这些情绪并不是问题本身。同样，悲剧发生后强烈的负面情绪也是大脑处理自身经历的方式。

这一认识对我助益良多。稍微说几句题外话，写下这篇结语是在提交本书初稿几个月后。在我提交初稿之后，又发生了许多事。从全球和个人角度来看，那些事都可能令我焦躁不安，激发我的愤怒与绝望。但尽管确实如此，我到目前为止还没被压垮。我痛苦万分，却还没崩溃。

事实上，我经受了这么多折磨，竟然还能这么冷静，许多人都大感惊讶。这要归功于这本书和写作它的过程，以及我为了写完它所经历的一切。它教会了我，不要抗拒或压抑自己的情绪反应，而要顺其自然，接纳它们，看看它们会把我带向何方。

当然，我是神经科学家，所以说出这番话也许会容易一些。但我想说的是，身为神经科学家体验丧父之痛，就像经验丰富的机械师被困在一辆汽车里，那辆车不但在高速公路上超速行驶，还没有刹车。哪怕我知道问题出在哪里，也知道该怎么解决，但此时此刻，那些知识根本派不上用场；我唯一的选择就是牢牢握住方向盘，绕过障碍物，直到车速慢下来。

我至今还没撞过车，希望以后也不会。我的驾驶技术有所提升，也觉得更有掌控力了。不过，前方还有很长的路要走。

我还在思念老爸吗？对。

老爸去世还会给我带来情绪困扰吗？当然。

往后余生我都会在某种程度上体会到这种感觉吗？没错。

这有问题吗？

一点儿也没有。

我没法保证不再经历这样的情绪波动。但如果真的再来一次，至少我对情绪不会再那么无知。或者说，如果真的再来一次，我会坦然接受，与自己的情绪共处，而不是试图抗拒或控制它们。因为从许多方面来看，情绪是我的重要组成部分，对其他人来说也一样。

这就是我希望你能从这本书里得到的启发。

致　谢

按照我以往的经验,一本书问世需要许多人付出努力,哪怕只是为了封面上的一个名字。

这本书更是如此。我以前觉得前几本书不好写,但现在感觉它们不过尔尔,就像跟赤手空拳的拳王上场较量之前先松松筋骨热个身。

老实说,在我人生中最艰难的时期,如果不是有那么多人伸出援手,帮助我,支持我,这本书早就变得一团糟、脱离正轨或是被彻底放弃了。我至少也该感谢他们的无私奉献。

感谢我太太瓦妮塔(Vanita),还有我的儿女米伦(Millen)和卡维塔(Kavita)。当时的局面意味着我们别无选择,只能待在一起,但话说回来,我可不会选择跟别人待在一起。

感谢我的出版经纪人克里斯·韦伯洛夫(Chris Wellbelove)。哪怕我(纯属无心)反复折腾,也没能打破他传奇般的沉着冷静。

感谢我的编辑弗雷德·巴蒂(Fred Baty)、我的出版人劳拉·哈桑(Laura Hassan)和费伯出版社的每一位同人,感谢他们对我乱糟糟的稿件和不守截稿期限表现得无比耐心。当然了,也要考虑到"疫情引发的全球文明停滞期间的丧父之痛"。但即使如此,我也做得太过分了。

感谢我的好朋友丹·托马斯(Dan Thomas)和约翰·雷恩(John Rain)。在我最黑暗的那个时期,每周二晚上他们都会任由我醉醺醺地吐槽烂片,这才帮我熬了过来。

感谢理查德（Richard）、卡莉斯（Carys）、凯蒂（Katie）、吉娜（Gina）、克里斯（Chris）、布伦特（Brent），以及所有为这本书作出过贡献的人，贡献不分大小。

感谢乌比（Whoopi）和汤姆（Tom）。因为哪怕在你最低迷的时期，得到家喻户晓的名人支持、认可，也能带给你惊人的动力。

最后，还要感谢"泡菜"，感谢它那么逗，哪怕它永远不会知道我有多感激它。但话说回来，就算它知道了，大概也半点儿都不在乎。毕竟猫咪就是这副样子嘛。

参考文献

第一章 情绪的基础知识

[1] Firth-Godbehere, R., *A Human History of Emotion* (Fourth Estate, 2022).
[2] Russell, B., *History of Western Philosophy: Collectors Edition* (Routledge, 2013).
[3] Graver, M., *Stoicism and Emotion* (University of Chicago Press, 2008).
[4] Annas, J.E., *Hellenistic Philosophy of Mind*, Vol. 8 (University of California Press, 1994).
[5] Algra, K.A., *The Cambridge History of Hellenistic Philosophy* (Cambridge University Press, 1999).
[6] Seddon, K., *Epictetus' Handbook and the Tablet of Cebes: Guides to Stoic Living* (Routledge, 2006).
[7] Montgomery, R.W., 'The ancient origins of cognitive therapy: the reemergence of Stoicism', *Journal of Cognitive Psychotherapy*, 1993, 7(1): p. 5.
[8] Ambrose, S., *On the Duties of the Clergy* (Aeterna Press, 1896).
[9] Gaca, K.L., 'Early Stoic Eros: the sexual ethics of Zeno and Chrysippus and their evaluation of the Greek erotic tradition', *Apeiron*, 2000, 33(3): pp. 207-238.
[10] Dixon, T., *From Passions to Emotions: The Creation of a Secular Psychological Category* (Cambridge University Press, 2003).
[11] Bain, A., *The Emotions and the Will* (John W. Parker and Son, 1859).
[12] Wilkins, R.H. and I.A. Brody, 'Bell's palsy and Bell's phenomenon', *Archives of Neurology*, 1969, 21(6): pp. 661-662.
[13] Darwin, C. and P. Prodger, *The Expression of the Emotions in Man and Animals* (Oxford University Press, 1998).
[14] McCosh, J., *The Emotions* (C. Scribner's Sons, 1880).
[15] Dixon, T., *Thomas Brown: Selected Philosophical Writings*, Vol. 9 (Andrews UK Limited, 2012).
[16] Izard, C.E., 'The many meanings/aspects of emotion: definitions, functions, activation, and regulation', *Emotion Review*, 2010, 2(4): pp. 363-370.
[17] Murube, J., 'Basal, reflex, and psycho-emotional tears', *The Ocular Surface*, 2009, 7(2): pp. 60-66.
[18] Smith, J.A., 'The epidemiology of dry eye disease', *Acta Ophthalmologica Scandinavica*, 2007, 85.
[19] Dartt, D.A. and M.D.P. Willcox, 'Complexity of the tear film: importance in homeostasis and dysfunction during disease', *Experimental Eye Research*, 2013, 117: pp. 1-3.
[20] Vingerhoets, A., *Why Only Humans Weep: Unravelling the Mysteries of Tears* (Oxford University Press, 2013).
[21] Frey II, W.H., et al., 'Effect of stimulus on the chemical composition of human tears', *American Journal of Ophthalmology*, 1981, 92(4): pp. 559-567.
[22] Bellieni, C., 'Meaning and importance of weeping', *New Ideas in Psychology*, 2017, 47: pp. 72-76.
[23] Gelstein, S., et al., 'Human tears contain a chemosignal', *Science*, 2011, 331(6014): pp. 226-230.

[24] Rubin, D., et al., 'Second-hand stress: inhalation of stress sweat enhances neural response to neutral faces', *Social Cognitive and Affective Neuroscience*, 2012, 7(2): pp. 208–212.

[25] Garbay, B., et al., 'Myelin synthesis in the peripheral nervous system', *Progress in Neurobiology*, 2000. 61(3): pp. 267–304.

[26] Heinbockel, T., 'Introductory chapter: organization and function of sensory nervous systems', in *Sensory Nervous System* (InTech, 2018), p. 1.

[27] Elefteriou, F., 'Impact of the autonomic nervous system on the skeleton', *Physiological Reviews*, 2018, 98(3): pp. 1083–1112.

[28] Jansen, A.S., et al., 'Central command neurons of the sympathetic nervous system: basis of the fight-or-flight response', *Science*, 1995, 270(5236): pp. 644–646.

[29] VanPatten, S. and Y. Al-Abed, 'The challenges of modulating the "rest and digest" system: acetylcholine receptors as drug targets', *Drug Discovery Today*, 2017, 22(1): pp. 97–104.

[30] Jansen, et al., 'Central command neurons'.

[31] Elmquist, J.K., 'Hypothalamic pathways underlying the endocrine, autonomic, and behavioral effects of leptin', *International Journal of Obesity*, 2001, 25(S5): pp. S78–S82.

[32] Kreibig, S.D., 'Autonomic nervous system activity in emotion: a review', *Biological Psychology*, 2010, 84(3): pp. 394–421.

[33] Bushman, B.J., et al., 'Low glucose relates to greater aggression in married couples', *Proceedings of the National Academy of Sciences*, 2014, 111(17): p. 6254.

[34] Mergenthaler, P., et al., 'Sugar for the brain: the role of glucose in physiological and pathological brain function', *Trends in Neurosciences*, 2013, 36(10): pp. 587–597.

[35] Olson, B., D.L. Marks, and A.J. Grossberg, 'Diverging metabolic programmes and behaviours during states of starvation, protein malnutrition, and cachexia', *Journal of Cachexia, Sarcopenia and Muscle*, 2020, 11(6):pp. 1429–1446.

[36] Kahil, M.E., G.R. McIlhaney, and P.H. Jordan Jr, 'Effect of enteric hormones on insulin secretion', *Metabolism*, 1970, 19(1): pp. 50–57.

[37] Gershon, M.D., 'The enteric nervous system: a second brain', *Hospital Practice*, 1999, 34(7): pp. 31–52.

[38] Sender, R., S. Fuchs, and R. Milo, 'Revised estimates for the number of human and bacteria cells in the body'. *PLOS Biology*, 2016, 14(8): p. e1002533.

[39] Mayer, E.A., 'Gut feelings: the emerging biology of gut-brain communication', Nature reviews. *Neuroscience*, 2011, 12(8): pp. 453–466.

[40] Evrensel, A. and M.E. Ceylan, 'The gut-brain axis: the missing link in depression', *Clinical Psychopharmacology and Neuroscience*, 2015, 13(3): p. 239.

[41] Ali, S.A., T. Begum, and F. Reza, 'Hormonal influences on cognitive function', *The Malaysian Journal of Medical Sciences: MJMS*, 2018, 25(4): pp. 31–41.

[42] Schachter, S.C. and C.B. Saper, 'Vagus nerve stimulation', *Epilepsia*, 1998, 39(7): pp. 677–686.

[43] Porges, S.W., J.A. Doussard-Roosevelt, and A.K. Maiti, 'Vagal tone and the physiological regulation of emotion', *Monographs of the Society for Research in Child Development*, 1994, 59(2-3): pp. 167–186.

[44] Breit, S., et al., 'Vagus nerve as modulator of the brain-gut axis in psychiatric and inflammatory disorders', *Frontiers in Psychiatry*, 2018. 9: p. 44.

[45] Groves, D.A. and V.J. Brown, 'Vagal nerve stimulation: a review of its applications and potential mechanisms that mediate its clinical effects', *Neuroscience & Biobehavioral Reviews*, 2005, 29(3): pp. 493–500.

[46] Ondicova, K., J. Pecenak, and B. Mravec, 'The role of the vagus nerve in depression', *Neuroendocrinology Letters*, 2010, 31(5): p. 602.

[47] Bechara, A. and A.R. Damasio, 'The somatic marker hypothesis: A neural theory of economic

decision', *Games and Economic Behavior*, 2005, 52(2): pp. 336–372.

[48] Wardle, M.C., et al., 'Iowa Gambling Task performance and emotional distress interact to predict risky sexual behavior in individuals with dual substance and HIV diagnoses', *Journal of Clinical and Experimental Neuropsychology*, 2010, 32(10): pp. 1110–1121.

[49] Dunn, B.D., T. Dalgleish, and A.D. Lawrence, 'The somatic marker hypothesis: a critical evaluation'. *Neuroscience & Biobehavioral Reviews*, 2006, 30(2): pp. 239–271.

[50] Damasio, A.R., 'The somatic marker hypothesis and the possible functions of the prefrontal cortex', *Philosophical Transactions of the Royal Society of London*, Series B: Biological Sciences, 1996. 351(1346): pp. 1413–1420.

[51] Dunn et al., 'The somatic marker hypothesis'.

[52] Lomas, T. *The Positive Lexicography*, 2019; Available from: https://www.drtimlomas.com/lexicography.

[53] McCarthy, G., et al., 'Face-specific processing in the human fusiform gyrus', *Journal of Cognitive Neuroscience*, 1997, 9(5): pp. 605–610.

[54] Gunnery, S.D. and M.A. Ruben, 'Perceptions of Duchenne and non-Duchenne smiles: a meta-analysis', *Cognition and Emotion*, 2016, 30(3): pp. 501–515.

[55] Kleinke, C.L., 'Gaze and eye contact: a research review', *Psychological Bulletin*, 1986, 100(1): p. 78.

[56] Liu, J., et al., 'Seeing Jesus in toast: neural and behavioral correlates of face pareidolia', *Cortex*, 2014, 53: pp. 60–77.

[57] Darwin and Prodger, *The Expression of the Emotions*.

[58] Ekman, P., 'Biological and cultural contributions to body and facial movement', in *The Anthropology of the Body*, J. Blacking (ed.)(Academic Press, 1977), pp. 34–84.

[59] Ekman, 'Biological and cultural contributions'.

[60] Ekman, P. and W.V. Friesen, 'Constants across cultures in the face and emotion', *Journal of Personality and Social Psychology*, 1971, 17(2): p. 124.

[61] Sorenson, E.R., et al., 'Socio-ecological change among the Fore of New Guinea [and comments and replies]', *Current Anthropology*, 1972, 13(3/4): pp. 349–383.

[62] Davis, M., 'The mammalian startle response', in *Neural Mechanisms of Startle Behavior*, R.C. Eaton (ed.) (Springer, 1984), pp. 287–351.

[63] Ekman, P., W.V. Friesen, and R.C. Simons, 'Is the startle reaction an emotion?', *Journal of Personality and Social Psychology*, 1985, 49(5): p. 1416.

[64] Jack, R.E., O.G. Garrod, and P.G. Schyns, 'Dynamic facial expressions of emotion transmit an evolving hierarchy of signals over time', *Current Biology*, 2014, 24(2): pp. 187–192.

[65] Ekman, P., 'An argument for basic emotions', *Cognition & Emotion*, 1992, 6(3–4): pp. 169–200.

[66] Beck, J., 'Hard feelings: science's struggle to define emotions', *The Atlantic*, 24 February 2015.

[67] Jack, R.E., et al., 'Facial expressions of emotion are not culturally universal', *Proceedings of the National Academy of Sciences*, 2012, 109(19): pp. 7241–7244.

[68] Barrett, L.F., *How Emotions Are Made: The Secret Life of the Brain* (Houghton Mifflin Harcourt, 2017).

[69] Gendron, M., et al., 'Perceptions of emotion from facial expressions are not culturally universal: evidence from a remote culture', *Emotion*, 2014, 14(2): p. 251.

[70] Bowmaker, J., 'Trichromatic colour vision: why only three receptor channels?', *Trends in Neurosciences*, 1983, 6: pp. 41–43.

[71] Hemmer, P. and M. Steyvers, 'A Bayesian account of reconstructive memory', *Topics in Cognitive Science*, 2009, 1(1): pp. 189–202.

[72] Güntürkün, O. and S. Ocklenburg, 'Ontogenesis of lateralization', *Neuron*, 2017, 94(2): pp. 249–263.

[73] Luders, E., et al., 'Positive correlations between corpus callosum thickness and intelligence', *NeuroImage*, 2007, 37(4): pp. 1457–1464.

[74] Frost, J.A., et al., 'Language processing is strongly left lateralized in both sexes: evidence from functional MRI', *Brain*, 1999, 122(2): pp. 199–208.

[75] Mento, G., et al., 'Functional hemispheric asymmetries in humans: electrophysiological evidence from preterm infants', *European Journal of Neuroscience*, 2010, 31(3): pp. 565–574.

[76] Christie, J., et al., 'Global versus local processing: seeing the left side of the forest and the right side of the trees', *Frontiers in Human Neuroscience*, 2012, 6: p. 28.

[77] Perry, R., et al., 'Hemispheric dominance for emotions, empathy and social behaviour: evidence from right and left handers with frontotemporal dementia', *Neurocase*, 2001, 7(2): pp. 145–160.

[78] Davidson, R.J., 'Hemispheric asymmetry and emotion', *Approaches to Emotion*, 1984, 2: pp. 39–57.

[79] Murphy, F.C., I. Nimmo-Smith, and A.D. Lawrence, 'Functional neuroanatomy of emotions: a meta-analysis', *Cognitive, Affective, & Behavioral Neuroscience*, 2003, 3(3): pp. 207–233.

[80] Isaacson, R., *The Limbic System* (Springer Science & Business Media, 2013).

[81] MacLean, P.D., *The Triune Brain in Evolution: Role in Paleocerebral Functions* (Springer Science & Business Media, 1990).

[82] Nieuwenhuys, R., 'The neocortex', *Anatomy and Embryology*, 1994, 190(4): pp. 307–337.

[83] Isaacson, *The Limbic System*.

[84] MacLean, P.D., 'The limbic system (visceral brain) and emotional behavior', *AMA Archives of Neurology & Psychiatry*, 1955, 73(2): pp. 130–134.

[85] Isaacson, *The Limbic System*.

[86] Iturria-Medina, Y., et al., 'Brain hemispheric structural efficiency and interconnectivity rightward asymmetry in human and nonhuman primates', *Cerebral Cortex*, 2011, 21(1): pp. 56–67.

[87] Morgane, P.J., J.R. Galler, and D.J. Mokler, 'A review of systems and networks of the limbic forebrain/limbic midbrain', *Progress in Neurobiology*, 2005, 75(2): pp. 143–160.

[88] Roseman, I. J. and C. A. Smith, 'Appraisal theory: overview, assumptions, varieties, controversies', in *Appraisal Processes in Emotion: Theory, Methods, Research* K. Scherer, A. Schorr, and T. Johnstone (eds) (Oxford University Press, 2001) pp. 3–19.

[89] Murphy et al., 'Functional neuroanatomy of emotions'.

[90] Davidson, R.J., 'Well-being and affective style: neural substrates and biobehavioural correlates', *Philosophical Transactions of the Royal Society of London*, Series B: Biological Sciences, 2004, 359(1449): pp. 1395–1411.

[91] Murphy et al., 'Functional neuroanatomy of emotions'.

[92] Panksepp, J., T. Fuchs, and P. Iacobucci, 'The basic neuroscience of emotional experiences in mammals: the case of subcortical FEAR circuitry and implications for clinical anxiety', *Applied Animal Behaviour Science*, 2011, 129(1): pp. 1–17.

[93] Richardson, M.P., B.A. Strange, and R.J. Dolan, 'Encoding of emotional memories depends on amygdala and hippocampus and their interactions', *Nature Neuroscience*, 2004, 7: p. 278.

[94] Adolphs, R., 'What does the amygdala contribute to social cognition?', *Annals of the New York Academy of Sciences*, 2010, 1191(1): pp. 42–61.

[95] Zald, D.H., 'The human amygdala and the emotional evaluation of sensory stimuli', *Brain Research Reviews*, 2003, 41(1): pp. 88–123.

[96] Pessoa, L., 'Emotion and cognition and the amygdala: from "what is it?" to "what's to be done?"', *Neuropsychologia*, 2010, 48(12): pp. 3416–3429.

[97] Davidson, R.J., et al., 'Approach-withdrawal and cerebral asymmetry: emotional expression and brain physiology: I', *Journal of Personality and Social Psychology*, 1990, 58(2): p. 330.

[98] Adolphs, R., et al., 'Cortical systems for the recognition of emotion in facial expressions', *Journal*

of Neuroscience, 1996, 16(23): pp. 7678-7687.
[99] Posse, S., et al., 'Enhancement of temporal resolution and BOLD sensitivity in real-time fMRI using multi-slab echo-volumar imaging', NeuroImage, 2012, 61(1): pp. 115-130.

第二章 情绪与思维

[100] Smith, B., 'Depression and motivation', Phenomenology and the Cognitive Sciences, 2013, 12(4): pp. 615-635.
[101] Wayner, M.J. and R.J. Carey, 'Basic drives', Annual Review of Psychology, 1973, 24(1): pp. 53-80.
[102] Brown, R.G. and G. Pluck, 'Negative symptoms: the "pathology" of motivation and goal-directed behaviour', Trends in Neurosciences, 2000, 23(9): pp. 412-417.
[103] Higgins, E.T., 'Value from hedonic experience and engagement', Psychological Review, 2006, 113(3): p. 439.
[104] Macefield, V.G., C. James, and L.A. Henderson, 'Identification of sites of sympathetic outflow at rest and during emotional arousal: concurrent recordings of sympathetic nerve activity and fMRI of the brain', International Journal of Psychophysiology, 2013, 89(3): pp. 451-459.
[105] Lang, P.J. and M. Davis, 'Emotion, motivation, and the brain: reflex foundations in animal and human research', Progress in Brain Research, 2006, 156: pp. 3-29.
[106] Valenstein, E.S., V.C. Cox, and J.W. Kakolewski, 'Reexamination of the role of the hypothalamus in motivation', Psychological Review, 1970, 77(1): pp. 16-31.
[107] Swanson, L.W., 'Cerebral hemisphere regulation of motivated behavior', Brain Research, 2000, 886(1-2): pp. 113-164.
[108] Risold, P., R. Thompson, and L. Swanson, 'The structural organization of connections between hypothalamus and cerebral cortex', Brain Research Reviews, 1997, 24(2-3): pp. 197-254.
[109] Risold et al., 'The structural organization of connections'.
[110] Swanson, 'Cerebral hemisphere regulation'.
[111] Diamond, A., 'Executive functions', Annual Review of Psychology, 2013, 64: pp. 135-168.
[112] Arulpragasam, A.R., et al., 'Corticoinsular circuits encode subjective value expectation and violation for effortful goal-directed behavior', Proceedings of the National Academy of Sciences, 2018, 115(22): pp. E5233-E5242.
[113] Berridge, K.C., 'Food reward: brain substrates of wanting and liking', Neuroscience & Biobehavioral Reviews, 1996, 20(1): pp. 1-25.
[114] Blanchard, D.C., et al., 'Risk assessment as an evolved threat detection and analysis process', Neuroscience & Biobehavioral Reviews, 2011, 35(4): pp. 991-998.
[115] Bechara, A., H. Damasio, and A.R. Damasio, 'Emotion, decision making and the orbitofrontal cortex', Cerebral Cortex, 2000, 10(3): pp. 295-307.
[116] Habib, M., et al., 'Fear and anger have opposite effects on risk seeking in the gain frame', Frontiers in Psychology, 2015, 6: p. 253.
[117] Harmon-Jones, E., 'Anger and the behavioral approach system', Personality and Individual Differences, 2003, 35(5): pp. 995-1005.
[118] Habib et al., 'Fear and anger have opposite effects'.
[119] Deci, E.L. and A.C. Moller, 'The concept of competence: a starting place for understanding intrinsic motivation and self-determined extrinsic motivation', in Handbook of Competence and Motivation, A.J. Elliot and C.S. Dweck (eds) (Guilford Publications, 2005), pp. 579-597.
[120] Lepper, M.R., D. Greene, and R.E. Nisbett, 'Undermining children's intrinsic interest with extrinsic reward: a test of the "overjustification" hypothesis', Journal of Personality and Social

[121] Clanton Harpine, E., 'Is intrinsic motivation better than extrinsic motivation?', in *Group-Centered Prevention in Mental Health: Theory, Training, and Practice*, E. Clanton Harpine (ed.) (Springer International Publishing, 2015), pp. 87–107.
[122] Meyer, D.K. and J.C. Turner, 'Discovering emotion in classroom motivation research', *Educational Psychologist*, 2002, 37(2): pp. 107–114.
[123] Blackmore, C., D. Tantam, and E. van Deurzen, 'Evaluation of e-learning outcomes: experience from an online psychotherapy education programme', *Open Learning: The Journal of Open, Distance and e-Learning*, 2008, 23(3):pp. 185–201.
[124] Megna, P., 'Better living through dread: medieval ascetics, modern philosophers, and the long history of existential anxiety', *PMLA: Publications of the Modern Language Association of America*, 2015, 130(5): pp. 1285–1301.
[125] De Berker, A.O., et al., 'Computations of uncertainty mediate acute stress responses in humans', *Nature Communications*, 2016, 7: p. 10996.
[126] Fitzpatrick, M., 'The recollection of anxiety: Kierkegaard as our Socratic occasion to transcend unfreedom', *The Heythrop Journal*, 2014, 55(5): pp. 871–882.
[127] Legault, L. and M. Inzlicht, 'Self-determination, self-regulation, and the brain: autonomy improves performance by enhancing neuroaffective responsiveness to self-regulation failure', *Journal of Personality and Social Psychology*, 2013, 105(1): pp. 123–138.
[128] Brindley, G., 'The colour of light of very long wavelength', *The Journal of Physiology*, 1955, 130(1): p. 35.
[129] Mikellides, B., 'Colour psychology: the emotional effects of colour perception', in *Colour Design*, J. Best (ed.) (Woodhead Publishing, 2012), pp. 105–128.
[130] Thoen, H.H., et al., 'A different form of color vision in mantis shrimp', *Science*, 2014, 343(6169): pp. 411–413.
[131] Dominy, N.J. and P.W. Lucas, 'Ecological importance of trichromatic vision to primates', *Nature*, 2001, 410(6826): pp. 363–366.
[132] Politzer, T., 'Vision is our dominant sense', *Brainline*, URL: https://www.brainline.org/article/vision-our-dominant-sense (accessed 15 April 2018), 2008.
[133] Goodale, M.A. and A.D. Milner, 'Separate visual pathways for perception and action', *Trends In Neuroscience*, 1992, 15(1): pp. 20–25.
[134] Hupka, R.B., et al., 'The colors of anger, envy, fear, and jealousy: a cross-cultural study', *Journal of Cross-Cultural Psychology*, 1997, 28(2): pp. 156–171.
[135] Jin, H.-R., et al., 'Study on physiological responses to color stimulation', *International Association of Societies of Design Research*, 2009: pp. 1969–1979.
[136] Fetterman, A.K., M.D. Robinson, and B.P. Meier, 'Anger as "seeing red": evidence for a perceptual association', *Cognition & Emotion*, 2012, 26(8): pp. 1445–1458.
[137] Pravossoudovitch, K., et al., 'Is red the colour of danger? Testing an implicit red-danger association', *Ergonomics*, 2014, 57(4): pp. 503–510.
[138] Ou, L.-C., et al., 'A study of colour emotion and colour preference. Part I: Colour emotions for single colours', *Color Research & Application*, 2004, 29(3): pp. 232–240.
[139] Changizi, M.A., Q. Zhang, and S. Shimojo, 'Bare skin, blood and the evolution of primate colour vision', *Biology Letters*, 2006, 2(2): pp. 217–221.
[140] Kienle, A., et al., 'Why do veins appear blue? A new look at an old question', *Applied Optics*, 1996, 35(7): pp. 1151–1160.
[141] Re, D.E., et al., 'Oxygenated-blood colour change thresholds for perceived facial redness, health, and attractiveness', *PLOS One*, 2011, 6(3): p. e17859.
[142] Changizi et al., 'Bare skin, blood'.

[143] Changizi et al., 'Bare skin, blood'.
[144] Benitez-Quiroz, C.F., R. Srinivasan, and A.M. Martinez, 'Facial color is an efficient mechanism to visually transmit emotion', *Proceedings of the National Academy of Sciences*, 2018, 115(14): pp. 3581–3586.
[145] Stephen, I.D., et al., 'Skin blood perfusion and oxygenation colour affect perceived human health', *PLOS One*, 2009, 4(4): p. e5083.
[146] Landgrebe, M., et al., 'Effects of colour exposure on auditory and somatosensory perception-hints for cross-modal plasticity', *Neuroendocrinology Letters*, 2008, 29(4): p. 518.
[147] Tan, S.-h. and J. Li, 'Restoration and stress relief benefits of urban park and green space', *Chinese Landscape Architecture*, 2009, 6: pp. 79–82.
[148] Lee, K.E., et al., '40-second green roof views sustain attention: the role of micro-breaks in attention restoration', *Journal of Environmental Psychology*, 2015, 42: pp. 182–189.
[149] Hill, R.A. and R.A. Barton, 'Psychology: red enhances human performance in contests', *Nature*, 2005. 435(7040): p. 293.
[150] Gold, A.L., R.A. Morey, and G. McCarthy, 'Amygdala-prefrontal cortex functional connectivity during threat-induced anxiety and goal distraction', *Biological Psychiatry*, 2015, 77(4): pp. 394–403.
[151] Greenlees, I.A., M. Eynon, and R.C. Thelwell, 'Color of soccer goalkeepers' uniforms influences the outcome of penalty kicks', *Perceptual and Motor Skills*, 2013, 117(1): pp. 1–10.
[152] Elliot, A.J. and M.A. Maier, 'Color psychology: effects of perceiving color on psychological functioning in humans', *Annual Review of Psychology*, 2014, 65: pp. 95–120.
[153] Colombetti, G., 'Appraising valence', *Journal of Consciousness Studies*, 2005, 12(8-9): pp. 103–126.
[154] Spence, C., 'Why is piquant/spicy food so popular?', *International Journal of Gastronomy and Food Science*, 2018, 12: pp. 16–21.
[155] Frias, B. and A. Merighi, 'Capsaicin, nociception and pain', *Molecules*, 2016, 21(6): p. 797.
[156] Omolo, M.A., et al., 'Antimicrobial properties of chili peppers', *Journal of Infectious Diseases and Therapy*, 2014.
[157] Rozin, P. and D. Schiller, 'The nature and acquisition of a preference for chili pepper by humans', *Motivation and Emotion*, 1980, 4(1): pp. 77–101.
[158] Spence, 'Why is piquant/spicy food so popular?'.
[159] Hawkes, C., 'Endorphins: the basis of pleasure?', *Journal of Neurology, Neurosurgery & Psychiatry*, 1992, 55(4): pp. 247–250.
[160] Solinas, M., S.R. Goldberg, and D. Piomelli, 'The endocannabinoid system in brain reward processes', *British Journal of Pharmacology*, 2008, 154(2): pp. 369–383.
[161] Levin, R. and A. Riley, 'The physiology of human sexual function', *Psychiatry*, 2007, 6(3): pp. 90–94.
[162] Kawamichi, H., et al., 'Increased frequency of social interaction is associated with enjoyment enhancement and reward system activation', *Scientific Reports*, 2016, 6(1): pp. 1–11.
[163] National Institute of Mental Health, 'Human brain appears "hard-wired" for hierarchy', *ScienceDaily*, 2008.
[164] Beery, A.K. and D. Kaufer, 'Stress, social behavior, and resilience: insights from rodents', *Neurobiology of Stress*, 2015, 1: pp. 116–127.
[165] Wuyts, E., et al., 'Between pleasure and pain: a pilot study on the biological mechanisms associated with BDSM interactions in dominants and submissives', *The Journal of Sexual Medicine*, 2020, 17(4): pp. 784–792.
[166] Simula, B.L., 'A "different economy of bodies and pleasures"? : differentiating and evaluating sex and sexual BDSM experiences', *Journal of Homosexuality*, 2019, 66(2): pp. 209–237.

[167] Dunkley, C.R., et al., 'Physical pain as pleasure: a theoretical perspective', *The Journal of Sex Research*, 2020, 57 (4): pp. 421-437.

[168] Vandermeersch, P., 'Self-flagellation in the Early Modern Era', in *The Sense of Suffering: Constructions of Physical Pain in Early Modern Culture*, J.F. van Dijkhuizen and K.A.E. Enenkel (eds) (Brill, 2009), pp. 253-265.

[169] Bryant, J. and D. Miron, 'Excitation-transfer theory and three-factor theory of emotion', in *Communication and Emotion*, J. Bryant, D.R. Roskos-Ewoldsen and J. Cantor (eds) (Routledge, 2003), pp. 39-68.

[170] McCarthy, D.E., et al., 'Negative reinforcement: possible clinical implications of an integrative model', in, *Substance Abuse and Emotion*, JD. Kassel (ed.) (American Psychological Association, 2010), pp. 15-42.

[171] Raderschall, C.A., R.D. Magrath, and J.M. Hemmi, 'Habituation under natural conditions: model predators are distinguished by approach direction', *Journal of Experimental Biology*, 2011, 214(24): pp. 4209-4216.

[172] Krebs, R., et al., 'Novelty increases the mesolimbic functional connectivity of the substantia nigra/ventral tegmental area (SN/VTA) during reward anticipation: evidence from high-resolution fMRI', *NeuroImage*, 2011, 58(2): pp. 647-655.

[173] Johnson-Laird, P.N., 'Mental models, deductive reasoning, and the brain', *The Cognitive Neurosciences*, 1995, 65: pp. 999-1008.

[174] Finucane, A.M., 'The effect of fear and anger on selective attention', *Emotion*, 2011, 11(4): p. 970.

[175] Fredrickson, B.L. and C. Branigan, 'Positive emotions broaden the scope of attention and thought -action repertoires', *Cognition & Emotion*, 2005, 19(3): pp. 313-332.

[176] Gasper, K. and G.L. Clore, 'Attending to the big picture: mood and global versus local processing of visual information', *Psychological Science*, 2002, 13(1): pp. 34-40.

[177] Melamed, S., et al., 'Attention capacity limitation, psychiatric parameters and their impact on work involvement following brain injury', *Scandinavian Journal of Rehabilitation Medicine*, Supplement, 1985, 12: pp. 21-26.

[178] Unkelbach, C., J.P. Forgas, and T.F. Denson, 'The turban effect: the influence of Muslim headgear and induced affect on aggressive responses in the shooter bias paradigm', *Journal of Experimental Social Psychology*, 2008, 44(5): pp. 1409-1413.

[179] Spicer, A. and C. Cederström, 'The research we've ignored about happiness at work', *Harvard Business Review*, 21 July 2015.

[180] Bless, H. and K. Fiedler, 'Mood and the regulation of information processinand and behavior', in *Affect in Social Thinking and Behavior*, J. Forgas (ed.) (Psychology Press, 2006), pp. 65-84.

[181] Bless and Fiedler., 'Mood and the regulation of information processing'.

[182] Forgas, J.P., 'Don't worry, be sad! On the cognitive, motivational, and interpersonal benefits of negative mood', *Current Directions in Psychological Science*, 2013, 22(3): pp. 225-232.

[183] Forgas, J.P., 'Cognitive theories of affect', in *The Corsini Encyclopedia of Psychology*, I.B. Weiner and W.E. Craighead (eds) (John Wiley, 2010), pp. 1-3.

[184] Tamir, M., M.D. Robinson, and E.C. Solberg, 'You may worry, but can you recognize threats when you see them? Neuroticism, threat identifications, and negative affect', *Journal of Personality*, 2006, 74(5): pp. 1481-1506.

[185] Garcia, E.E., 'Rachmaninoff and Scriabin: creativity and suffering in talent and genius', *The Psychoanalytic Review*, 2004, 91(3): pp. 423-442.

[186] Rodriguez, T., 'Negative emotions are key to well-being', *Scientific American*, 2013, 24(2): pp. 26-27.

[187] Brown, J.T. and G.A. Stoudemire, 'Normal and pathological grief', *JAMA: the Journal of the American Medical Association*, 1983, 250(3): pp. 378-382.

[188] Rachman, S., 'Emotional processing', *Behaviour Research and Therapy*, 1980, 18(1): pp. 51–60.
[189] Litz, B.T., et al., 'Emotional processing in posttraumatic stress disorder', *Journal of Abnormal Psychology*, 2000, 109(1): p. 26.
[190] Stapleton, J.A., S. Taylor, and G.J. Asmundson, 'Effects of three PTSD treatments on anger and guilt: exposure therapy, eye movement desensitization and reprocessing, and relaxation training', *Journal of Traumatic Stress*, 2006, 19(1): pp. 19–28.
[191] Saarni, C., *The Development of Emotional Competence* (Guilford Press, 1999).
[192] Shallcross, A.J., et al., 'Let it be: accepting negative emotional experiences predicts decreased negative affect and depressive symptoms', *Behaviour Research and Therapy*, 2010, 48(9): pp. 921–929.
[193] Shallcross et al., 'Let it be'.
[194] Sharman, L. and G.A. Dingle, 'Extreme metal music and anger processing', *Frontiers in Human Neuroscience*, 2015, 9: p. 272.
[195] Tamir, M. and Y. Bigman, 'Why might people want to feel bad? Motives in contrahedonic emotion regulation', in *The Positive Side of Negative Emotions*, W. Gerrod Parrott (ed.) (Guilford Press, 2014), pp. 201–223.
[196] Saraiva, A.C., F. Schüür, and S. Bestmann, 'Emotional valence and contextual affordances flexibly shape approach-avoidance movements', *Frontiers in Psychology*, 2013, 4: p. 933.
[197] Snyder, M. and A. Frankel, 'Observer bias: a stringent test of behavior engulfing the field', *Journal of Personality and Social Psychology*, 1976, 34: pp. 857–864.
[198] Karanicolas, P.J., F. Farrokhyar, and M. Bhandari, 'Blinding: who, what, when, why, how?', *Canadian Journal of Surgery*, 2010, 53(5): p. 345.
[199] Burghardt, G.M., et al., 'Perspectives – minimizing observer bias in behavioral studies: a review and recommendations', *Ethology*, 2012, 118(6): pp. 511–517.
[200] Dvorsky, G., 'The neuroscience of stage fright – and how to cope with it', *Gizmodo*, 10 October 2012.
[201] Wesner, R.B., R. Noyes Jr, and T.L. Davis, 'The occurence of performance anxiety among musicians', *Journal of Affective Disorders*, 1990, 18(3): pp. 177–185.
[202] Chao-Gang, W., 'Through theory of the two brain hemispheres' work division to look for the solution of stage fright problem – an inspiration of tennis ball movement in heart', *Journal of Xinghai Conservatory of Music*, 2003(2): p. 6.
[203] Toda, T., et al., 'The role of adult hippocampal neurogenesis in brain health and disease', *Molecular Psychiatry*, 2019, 24(1): pp. 67–87.
[204] Teigen, K.H., 'Yerkes-Dodson: a law for all seasons', *Theory & Psychology*, 1994, 4(4): pp. 525–547.
[205] Kawamichi, et al., 'Increased frequency of social interaction'.
[206] Kross, E., et al., 'Social rejection shares somatosensory representations with physical pain', *Proceedings of the National Academy of Sciences*, 2011, 108(15): pp. 6270–6275.
[207] Trower, P. and P. Gilbert, 'New theoretical conceptions of social anxiety and social phobia', *Clinical Psychology Review*, 1989, 9(1): pp. 19–35.
[208] Dvorsky, 'The neuroscience of stage fright'.
[209] Kotov, R., et al., 'Personality traits and anxiety symptoms: the multilevel trait predictor model', *Behaviour Research and Therapy*, 2007, 45(7): pp. 1485–1503.
[210] Nagel, J.J., 'Stage fright in musicians: a psychodynamic perspective', *Bulletin of the Menninger Clinic*, 1993, 57(4): p. 492.
[211] McRae, R.R., et al., 'Sources of structure: genetic, environmental, and artifactual influences on the covariation of personality traits', *Journal of Personality*, 2001, 69(4): pp. 511–535.
[212] Nagel, 'Stage fright in musicians'.

[213] Holmes, J., 'Attachment theory', in *The Wiley-Blackwell Encyclopedia of Social Theory*, B.S. Turner, et al. (eds) (Wiley-Blackwell, 2017), pp. 1-3.
[214] Brooks, A.W., 'Get excited: reappraising pre-performance anxiety as excitement', *Journal of Experimental Psychology: General*, 2014, 143(3): p. 1144.
[215] Denton, D.A., et al., 'The role of primordial emotions in the evolutionary origin of consciousness', *Consciousness and Cognition*, 2009, 18(2): pp. 500-514.
[216] Ferrier, D.E., H.H. Bassett, and S.A. Denham, 'Relations between executive function and emotionality in preschoolers: exploring a transitive cognition-emotion linkage', *Frontiers in Psychology*, 2014, 5: p. 487.
[217] Rueda, M.R. and P. Paz-Alonzo, 'Executive function and emotional development', *Contexts*, 2013, 1: p. 2.
[218] Campos, J.J., C.B. Frankel, and L. Camras, 'On the nature of emotion regulation', *Child Development*, 2004, 75(2): pp. 377-394.
[219] Davidson, 'Well-being and affective style'.
[220] Jumah, F.R. and R.H. Dossani, 'Neuroanatomy, Cingulate Cortex', in *StatPearls [Internet]* (StatPearls Publishing, 2019).
[221] Shackman, A.J., et al., 'The integration of negative affect, pain and cognitive control in the cingulate cortex', *Nature Reviews Neuroscience*, 2011, 12(3): pp. 154-167.
[222] Etkin, A., T. Egner, and R. Kalisch, 'Emotional processing in anterior cingulate and medial prefrontal cortex', *Trends in Cognitive Sciences*, 2011, 15(2): pp. 85-93.
[223] Sobol, I. and Y.L. Levitan, 'A pseudo-random number generator for personal computers', *Computers & Mathematics with Applications*, 1999, 37(4-5): pp. 33-40.

第三章 情绪记忆

[224] Burnett, D.J., 'Role of the hippocampus in configural learning', PhD thesis, 2010, Cardiff University.
[225] Christianson, S.-Å., 'Remembering emotional events: potential mechanisms', in *The Handbook of Emotion and Memory: Research and Theory*, S.-Å. Christianson (ed.) (Psychology Press, 1992), pp. 307-340.
[226] Gailene, D., V. Lepeshkene, and A. Shiurkute, 'Features of the "Zeigarnik effect" in psychiatric clinical practice', *Zhurnal nevropatologii i psikhiatrii imeni SS Korsakova*, 1980, 80(12): pp. 1837-1841.
[227] Tulving, E., 'How many memory systems are there?', *American Psychologist*, 1985, 40(4): p. 385.
[228] Nagao, S. and H. Kitazawa, 'Role of the cerebellum in the acquisition and consolidation of motor memory', *Brain and nerve = Shinkei kenkyu no shinpo*, 2008, 60(7): pp. 783-790.
[229] Pessiglione, M., et al., 'Subliminal instrumental conditioning demonstrated in the human brain', *Neuron*, 2008, 59(4): pp. 561-567.
[230] Turner, B.M., et al., 'The cerebellum and emotional experience', *Neuropsychologia*, 2007, 45(6): pp. 1331-1341.
[231] Cardinal, R.N., et al., 'Emotion and motivation: the role of the amygdala, ventral striatum, and prefrontal cortex', *Neuroscience & Biobehavioral Reviews*, 2002, 26(3): pp. 321-352.
[232] Squire, L.R. and B.J. Knowlton, 'Memory, hippocampus, and brain systems', in *The Cognitive Neurosciences*, M.S. Gazzaniga (ed.) (MIT Press, 1995), pp. 825-837.
[233] Buckner, R.L. and S.E. Petersen, 'What does neuroimaging tell us about the role of prefrontal cortex in memory retrieval?' *Seminars in Neuroscience*, 1996, 8(1): pp. 47-55.
[234] Squire, L.R. and B.J. Knowlton, 'The medial temporal lobe, the hippocampus, and the memory

systems of the brain', *The New Cognitive Neurosciences*, 2000, 2: pp. 756–776.
[235] Mayford, M., S.A. Siegelbaum, and E.R. Kandel, 'Synapses and memory storage', *Cold Spring Harbor Perspectives in Biology*, 2012, 4(6): p. a005751.
[236] Toda, et al., 'The role of adult hippocampal neurogenesis'.
[237] Phelps, E.A., 'Human emotion and memory: interactions of the amygdala and hippocampal complex', *Current Opinion in Neurobiology*, 2004, 14(2): pp. 198–202.
[238] Amaral, D.G., H. Behniea, and J.L. Kelly, 'Topographic organization of projections from the amygdala to the visual cortex in the macaque monkey', *Neuroscience*, 2003, 118(4): pp. 1099–1120.
[239] Öhman, A., A. Flykt, and F. Esteves, 'Emotion drives attention: detecting the snake in the grass', *Journal of Experimental Psychology: General*, 2001, 130(3): p. 466.
[240] Ben-Haim, M.S., et al., 'The emotional Stroop task: assessing cognitive performance under exposure to emotional content', *JoVE (Journal of Visualized Experiments)*, 2016, 112: p. e53720.
[241] Talarico, J.M., D. Berntsen, and D.C. Rubin, 'Positive emotions enhance recall of peripheral details', *Cognition & Emotion*, 2009, 23(2): pp. 380–398
[242] Phelps, 'Human emotion and memory'.
[243] White, A.M., 'What happened? Alcohol, memory blackouts, and the brain', *Alcohol Research & Health*, 2003, 27(2): p. 186.
[244] Dolcos, F., K.S. LaBar, and R. Cabeza, 'Interaction between the amygdala and the medial temporal lobe memory system predicts better memory for emotional events', *Neuron*, 2004, 42(5): pp. 855–863.
[245] Oakes, M. and R. Bor, 'The psychology of fear of flying (part I): a critical evaluation of current perspectives on the nature, prevalence and etiology of fear of flying', *Travel Medicine and Infectious Disease*, 2010, 8(6): pp. 327–338.
[246] Phelps, E.A., et al., 'Activation of the left amygdala to a cognitive representation of fear', *Nature Neuroscience*, 2001, 4(4): pp. 437–441.
[247] McGaugh, J.L., 'Memory – a century of consolidation', *Science*, 2000, 287(5451): pp. 248–251.
[248] Phelps, 'Human emotion and memory'.
[249] McKay, L. and J. Cidlowski, 'Pharmacokinetics of corticosteroids', in *Holland-Frei Cancer Medicine*, Sixth edn, D.W. Kufe, et al. (eds) (BC Decker, 2003).
[250] McGaugh, 'Memory'.
[251] Dunsmoor, J.E., et al., 'Emotional learning selectively and retroactively strengthens memories for related events', *Nature*, 2015, 520(7547): pp. 345–348.
[252] Mercer, T., 'Wakeful rest alleviates interference-based forgetting', *Memory*, 2015, 23(2): pp. 127–137.
[253] Akers, K.G., et al., 'Hippocampal neurogenesis regulates forgetting during adulthood and infancy', *Science*, 2014, 344(6184): pp. 598–602.
[254] Davis, R.L. and Y. Zhong, 'The biology of forgetting—a perspective', *Neuron*, 2017, 95(3): pp. 490–503.
[255] Sherman, E., 'Reminiscentia: cherished objects as memorabilia in late-life reminiscence', *The International Journal of Aging and Human Development*, 1991, 33(2): pp. 89–100.
[256] Sherman, 'Reminiscentia'.
[257] Levy, B.J. and M.C. Anderson, 'Inhibitory processes and the control of memory retrieval', *Trends in Cognitive Sciences*, 2002, 6(7): pp. 299–305.
[258] Brown and Stoudemire, 'Normal and pathological grief'.
[259] Bridge, D.J. and J.L. Voss, 'Hippocampal binding of novel information with dominant memory traces can support both memory stability and change', *Journal of Neuroscience*, 2014, 34(6): pp. 2203–2213.

[260] Skowronski, J.J., 'The positivity bias and the fading affect bias in autobiographical memory', in *Handbook of Self-enhancement and Self-protection*, M.D. Alicke and C. Sedikides (eds)(Guilford Press, 2011), p. 211.

[261] Rozin, P. and E.B. Royzman, 'Negativity bias, negativity dominance, and contagion', *Personality and Social Psychology Review*, 2001, 5(4): pp. 296–320.

[262] Vaish, A., T. Grossmann, and A. Woodward, 'Not all emotions are created equal: the negativity bias in social-emotional development', *Psychological Bulletin*, 2008, 134(3): pp. 383–403.

[263] Gibbons, J.A., S.A. Lee, and W.R. Walker, 'The fading affect bias begins within 12 hours and persists for 3 months', *Applied Cognitive Psychology*, 2011, 25(4): pp. 663–672.

[264] Walker, W.R., et al., 'On the emotions that accompany autobiographical memories: dysphoria disrupts the fading affect bias', *Cognition and Emotion*, 2003, 17(5): pp. 703–723.

[265] Croucher, C.J., et al., 'Disgust enhances the recollection of negative emotional images', *PLOS One*, 2011, 6(11): p. e26571.

[266] Tybur, J.M., et al., 'Disgust: evolved function and structure', *Psychological Review*, 2013, 120(1): p. 65.

[267] Konnikova, M., 'Smells like old times', *Scientific American Mind*, 2012, 23(1): pp. 58–63.

[268] Politzer, 'Vision is our dominant sense'.

[269] Zeng, F.-G., Q.-J. Fu, and R. Morse, 'Human hearing enhanced by noise', *Brain research*, 2000, 869(1-2): pp. 251–255.

[270] Vassar, R., J. Ngai, and R. Axel, 'Spatial segregation of odorant receptor expression in the mammalian olfactory epithelium', *Cell*, 1993, 74(2): pp. 309–318.

[271] Shepherd, G.M. and C.A. Greer, 'Olfactory bulb', in *The Synaptic Organization of the Brain*, G.M. Shepherd (ed.) (Oxford University Press, 1998), pp. 159–203.

[272] Soudry, Y., et al., 'Olfactory system and emotion: common substrates', *European Annals of Otorhinolaryngology, Head and Neck Diseases*, 2011, 128(1): pp. 18–23.

[273] Rowe, T.B., T.E. Macrini, and Z.-X. Luo, 'Fossil evidence on origin of the mammalian brain', *Science*, 2011, 332(6032): pp. 955–957.

[274] Eichenbaum, H., 'The role of the hippocampus in navigation is memory', *Journal of Neurophysiology*, 2017, 117(4): pp. 1785–1796.

[275] Maguire, E.A., R.S. Frackowiak, and C.D. Frith, 'Recalling routes around London: activation of the right hippocampus in taxi drivers', *Journal of Neuroscience*, 1997, 17(18): pp. 7103–7110.

[276] Kumaran, D. and E.A. Maguire, 'The human hippocampus: cognitive maps or relational memory?', *Journal of Neuroscience*, 2005, 25(31): pp. 7254–7259.

[277] Aboitiz, F. and J.F. Montiel, 'Olfaction, navigation, and the origin of isocortex', *Frontiers in Neuroscience*, 2015, 9(402).

[278] Pedersen, P.E., et al., 'Evidence for olfactory function in utero', *Science*, 1983, 221(4609): pp. 478–480.

[279] Vantoller, S. and M. Kendalreed, 'A possible protocognitive role for odor in human infant development', *Brain and Cognition*, 1995, 29(3): pp. 275–293.

[280] Willander, J. and M. Larsson, 'Smell your way back to childhood: autobiographical odor memory', *Psychonomic Bulletin & Review*, 2006, 13(2): pp. 240–244.

[281] Yeshurun, Y., et al., 'The privileged brain representation of first olfactory associations', *Current Biology*, 2009, 19(21): pp. 1869–1874.

[282] Hwang, K., et al., 'The human thalamus is an integrative hub for functional brain networks', *Journal of Neuroscience*, 2017, 37(23): pp. 5594–5607.

[283] Rowe et al., 'Fossil evidence'.

[284] Aqrabawi, A.J. and J.C. Kim, 'Hippocampal projections to the anterior olfactory nucleus

differentially convey spatiotemporal information during episodic odour memory', *Nature Communications*, 2018, 9(1): pp. 1-10.
[285] Soudry, et al., 'Olfactory system and emotion'.
[286] De Araujo, I.E., et al., 'Taste-olfactory convergence, and the representation of the pleasantness of flavour, in the human brain', *European Journal of Neuroscience*, 2003, 18(7): pp. 2059-2068.
[287] Weber, S.T. and E. Heuberger, 'The impact of natural odors on affective states in humans', *Chemical Senses*, 2008, 33(5): pp. 441-447.
[288] Herz, R.S. and J. von Clef, 'The influence of verbal labeling on the perception of odors: evidence for olfactory illusions?', *Perception*, 2001, 30(3): pp. 381-391.
[289] Chen, D. and J. Haviland-Jones, 'Human olfactory communication of emotion', *Perceptual and Motor Skills*, 2000, 91(3): pp. 771-781.
[290] Zald, D.H. and J.V. Pardo, 'Emotion, olfaction, and the human amygdala: amygdala activation during aversive olfactory stimulation', *Proceedings of the National Academy of Sciences*, 1997, 94(8): pp. 4119-4124.
[291] Soudry, et al., 'Olfactory system and emotion'.
[292] Deliberto, T., 'The first and ultimate primary emotion - fear', in *The Psychology Easel*, 2011, Blogspot.com: http://taradeliberto.blogspot.com/2011/03/first-emotion-fear.html.
[293] Willander, J. and M. Larsson, 'Olfaction and emotion: the case of autobiographical memory', *Memory & Cognition*, 2007, 35(7): pp. 1659-1663.
[294] Konnikova, 'Smells like old times'.
[295] Taalman, H., C. Wallace, and R. Milev, 'Olfactory functioning and depression: a systematic review', *Frontiers in Psychiatry*, 2017, 8: p. 190.
[296] Tukey, A., 'Notes on involuntary memory in Proust', *The French Review*, 1969, 42(3): pp. 395-402.
[297] Juslin, P.N. and D. Västfjäll, 'Emotional responses to music: the need to consider underlying mechanisms', *Behavioral and Brain Sciences*, 2008, 31(5): pp. 559-575.
[298] Skoe, E. and N. Kraus, 'Auditory brainstem response to complex sounds: a tutorial', *Ear and Hearing*, 2010, 31(3): p. 302.
[299] Raizada, R.D. and R.A. Poldrack, 'Challenge-driven attention: interacting frontal and brainstem systems', *Frontiers in Human Neuroscience*, 2008, 2: p. 3.
[300] Burt, J.L., et al., 'A psychophysiological evaluation of the perceived urgency of auditory warning signals', *Ergonomics*, 1995, 38(11): pp. 2327-2340.
[301] Nozaradan, S., I. Peretz, and A. Mouraux, 'Selective neuronal entrainment to the beat and meter embedded in a musical rhythm', *Journal of Neuroscience*, 2012, 32(49): pp. 17572-17581.
[302] DeNora, T., 'Aesthetic agency and musical practice: new directions in the sociology of music and emotion', in *Music and Emotion: Theory and Research*, P.N.Juslin and J.A. Sloboda (eds) (Oxford University Press, 2001), pp. 161-180.
[303] Juslin and Västfjäll, 'Emotional responses to music'.
[304] Deliège, I. and J.A. Sloboda, *Musical Beginnings: Origins and Development of Musical Competence* (Oxford University Press, 1996).
[305] Egermann, H. and S. McAdams, 'Empathy and emotional contagion as a link between recognized and felt emotions in music listening', *Music Perception: An Interdisciplinary Journal*, 2012, 31(2): pp. 139-156.
[306] Di Pellegrino, G., et al., 'Understanding motor events: a neurophysiological study', *Experimental Brain Research*, 1992, 91(1): pp. 176-180.
[307] Kilner, J.M. and R.N. Lemon, 'What we know currently about mirror neurons', *Current Biology*, 2013, 23(23): pp. R1057-R1062.
[308] Acharya, S. and S. Shukla, 'Mirror neurons: enigma of the metaphysical modular brain', *Journal*

of Natural Science, Biology, and Medicine, 2012, 3(2): p. 118.

[309] Engelen, T., et al., 'A causal role for inferior parietal lobule in emotion body perception', *Cortex*, 2015, 73: pp. 195-202.

[310] Decety, J. and P.L. Jackson, 'The functional architecture of human empathy', *Behavioral and Cognitive Neuroscience Reviews*, 2004, 3(2): pp. 71-100.

[311] Gazzola, V., L. Aziz-Zadeh, and C. Keysers, 'Empathy and the somatotopic auditory mirror system in humans', *Current Biology*, 2006, 16(18): pp. 1824-1829.

[312] Huron, D. and E.H. Margulis, 'Musical expectancy and thrills', in *Handbook of Music and Emotion: Theory, Research, Applications*, P.N. Juslin and J.A. Sloboda (eds), (Oxford University Press, 2010), pp. 575-604.

[313] Patel, A.D., 'Language, music, syntax and the brain', *Nature Neuroscience*, 2003, 6(7): pp. 674-681.

[314] Krumhansl, C.L., et al., 'Melodic expectation in Finnish spiritual folk hymns: convergence of statistical, behavioral, and computational approaches', *Music Perception: An Interdisciplinary Journal*, 1999, 17(2): pp. 151-195.

[315] Patel, 'Language, music, syntax'.

[316] Partanen, E., et al., 'Prenatal music exposure induces long-term neural effects', *PLOS One*, 2013, 8(10).

[317] Pereira, C.S., et al., 'Music and emotions in the brain: familiarity matters', *PLOS One*, 2011, 6(11).

[318] Burwell, R.D., 'The parahippocampal region: corticocortical connectivity', *Annals - New York Academy of Sciences*, 2000, 911: pp. 25-42.

[319] Caruana, F., et al., 'Motor and emotional behaviours elicited by electrical stimulation of the human cingulate cortex', *Brain*, 2018, 141(10): pp. 3035-3051.

[320] Hofmann, W., et al., 'Evaluative conditioning in humans: a meta-analysis', *Psychological Bulletin*, 2010, 136(3): p. 390.

[321] Balleine, B.W. and S. Killcross, 'Parallel incentive processing: an integrated view of amygdala function', *Trends in Neurosciences*, 2006, 29(5): pp. 272-279.

[322] Sacchetti, B., B. Scelfo, and P. Strata, 'The cerebellum: synaptic changes and fear conditioning', *The Neuroscientist*, 2005, 11(3): pp. 217-227.

[323] Juslin and Västfjäll, 'Emotional responses to music'.

[324] LeDoux, J.E., 'Emotion: clues from the brain', *Annual Review of Psychology*, 1995, 46(1): pp. 209-235.

[325] Gabrielsson, A., 'Emotion perceived and emotion felt: same or different?', *Musicae Scientiae*, 2001, 5(1_suppl): pp. 123-147.

[326] Lang, P.J., 'A bio-informational theory of emotional imagery', *Psychophysiology*, 1979, 16(6): pp. 495-512.

[327] Tingley, J., M. Moscicki and K. Buro, 'The effect of earworms on affect', *MacEwan University Student Research Proceedings*, 2019, 4(2).

[328] Singhal, D., 'Why this Kolaveri Di: maddening phenomenon of earworm', 2011. Available at SSRN 1969781.

[329] Schulkind, M.D., L.K. Hennis, and D.C. Rubin, 'Music, emotion, and autobiographical memory: they're playing your song', *Memory & Cognition*, 1999, 27(6): pp. 948-955.

[330] Rathbone, C.J., C.J. Moulin, and M.A. Conway, 'Self-centered memories: the reminiscence bump and the self', *Memory & Cognition*, 2008, 36(8): pp. 1403-1414.

[331] Mills, K.L., et al., 'The developmental mismatch in structural brain maturation during adolescence', *Developmental Neuroscience*, 2014, 36(3-4): pp. 147-160

[332] Blood, A.J. and R.J. Zatorre, 'Intensely pleasurable responses to music correlate with activity

in brain regions implicated in reward and emotion', *Proceedings of the National Academy of Sciences*, 2001, 98(20): pp. 11818–11823.

[333] Boero, D.L. and L. Bottoni, 'Why we experience musical emotions: intrinsic musicality in an evolutionary perspective', *Behavioral and Brain Sciences*, 2008, 31(5): pp. 585–586.

[334] Simpson, E.A., W.T. Oliver, and D. Fragaszy, 'Super-expressive voices: music to my ears?', *Behavioral and Brain Sciences*, 2008, 31(5): pp. 596–597.

[335] Simpson et al., 'Super-expressive voices'.

[336] Krach, S., et al., 'The rewarding nature of social interactions', *Frontiers in Behavioral Neuroscience*, 2010, 4: p. 22.

[337] Alcorta, C.S., R. Sosis, and D. Finkel, 'Ritual harmony: toward an evolutionary theory of music', *Behavioral and Brain Sciences*, 2008, 31(5): pp. 576–577.

[338] Freeman, W.J., 'Happiness doesn't come in bottles. Neuroscientists learn that joy comes through dancing, not drugs', *Journal of Consciousness Studies*, 1997, 4(1): pp. 67–70.

[339] Krakauer, J., 'Why do we like to dance – and move to the beat', *Scientific American*, 26 September 2008.

[340] Peery, J.C., I.W. Peery, and T.W. Draper, *Music and Child Development* (Springer Science & Business Media, 2012).

[341] Levin, R., 'Sleep and dreaming characteristics of frequent nightmare subjects in a university population', *Dreaming*, 1994, 4(2): pp. 127–137.

[342] National Institute of Neurological Disorders and Stroke, *Brain Basics:Understanding Sleep* (NINDS, 2006).

[343] Kaufman, D.M., H.L. Geyer, and M.J. Milstein, 'Sleep disorders', in *Kaufman's Clinical Neurology for Psychiatrists*, Eighth edn, D.M. Kaufman, H.L. Geyer, and M.J. Milstein (eds) (Elsevier, 2017), pp. 361–388.

[344] Wamsley, E.J., 'Dreaming and offline memory consolidation', *Current Neurology and Neuroscience Reports*, 2014, 14(3): p. 433.

[345] Nielsen, T.A. and P. Stenstrom, 'What are the memory sources of dreaming?', *Nature*, 2005, 437(7063): pp. 1286–1289.

[346] Smith, K., 'Rose-scented sleep improves memory', *Nature*, 8 March 2007.

[347] Walker, M.P., et al., 'Cognitive flexibility across the sleep-wake cycle: REM-sleep enhancement of anagram problem solving', *Cognitive Brain Research*, 2002, 14(3): pp. 317–324.

[348] Schredl, M. and F. Hofmann, 'Continuity between waking activities and dream activities', *Consciousness and Cognition*, 2003, 12(2): pp. 298–308.

[349] Braun, A.R., et al., 'Dissociated pattern of activity in visual cortices and their projections during human rapid eye movement sleep', *Science*, 1998, 279(5347): pp. 91–95.

[350] Nielsen and Stenstrom, 'What are the memory sources of dreaming?'.

[351] Freud, S. and J. Strachey, *The Interpretation of Dreams* (Gramercy Books, 1996).

[352] Nielsen, T. and R. Levin, 'Nightmares: a new neurocognitive model', *Sleep Medicine Reviews*, 2007, 11(4): pp. 295–310.

[353] Nielsen and Stenstrom, 'What are the memory sources of dreaming?'.

[354] Popp, C.A., et al., 'Repetitive relationship themes in waking narratives and dreams', *Journal of Consulting and Clinical Psychology*, 1996, 64(5): p. 1073.

[355] Revonsuo, A., 'The reinterpretation of dreams: an evolutionary hypothesis of the function of dreaming', *Behavioral and Brain Sciences*, 2000, 23(6): pp. 877–901.

[356] Fisher, B.E., C. Pauley, and K. McGuire, 'Children's sleep behavior scale: normative data on 870 children in grades 1 to 6', *Perceptual and Motor Skills*, 1989, 68(1): pp. 227–236.

[357] Levin, R. and T.A. Nielsen, 'Disturbed dreaming, posttraumatic stress disorder, and affect distress: a review and neurocognitive model', *Psychological Bulletin*, 2007, 133(3): pp. 482–528.

[358] Langston, T.J., J.L. Davis, and R.M. Swopes, 'Idiopathic and posttrauma nightmares in a clinical sample of children and adolescents: characteristics and related pathology', *Journal of Child & Adolescent Trauma*, 2010, 3(4): pp. 344–356.

[359] Brown, R.J. and D.C. Donderi, 'Dream content and self-reported well-being among recurrent dreamers, past-recurrent dreamers, and nonrecurrent dreamers', *Journal of Personality and Social Psychology*, 1986, 50(3): p. 612.

[360] Quirk, G.J., 'Memory for extinction of conditioned fear is long-lasting and persists following spontaneous recovery', *Learning & Memory*, 2002, 9(6): pp. 402–407.

[361] Spoormaker, V.I., M. Schredl, and J. van den Bout, 'Nightmares: from anxiety symptom to sleep disorder', *Sleep Medicine Reviews*, 2006, 10(1): pp. 19–31.

第四章 情感交流

[362] McHenry, M., et al., 'Voice analysis during bad news discussion in oncology: reduced pitch, decreased speaking rate, and nonverbal communication of empathy', *Supportive Care in Cancer*, 2012, 20(5): pp. 1073–1078.

[363] Kana, R.K. and B.G. Travers, 'Neural substrates of interpreting actions and emotions from body postures', *Social Cognitive and Affective Neuroscience*, 2012, 7(4): pp. 446–456.

[364] Book, A., K. Costello, and J.A. Camilleri, 'Psychopathy and victim selection: the use of gait as a cue to vulnerability', *Journal of Interpersonal Violence*, 2013, 28(11): pp. 2368–2383.

[365] Scott, S.K., et al., 'The social life of laughter', *Trends in Cognitive Sciences*, 2014, 18(12): pp. 618–620.

[366] Seyfarth, R.M. and D.L. Cheney, 'Affiliation, empathy, and the origins of theory of mind', *Proceedings of the National Academy of Sciences*, 2013, 110(Supplement 2): pp. 10349–10356.

[367] Levinson, S.C., 'Spatial cognition, empathy and language evolution', *Studies in Pragmatics*, 2018, 20: pp. 16–21.

[368] Land, W., et al., 'From action representation to action execution: exploring the links between cognitive and biomechanical levels of motor control', *Frontiers in Computational Neuroscience*, 2013, 7: p. 127.

[369] Meltzoff, A.N. and M.K. Moore, 'Persons and representation: why infant imitation is important for theories of human development', in *Imitation in Infancy*, J. Nadel and G. Butterworth (eds) (Cambridge University Press, 1999), pp. 9–35.

[370] Carr, L., et al., 'Neural mechanisms of empathy in humans: a relay from neural systems for imitation to limbic areas', *Proceedings of the National Academy of Sciences*, 2003, 100(9): pp. 5497–5502.

[371] Karnath, H.-O., 'New insights into the functions of the superior temporal cortex', *Nature Reviews Neuroscience*, 2001, 2(8): pp. 568–576.

[372] Andersen, R.A. and C.A. Buneo, 'Intentional maps in posterior parietal cortex', *Annual Review of Neuroscience*, 2002, 25(1): pp. 189–220.

[373] Hartwigsen, G., et al., 'Functional segregation of the right inferior frontal gyrus: evidence from coactivation-based parcellation', *Cerebral Cortex*, 2019, 29(4): pp. 1532–1546.

[374] Aron, A.R., T.W. Robbins, and R.A. Poldrack, 'Inhibition and the right inferior frontal cortex: one decade on', *Trends in Cognitive Sciences*, 2014, 18(4): pp. 177–185.

[375] Meltzoff and Moore, 'Persons and representation'.

[376] Jabbi, M., J. Bastiaansen, and C. Keysers, 'A common anterior insula representation of disgust observation, experience and imagination shows divergent functional connectivity pathways', *PLOS One*, 2008, 3(8): p. e2939.

[377] Augustine, J.R., 'Circuitry and functional aspects of the insular lobe in primates including humans', *Brain Research Reviews*, 1996, 22(3): pp. 229-244.
[378] Carr, et al., 'Neural mechanisms of empathy in humans'.
[379] Eres, R., et al., 'Individual differences in local gray matter density are associated with differences in affective and cognitive empathy', *NeuroImage*, 2015, 117: pp. 305-310.
[380] Riess, H., 'The science of empathy', *Journal of Patient Experience*, 2017, 4(2): pp. 74-77.
[381] Trevarthen, C., 'Communication and cooperation in early infancy: a description of primary intersubjectivity', *Before Speech: The Beginning of Interpersonal Communication*, 1979, 1: pp. 530-571.
[382] Martin, G.B. and R.D. Clark, 'Distress crying in neonates: species and peer specificity', *Developmental Psychology*, 1982, 18(1): p. 3.
[383] Van Baaren, R., et al., 'Where is the love? The social aspects of mimicry', *Philosophical Transactions of the Royal Society B: Biological Sciences*, 2009, 364(1528): pp. 2381-2389.
[384] Van Baaren, R.B., et al., 'Mimicry and prosocial behavior', *Psychological Science*, 2004, 15(1): pp. 71-74.
[385] Chartrand, T.L. and J.A. Bargh, 'The chameleon effect: the perception-behavior link and social interaction', *Journal of Personality and Social Psychology*, 1999, 76(6): pp. 893-910.
[386] Maddux, W.W., E. Mullen, and A.D. Galinsky, 'Chameleons bake bigger pies and take bigger pieces: strategic behavioral mimicry facilitates negotiation outcomes', *Journal of Experimental Social Psychology*, 2008, 44(2): pp. 461-468.
[387] Book, A., et al., 'The mask of sanity revisited: psychopathic traits and affective mimicry', *Evolutionary Psychological Science*, 2015, 1(2): pp. 91-102.
[388] Jackson, P.L., P. Rainville, and J. Decety, 'To what extent do we share the pain of others? Insight from the neural bases of pain empathy', *Pain*, 2006, 125(1): pp. 5-9.
[389] Avenanti, A., et al., 'Transcranial magnetic stimulation highlights the sensorimotor side of empathy for pain', *Nature Neuroscience*, 2005, 8(7): pp. 955-960.
[390] Nagasako, E.M., A.L. Oaklander, and R.H. Dworkin, 'Congenital insensitivity to pain: an update', *Pain*, 2003, 101(3): pp. 213-219.
[391] Danziger, N., K.M. Prkachin, and J.C. Willer, 'Is pain the price of empathy? The perception of others' pain in patients with congenital insensitivity to pain', *Brain*, 2006, 129(9): pp. 2494-2507.
[392] Rives Bogart, K. and D. Matsumoto, 'Facial mimicry is not necessary to recognize emotion: facial expression recognition by people with Moebius syndrome', *Social Neuroscience*, 2010, 5(2): pp. 241-251.
[393] Watanabe, S. and Y. Kosaki, 'Evolutionary origin of empathy and inequality aversion', in *Evolution of the Brain, Cognition, and Emotion in Vertebrates*, S. Watanabe, M. Hofman, and T. Shimizu (eds) (Springer, 2017), pp. 273-299.
[394] De Waal, F.B., 'Putting the altruism back into altruism: the evolution of empathy', *Annual Review of Psychology*, 2008, 59: pp. 279-300.
[395] Schroeder, D.A., et al., 'Empathic concern and helping behavior: egoism or altruism?', *Journal of Experimental Social Psychology*, 1988, 24(4): pp. 333-353.
[396] Buck, R., 'Communicative genes in the evolution of empathy and altruism', *Behavior Genetics*, 2011, 41(6): pp. 876-888.
[397] Stietz, J., et al., 'Dissociating empathy from perspective-taking: evidence from intra- and inter-individual differences research', *Frontiers in Psychiatry*, 2019, 10: p. 126.
[398] Batson, C.D., et al., 'Empathic joy and the empathy-altruism hypothesis', *Journal of Personality and Social Psychology*, 1991, 61(3): p. 413.
[399] Carr et al., 'Neural mechanisms of empathy in humans'.
[400] Gallagher, H.L. and C.D. Frith, 'Functional imaging of "theory of mind"', *Trends in Cognitive*

[401] Allman, J.M., et al., 'The anterior cingulate cortex: the evolution of an interface between emotion and cognition', *Annals of the New York Academy of Sciences*, 2001, 935(1): pp. 107–117.
[402] Decety and Jackson, 'The functional architecture of human empathy'.
[403] De Vignemont, F. and T. Singer, 'The empathic brain: how, when and why?', *Trends in Cognitive Sciences*, 2006, 10(10): pp. 435–441.
[404] Hatfield, E., J.T. Cacioppo, and R.L. Rapson, 'Emotional contagion', *Current Directions in Psychological Science*, 1993, 2(3): pp. 96–100.
[405] Hatfield, E., R.L. Rapson, and Y.-C.L. Le, 'Emotional contagion and empathy', in *The Social Neuroscience of Empathy*, J. Decety and W. Ickes (eds) (MIT Press, 2011), p. 19.
[406] Schürmann, M., et al., 'Yearning to yawn: the neural basis of contagious yawning', *NeuroImage*, 2005, 24(4): pp. 1260–1264.
[407] Guggisberg, A.G., et al., 'Why do we yawn?', *Neuroscience & Biobehavioral Reviews*, 2010, 34(8): pp. 1267–1276.
[408] Dunbar, R.I., 'The social brain hypothesis and its implications for social evolution', *Annals of Human Biology*, 2009, 36(5): pp. 562–572.
[409] Dolcos, F., A.D. Iordan, and S. Dolcos, 'Neural correlates of emotion–cognition interactions: a review of evidence from brain imaging investigations', *Journal of Cognitive Psychology*, 2011, 23(6): pp. 669–694.
[410] Paulson, O.B., et al., 'Cerebral blood flow response to functional activation', *Journal of Cerebral Blood Flow & Metabolism*, 2010, 30(1): pp. 2–14.
[411] Ibrahim, J.K., et al., 'State laws restricting driver use of mobile communications devices: distracted-driving provisions, 1992–2010', *American Journal of Preventive Medicine*, 2011, 40(6): pp. 659–665.
[412] Stietz, et al., 'Dissociating empathy from perspective-taking'.
[413] Dolcos, et al., 'Neural correlates of emotion–cognition interactions'.
[414] Vilanova, F., et al., 'Deindividuation: from Le Bon to the social identity model of deindividuation effects', *Cogent Psychology*, 2017, 4(1): p. 1308104.
[415] Christoff, K. and J.D.E. Gabrieli, 'The frontopolar cortex and human cognition: evidence for a rostrocaudal hierarchical organization within the human prefrontal cortex', *Psychobiology*, 2000, 28(2): pp. 168–186.
[416] Tong, E.M., D.H. Tan, and Y.L. Tan, 'Can implicit appraisal concepts produce emotion-specific effects? A focus on unfairness and anger', *Consciousness and Cognition*, 2013, 22(2): pp. 449–460.
[417] Reicher, S.D., R. Spears, and T. Postmes, 'A social identity model of deindividuation phenomena', *European Review of Social Psychology*, 1995, 6(1): pp. 161–198.
[418] Kanske, P., et al., 'Are strong empathizers better mentalizers? Evidence for independence and interaction between the routes of social cognition', *Social Cognitive and Affective Neuroscience*, 2016, 11(9): pp. 1383–1392.
[419] Scherer, K.R., 'Appraisal theory', in *Handbook of Cognition and Emotion*, T. Dalgleish and M.J. Power (eds) (John Wiley & Sons, 1999), pp. 637–663.
[420] Siemer, M., I. Mauss, and J.J. Gross, 'Same situation – different emotions: how appraisals shape our emotions', *Emotion*, 2007, 7(3): pp. 592–600.
[421] Cherniss, C., 'Social and emotional competence in the workplace', in *The Handbook of Emotional Intelligence: Theory, Development, Assessment, and Application at Home, School, and in the Workplace*, R. Bar-On and J.D.A. Parker (eds) (Jossey-Bass, 2000), pp. 433–458.
[422] Dewe, P., 'Primary appraisal, secondary appraisal and coping: their role in stressful work encounters', *Journal of Occupational Psychology*, 1991, 64(4): pp. 331–351.

[423] Kalter, J., 'The workplace burnout', *Columbia Journalism Review*, 1999, 38(2): p. 30.

[424] Zapf, D., et al., 'Emotion work and job stressors and their effects on burnout', *Psychology & Health*, 2001, 16(5): pp. 527–545.

[425] Biegler, P., 'Autonomy, stress, and treatment of depression', *BMJ*, 2008, 336(7652): pp. 1046–1048.

[426] Willner, P., et al., 'Loss of social status: preliminary evaluation of a novel animal model of depression', *Journal of Psychopharmacology*, 1995, 9(3): pp. 207–213.

[427] Siegrist, J., et al., 'A short generic measure of work stress in the era of globalization: effort–reward imbalance', *International Archives of Occupational and Environmental Health*, 2009, 82(8): p. 1005.

[428] Norris, C.J., et al., 'The interaction of social and emotional processes in the brain', *Journal of Cognitive Neuroscience*, 2004, 16(10): pp. 1818–1829.

[429] Joyce, S., et al., 'Road to resilience: a systematic review and meta-analysis of resilience training programmes and interventions', *BMJ Open*, 2018, 8(6).

[430] Thummakul, D., et al. (2012), 'The development of happy workplace index', *International Journal of Business Management*, 2012, 1(2): pp. 527–536.

[431] Mann, A. and J. Harter, 'The worldwide employee engagement crisis', *Gallup Business Journal*, 2016, 7: pp. 1–5.

[432] Hosie, P. and N. ElRakhawy, 'The happy worker: revisiting the "happy-productive worker" thesis', in *Wellbeing: A Complete Reference Guide*, Vol. 3, P.Y. Chen and C.L. Cooper (eds) (Wiley-Blackwell, 2014): pp. 113–138.

[433] Miron, A.M. and J.W. Brehm, 'Reactance theory – 40 years later', *Zeitschrift für Sozialpsychologie*, 2006, 37(1): pp. 9–18.

[434] Wagner, D.T., C.M. Barnes, and B.A. Scott, 'Driving it home: how workplace emotional labor harms employee home life', *Personnel Psychology*, 2014, 67(2): pp. 487–516.

[435] Impett, E.A., et al., 'Suppression sours sacrifice: emotional and relational costs of suppressing emotions in romantic relationships', *Personality and Social Psychology Bulletin*, 2012, 38(6): pp. 707–720.

[436] Flynn, J.J., T. Hollenstein, and A. Mackey, 'The effect of suppressing and not accepting emotions on depressive symptoms: is suppression different for men and women?', *Personality and Individual Differences*, 2010, 49(6): pp. 582–586.

[437] Yoon, J.-H., et al., 'Suppressing emotion and engaging with complaining customers at work related to experience of depression and anxiety symptoms: a nationwide cross-sectional study', *Industrial Health*, 2017, 55: pp. 265–274.

[438] Taylor, L., 'Out of character: how acting puts a mental strain on performers', *The Conversation*, 6 December 2017.

[439] Durand, F., C. Isaac, and D. Januel, 'Emotional memory in post-traumatic stress disorder: a systematic PRISMA review of controlled studies', *Frontiers in Psychology*, 2019, 10(303).

[440] Maxwell, I., M. Seton, and M. Szabó, 'The Australian actors' wellbeing study: a preliminary report', *About Performance*, 2015, 13: pp. 69–113.

[441] Arias, G.L., 'In the wings: actors & mental health a critical review of the literature', Masters thesis, 2019, Lesley University.

[442] Taylor, 'Out of character'.

[443] Jones, P., *Drama as Therapy: Theatre as Living* (Psychology Press, 1996).

[444] Cerney, M.S. and J.R. Buskirk, 'Anger: the hidden part of grief', *Bulletin of the Menninger Clinic*, 1991, 55(2): p. 228.

[445] McCracken, L.M., 'Anger, injustice, and the continuing search for psychological mechanisms of pain, suffering, and disability', *Pain*, 2013, 154(9): pp. 1495–1496.

[446] Kübler-Ross, E. and D. Kessler, *On Grief and Grieving: Finding the Meaning of Grief Through the Five Stages of Loss* (Simon and Schuster, 2005).
[447] Silani, G., et al., 'Right supramarginal gyrus is crucial to overcome emotional egocentricity bias in social judgments', *Journal of Neuroscience*, 2013, 33(39): pp. 15466–15476.
[448] Lamm, C., M. Rütgen, and I.C. Wagner, 'Imaging empathy and prosocial emotions', *Neuroscience Letters*, 2019, 693: pp. 49–53.
[449] Carlson, N.R., *Physiology of Behavior* (Pearson Higher Education, 2012).
[450] Silani, et al., 'Right supramarginal gyrus is crucial'.
[451] Chang, S.W., et al., 'Neural mechanisms of social decision-making in the primate amygdala', *Proceedings of the National Academy of Sciences*, 2015, 112(52): pp. 16012–16017.
[452] Stietz, et al., 'Dissociating empathy from perspective-taking'.
[453] Hein, G. and R.T. Knight, 'Superior temporal sulcus – it's my area: or is it?', *Journal of Cognitive Neuroscience*, 2008, 20(12): pp. 2125–2136.
[454] Dvash, J. and S.G. Shamay-Tsoory, 'Theory of mind and empathy as multidimensional constructs: neurological foundations', *Topics in Language Disorders*, 2014, 34(4): pp. 282–295.
[455] Joireman, J.A., T.L. Needham, and A.-L. Cummings, 'Relationships between dimensions of attachment and empathy', *North American Journal of Psychology*, 2002, 4(1): pp. 63–80.
[456] Hall, J.A. and S.E. Taylor, 'When love is blind: maintaining idealized images of one's spouse', *Human Relations*, 1976, 29(8): pp. 751–761.
[457] Milton, D.E., 'On the ontological status of autism: the "double empathy problem"', *Disability & Society*, 2012, 27(6): pp. 883–887.
[458] De Waal, 'Putting the altruism back into altruism'.
[459] Cikara, M., et al., 'Their pain gives us pleasure: how intergroup dynamics shape empathic failures and counter-empathic responses', *Journal of Experimental Social Psychology*, 2014, 55: pp. 110–125.
[460] Cikara, M., E.G. Bruneau, and R.R. Saxe, 'Us and them: intergroup failures of empathy', *Current Directions in Psychological Science*, 2011, 20(3): pp. 149–153.
[461] Pezdek, K., I. Blandon-Gitlin, and C. Moore, 'Children's face recognition memory: more evidence for the cross-race effect', *Journal of Applied Psychology*, 2003, 88(4): p. 760.
[462] Chiao, J.Y. and V.A. Mathur, 'Intergroup empathy: how does race affect empathic neural responses?', *Current Biology*, 2010, 20(11): pp. R478–R480.
[463] Riess, 'The science of empathy'.
[464] Stevens, F.L. and A.D. Abernethy, 'Neuroscience and racism: the power of groups for overcoming implicit bias', *International Journal of Group Psychotherapy*, 2018, 68(4): pp. 561–584.
[465] Reyes, B.N., S.C. Segal, and M.C. Moulson, 'An investigation of the effect of race-based social categorization on adults' recognition of emotion', *PLOS One*, 2018, 13(2): p. e0192418.
[466] Cikara, M. and S.T. Fiske, 'Bounded empathy: neural responses to outgroup targets' (mis)fortunes', *Journal of Cognitive Neuroscience*, 2011, 23(12): pp. 3791–3803.
[467] Tadmor, C.T., et al., 'Multicultural experiences reduce intergroup bias through epistemic unfreezing', *Journal of Personality and Social Psychology*, 2012, 103(5): p. 750.
[468] Riess, 'The science of empathy'.
[469] General Medical Council, *Personal Beliefs and Medical Practice* (General Medical Council, 2008).
[470] Doulougeri, K., E. Panagopoulou, and A. Montgomery, '(How) do medical students regulate their emotions?', *BMC Medical Education*, 2016, 16(1): p. 312.
[471] Boissy, A., et al., 'Communication skills training for physicians improves patient satisfaction', *Journal of General Internal Medicine*, 2016, 31(7): pp. 755–761.
[472] Flannelly, K.J., et al., 'The correlates of chaplains' effectiveness in meeting the spiritual/religious and emotional needs of patients', *Journal of Pastoral Care & Counseling*, 2009, 63(1–2): pp. 1–16.

[473] Morgan, M., *Critical: Stories from the Front Line of Intensive Care Medicine* (Simon and Schuster, 2019).

[474] Cameron, C., *Resolving Childhood Trauma: A Long-term Study of Abuse Survivors* (Sage, 2000).

第五章　情感关系

[475] Batson, C.D., et al., 'An additional antecedent of empathic concern: valuing the welfare of the person in need', *Journal of Personality and Social Psychology*, 2007, 93(1): p. 65.

[476] John, O.P. and J.J. Gross, 'Healthy and unhealthy emotion regulation: personality processes, individual differences, and life span development', *Journal of Personality*, 2004, 72(6): pp. 1301–1334.

[477] O'Higgins, M., et al., 'Mother-child bonding at 1 year; associations with symptoms of postnatal depression and bonding in the first few weeks', *Archives of Women's Mental Health*, 2013, 16(5): pp. 381–389.

[478] Wee, K.Y., et al., 'Correlates of ante-and postnatal depression in fathers: a systematic review', *Journal of Affective Disorders*, 2011, 130(3): pp. 358–377.

[479] Althammer, F. and V. Grinevich, 'Diversity of oxytocin neurones: beyond magno-and parvocellular cell types?', *Journal of Neuroendocrinology*, 2018, 30(8): p. e12549.

[480] Schneiderman, I., et al., 'Oxytocin during the initial stages of romantic attachment: relations to couples' interactive reciprocity', *Psychoneuroendocrinology*, 2012, 37(8): pp. 1277–1285.

[481] Gravotta, L., 'Be mine forever: oxytocin may help build long-lasting love', *Scientific American*, 12 February 2013.

[482] Magon, N. and S. Kalra, 'The orgasmic history of oxytocin: love, lust, and labor', *Indian Journal of Endocrinology and Metabolism*, 2011, 15(7): p. 156.

[483] Scheele, D., et al., 'Oxytocin modulates social distance between males and females', *The Journal of Neuroscience*, 2012, 32(46): pp. 16074–16079.

[484] Scheele, D., et al., 'Oxytocin enhances brain reward system responses in men viewing the face of their female partner', *Proceedings of the National Academy of Sciences*, 2013, 110(50): pp. 20308–20313.

[485] Fineberg, S.K. and D.A. Ross, 'Oxytocin and the social brain', *Biological Psychiatry*, 2017, 81(3): p. e19.

[486] Ross, H.E. and L.J. Young, 'Oxytocin and the neural mechanisms regulating social cognition and affiliative behavior', *Frontiers in Neuroendocrinology*, 2009, 30(4): pp. 534–547.

[487] Guastella, A.J., P.B. Mitchell, and F. Mathews, 'Oxytocin enhances the encoding of positive social memories in humans', *Biological Psychiatry*, 2008, 64(3): pp. 256–258.

[488] Bartz, J.A., et al., 'Social effects of oxytocin in humans: context and person matter', *Trends in Cognitive Sciences*, 2011, 15(7): pp. 301–309.

[489] Shamay-Tsoory, S.G., et al., 'Intranasal administration of oxytocin increases envy and schadenfreude (gloating)', *Biological Psychiatry*, 2009, 66(9): pp. 864–870.

[490] De Dreu, C.K.W., et al., 'Oxytocin promotes human ethnocentrism', *Proceedings of the National Academy of Sciences*, 2011, 108(4): pp. 1262–1266.

[491] Flinn, M.V., D.C. Geary, and C.V. Ward, 'Ecological dominance, social competition, and coalitionary arms races: why humans evolved extraordinary intelligence', *Evolution and Human Behavior*, 2005, 26(1): pp. 10–46.

[492] Nephew, B.C., 'Behavioral roles of oxytocin and vasopressin', in *Neuroendocrinology and Behavior*, T. Sumiyoshi (ed.) (InTech, 2012).

[493] Bales, K.L., et al., 'Neural correlates of pair-bonding in a monogamous primate', *Brain Research*, 2007, 1184: pp. 245-253.
[494] Knobloch, H. and V. Grinevich, 'Evolution of oxytocin pathways in the brain of vertebrates', *Frontiers in Behavioral Neuroscience*, 2014, 8(31).
[495] Gruber C. W., 'Physiology of invertebrate oxytocin and vasopressin neuropeptides', *Experimental Physiology*, 2014, 99(1): pp. 55-61.
[496] Nissen, E., et al., 'Elevation of oxytocin levels early post partum in women', *Acta Obstetricia et Gynecologica Scandinavica*, 1995, 74(7): pp. 530-533.
[497] Ross and Young, 'Oxytocin and the neural mechanisms'.
[498] Buckley, S.J., 'Ecstatic birth: the hormonal blueprint of labor', *Mothering Magazine*, 2002, 111: pp. 59-68.
[499] Moberg, K.U. and D.K. Prime, 'Oxytocin effects in mothers and infants during breastfeeding', *Infant*, 2013, 9(6): pp. 201-206.
[500] Wan, M.W., et al., 'The neural basis of maternal bonding', *PLOS One*, 2014, 9(3): p. e88436.
[501] Leknes, S., et al., 'Oxytocin enhances pupil dilation and sensitivity to "hidden" emotional expressions', *Social Cognitive and Affective Neuroscience*, 2013, 8(7): pp. 741-749.
[502] Vittner, D., et al., 'Increase in oxytocin from skin-to-skin contact enhances development of parent-infant relationship', *Biological Research for Nursing*, 2018, 20(1): pp. 54-62.
[503] Peterman, K., 'What's love got to do with it? The potential role of oxytocin in the association between postpartum depression and mother-to-infant skin-to-skin contact', Masters thesis, 2014, University of North Carolina at Chapel Hill.
[504] Young, K.S., et al., 'The neural basis of responsive caregiving behaviour: investigating temporal dynamics within the parental brain', *Behavioural Brain Research*, 2017, 325: pp. 105-116.
[505] Glocker, M.L., et al., 'Baby schema in infant faces induces cuteness perception and motivation for caretaking in adults', *Ethology: Formerly Zeitschrift für Tierpsychologie*, 2009, 115(3): pp. 257-263.
[506] Moberg and Prime, 'Oxytocin effects in mothers and infants'.
[507] Peltola, M.J., L. Strathearn, and K. Puura, 'Oxytocin promotes face-sensitive neural responses to infant and adult faces in mothers', *Psychoneuroendocrinology*, 2018, 91: pp. 261-270.
[508] Stavropoulos, K.K.M. and L.A. Alba, ' "It's so cute I could crush it!" : understanding neural mechanisms of cute aggression', *Frontiers in Behavioral Neuroscience*, 2018, 12(300).
[509] Kuzawa, C.W., et al., 'Metabolic costs and evolutionary implications of human brain development', *Proceedings of the National Academy of Sciences*, 2014, 111(36): pp. 13010-13015.
[510] Borgi, M., et al., 'Baby schema in human and animal faces induces cuteness perception and gaze allocation in children', *Frontiers in Psychology*, 2014, 5: p. 411.
[511] Kringelbach, M.L., et al., 'On cuteness: unlocking the parental brain and beyond', *Trends in Cognitive Sciences*, 2016, 20(7): pp. 545-558.
[512] Stavropoulos and Alba, ' "It's so cute I could crush it!" '.
[513] Stavropoulos and Alba, ' "It's so cute I could crush it!" '.
[514] Carter, C.S., 'The oxytocin-vasopressin pathway in the context of love and fear', *Frontiers in Endocrinology*, 2017, 8: p. 356.
[515] Carter, C.S., 'Oxytocin pathways and the evolution of human behavior', *Annual Review of Psychology*, 2014, 65: pp. 17-39.
[516] Bosch, O.J. and I.D. Neumann, 'Vasopressin released within the central amygdala promotes maternal aggression', *European Journal of Neuroscience*, 2010, 31(5): pp. 883-891.
[517] Carter, 'The oxytocin-vasopressin pathway'.
[518] Sullivan, R., et al., 'Infant bonding and attachment to the caregiver: insights from basic and clinical science', *Clinics in Perinatology*, 2011, 38(4): pp. 643-655.

[519] Choi, C.Q., 'Juvenile thoughts', *Scientific American*, 2009, 301(1): pp. 23-24.
[520] Lukas, M., et al., 'The neuropeptide oxytocin facilitates pro-social behavior and prevents social avoidance in rats and mice', *Neuropsychopharmacology*, 2011, 36(11): pp. 2159-2168.
[521] Tomasello, M., 'The ultra-social animal', *European Journal of Social Psychology*, 2014, 44(3): pp. 187-194.
[522] Carter, C.S., 'The role of oxytocin and vasopressin in attachment', *Psychodynamic Psychiatry*, 2017, 45(4): pp. 499-517.
[523] Carter, 'Oxytocin pathways and the evolution of human behavior'.
[524] Morman, M.T. and K. Floyd, 'A "changing culture of fatherhood": effects on affectionate communication, closeness, and satisfaction in men's relationships with their fathers and their sons', *Western Journal of Communication (includes Communication Reports)*, 2002, 66(4): pp. 395-411.
[525] Moir, A. and D. Jessel, *Brain Sex* (Random House, 1997).
[526] DeLamater, J. and W.N. Friedrich, 'Human sexual development', *Journal of Sex Research*, 2002, 39(1): pp. 10-14.
[527] Rippon, G., *The Gendered Brain: The New Neuroscience that Shatters the Myth of the Female Brain* (Random House, 2019).
[528] Simmons, J.G., *The Scientific 100: A Ranking of the Most Influential Scientists, Past and Present* (Citadel Press, 2000).
[529] Valine, Y.A., 'Why cultures fail: the power and risk of Groupthink', *Journal of Risk Management in Financial Institutions*, 2018, 11(4): pp. 301-307.
[530] Simmons, *The Scientific 100*.
[531] Bergman, G., 'The history of the human female inferiority ideas in evolutionary biology', *Rivista di Biologia*, 2002, 95(3): pp. 379-412.
[532] Krulwich, R., 'Non! Nein! No! A country that wouldn't let women vote till 1971', *National Geographic*, 26 August 2016.
[533] Clarke, E.H., *Sex in Education, Or, A Fair Chance for Girls* (James R. Osgood and Company, 1874).
[534] Thompson, L., *The Wandering Womb: A Cultural History of Outrageous Beliefs about Women* (Prometheus Books, 2012).
[535] Milne-Smith, A., 'Hysterical men: the hidden history of male nervous illness', *Canadian Journal of History*, 2009, 44(2): p. 365.
[536] Tierney, A.J., 'Egas Moniz and the origins of psychosurgery: a review commemorating the 50th anniversary of Moniz's Nobel Prize', *Journal of the History of the Neurosciences*, 2000, 9(1): pp. 22-36.
[537] Tone, A. and M. Koziol, '(F)ailing women in psychiatry: lessons from a painful past', *Canadian Medical Association Journal (CMAJ)*, 2018, 190(20): pp. E624-E625.
[538] Tone and Koziol, '(F)ailing women in psychiatry'.
[539] Baron-Cohen, S., 'The extreme male brain theory of autism', *Trends in Cognitive Sciences*, 2002, 6(6): pp. 248-254.
[540] Lawson, J., S. Baron-Cohen, and S. Wheelwright, 'Empathising and systemising in adults with and without Asperger syndrome', *Journal of Autism and Developmental Disorders*, 2004, 34(3): pp. 301-310.
[541] Andrew, J., M. Cooke, and S. Muncer, 'The relationship between empathy and Machiavellianism: an alternative to empathizing-systemizing theory', *Personality and Individual Differences*, 2008, 44(5): pp. 1203-1211.
[542] Baez, S., et al., 'Men, women ... who cares? A population-based study on sex differences and gender roles in empathy and moral cognition', *PLOS One*, 2017, 12(6): p. e0179336.

[543] Ridley, R., 'Some difficulties behind the concept of the 'Extreme male brain' in autism research. A theoretical review', *Research in Autism Spectrum Disorders*, 2019, 57: pp. 19-27.
[544] Gould, J. and J. Ashton-Smith, 'Missed diagnosis or misdiagnosis? Girls and women on the autism spectrum', *Good Autism Practice (GAP)*, 2011, 12(1): pp. 34-41.
[545] Peters, M., 'Sex differences in human brain size and the general meaning of differences in brain size', *Canadian Journal of Psychology/Revue canadienne de psychologie*, 1991, 45(4): p. 507.
[546] Rushton, J.P. and C.D. Ankney, 'Whole brain size and general mental ability: a review', *International Journal of Neuroscience*, 2009, 119(5): pp. 692-732.
[547] Luders, E. and F. Kurth, 'Structural differences between male and female brains', in *Handbook of Clinical Neurology* (Elsevier, 2020), pp. 3-11.
[548] Seifritz, E., et al., 'Differential sex-independent amygdala response to infant crying and laughing in parents versus nonparents', *Biological Psychiatry*, 2003, 54(12): pp. 1367-1375.
[549] Stevens, F.L., R.A. Hurley, and K.H. Taber, 'Anterior cingulate cortex: unique role in cognition and emotion', *The Journal of Neuropsychiatry and Clinical Neurosciences*, 2011, 23(2): pp. 121-125.
[550] Kong, F., et al., 'Sex-related neuroanatomical basis of emotion regulation ability', *PLOS One*, 2014, 9(5): p. e97071.
[551] Stevens, J.S. and S. Hamann, 'Sex differences in brain activation to emotional stimuli: a meta-analysis of neuroimaging studies', *Neuropsychologia*, 2012, 50(7): pp. 1578-1593.
[552] Wharton, W., et al., 'Neurobiological underpinnings of the estrogen-mood relationship', *Current Psychiatry Reviews*, 2012, 8(3): pp. 247-256.
[553] McCarthy, M., 'Estrogen modulation of oxytocin and its relation to behavior', *Advances in Experimental Medicine and Biology*, 1995, 395: pp. 235-245.
[554] Votinov, M., et al., 'Effects of exogenous testosterone application on network connectivity within emotion regulation systems', *Scientific Reports*, 2020, 10(1): pp. 1-10.
[555] Baez, et al., 'Men, women... who cares?'.
[556] Minor, M.W., 'Experimenter-expectancy effect as a function of evaluation apprehension', *Journal of Personality and Social Psychology*, 1970, 15(4): p. 326.
[557] Dreher, J.-C., et al., 'Testosterone causes both prosocial and antisocial status-enhancing behaviors in human males', *Proceedings of the National Academy of Sciences*, 2016, 113(41): pp. 11633-11638.
[558] Sapolsky, R.M., 'Doubled-edged swords in the biology of conflict', *Frontiers in Psychology*, 2018, 9: p. 2625.
[559] Zink, C.F., et al., 'Know your place: neural processing of social hierarchy in humans', *Neuron*, 2008. 58(2): pp. 273-283.
[560] Tabibnia, G. and M.D. Lieberman, 'Fairness and cooperation are rewarding', *Annals of the New York Academy of Sciences*, 2007, 1118(1): pp. 90-101.
[561] Tabibnia and Lieberman, 'Fairness and cooperation are rewarding'.
[562] Eisenegger, C., et al., 'Prejudice and truth about the effect of testosterone on human bargaining behaviour', *Nature*, 2010, 463(7279): pp. 356-359.
[563] Wibral, M., et al., 'Testosterone administration reduces lying in men', *PLOS One*, 2012, 7(10): p. e46774.
[564] Maguire, E.A., K. Woollett, and H.J. Spiers, 'London taxi drivers and bus drivers: a structural MRI and neuropsychological analysis', *Hippocampus*, 2006, 16(12): pp. 1091-1101.
[565] Kaplow, J.B., et al., 'Emotional suppression mediates the relation between adverse life events and adolescent suicide: implications for prevention', *Prevention Science*, 2014, 15(2): pp. 177-185.
[566] Albert, P.R., 'Why is depression more prevalent in women?', *Journal of Psychiatry & Neuroscience: JPN*, 2015, 40(4): p. 219.

[567] Hedegaard, H., S.C. Curtin, and M. Warner, 'Suicide rates in the United States continue to increase', *NCHS Data Brief*, 2018, 309.
[568] Noone, P.A., 'The Holmes-Rahe Stress Inventory', *Occupational Medicine*, 2017, 67(7): pp. 581–582.
[569] Kim, J. and E. Hatfield, 'Love types and subjective well-being: a cross-cultural study', *Social Behavior and Personality: An International Journal*, 2004, 32(2): pp. 173–182.
[570] Lewis, M., J.M. Haviland-Jones, and L.F. Barrett, *Handbook of Emotions* (Guilford Press, 2010).
[571] Cacioppo, S., et al., 'Social neuroscience of love', *Clinical Neuropsychiatry*, 2012, 9(1): pp. 3–13.
[572] Barsade, S.G. and O.A. O'Neill, 'What's love got to do with it? A longitudinal study of the culture of companionate love and employee and client outcomes in a long-term care setting', *Administrative Science Quarterly*, 2014, 59(4): pp. 551–598.
[573] Gilbert, D.T., S.T. Fiske, and G. Lindzey, *The Handbook of Social Psychology*, Vol. 1 (Oxford University Press, 1998).
[574] Bartels, A. and S. Zeki, 'The neural correlates of maternal and romantic love', *NeuroImage*, 2004, 21(3): pp. 1155–1166.
[575] Ainsworth, M.D.S., et al., *Patterns of Attachment: A Psychological Study of the Strange Situation* (Psychology Press, 2015).
[576] Purves, D., G. Augustine, and D. Fitzpatrick, *Autonomic Regulation of Sexual Function* (Sinauer Associates, 2001).
[577] Benson, E. 'The science of sexual arousal', 2003; Available from: http://www.apa.org/monitor/apr03/arousal.aspx.
[578] Herzberg, L.A., 'On sexual lust as an emotion', *HUMANA. MENTE Journal of Philosophical Studies*, 2019, 12(35): pp. 271–302.
[579] Bogaert, A.F., 'Asexuality: what it is and why it matters', *Journal of Sex Research*, 2015, 52(4): pp. 362–379.
[580] Chasin, C.D., 'Making sense in and of the asexual community: navigating relationships and identities in a context of resistance', *Journal of Community & Applied Social Psychology*, 2015, 25(2): pp. 167–180.
[581] Cacioppo, S., et al., 'The common neural bases between sexual desire and love: a multilevel kernel density fMRI analysis', *The Journal of Sexual Medicine*, 2012, 9(4): pp. 1048–1054.
[582] Cacioppo, et al., 'The common neural bases'.
[583] Takahashi, K., et al., 'Imaging the passionate stage of romantic love by dopamine dynamics', *Frontiers in Human Neuroscience*, 2015, 9: p. 191.
[584] Volkow, N.D., G.-J. Wang, and R.D. Baler, 'Reward, dopamine and the control of food intake: implications for obesity', *Trends in Cognitive Sciences*, 2011, 15(1): pp. 37–46.
[585] Villablanca, J.R., 'Why do we have a caudate nucleus?', *Acta Neurobiologiae Experimentalis (Wars)*, 2010, 70(1): pp. 95–105.
[586] Ainsworth, et al., *Patterns of Attachment*.
[587] Helmuth, L., 'Caudate-over-heels in love', *Science*, 2003, 302(5649): p. 1320.
[588] Bartels and Zeki, 'The neural correlates of maternal and romantic love'.
[589] Chowdhury, R., et al., 'Dopamine modulates episodic memory persistence in old age', *Journal of Neuroscience*, 2012, 32(41): pp. 14193–14204.
[590] Raderschall, et al., 'Habituation under natural conditions'.
[591] Fisher, H.E., et al., 'Reward, addiction, and emotion regulation systems associated with rejection in love', *Journal of Neurophysiology*, 2010, 104(1): pp. 51–60.
[592] Myers Ernst, M. and L.H. Epstein, 'Habituation of responding for food in humans', *Appetite*, 2002, 38(3): pp. 224–234.
[593] Acevedo, B.P. and A. Aron, 'Does a long-term relationship kill romantic love?', *Review of*

General Psychology, 2009, 13(1): pp. 59-65.

[594] Masuda, M., 'Meta-analyses of love scales: do various love scales measure the same psychological constructs?', *Japanese Psychological Research*, 2003, 45(1): pp. 25-37.

[595] Horstman, A.M., et al., 'The role of androgens and estrogens on healthy aging and longevity', *Journals of Gerontology Series A: Biomedical Sciences and Medical Sciences*, 2012, 67(11): pp. 1140-1152.

[596] Kılıç, N. and A. Altınok, 'Obsession and relationship satisfaction through the lens of jealousy and rumination', *Personality and Individual Differences*, 2021, 179: p. 110959.

[597] Harris, C.R., 'Sexual and romantic jealousy in heterosexual and homosexual adults', *Psychological Science*, 2002, 13(1): pp. 7-12.

[598] Richards, J.M., E.A. Butler, and J.J. Gross, 'Emotion regulation in romantic relationships: the cognitive consequences of concealing feelings', *Journal of Social and Personal Relationships*, 2003, 20(5): pp. 599-620.

[599] Ellsworth, P.C., 'Appraisal theory: old and new questions', *Emotion Review*, 2013, 5(2): pp. 125-131.

[600] Field, T., 'Romantic breakups, heartbreak and bereavement - romantic breakups', *Psychology*, 2011, 2(4): p. 382.

[601] Davis, M.H. and H.A. Oathout, 'Maintenance of satisfaction in romantic relationships: empathy and relational competence', *Journal of Personality and Social Psychology*, 1987, 53(2): p. 397.

[602] Acevedo and Aron, 'Does a long-term relationship kill romantic love?'.

[603] Diener, E., et al., 'Subjective well-being: three decades of progress', *Psychological Bulletin*, 1999, 125(2): p. 276.

[604] Aron, A., et al., 'Reward, motivation, and emotion systems associated with early-stage intense romantic love', *Journal of Neurophysiology*, 2005, 94(1): pp. 327-337.

[605] Arzy, S., et al., 'Induction of an illusory shadow person', *Nature*, 2006, 443: p. 287.

[606] Lamb, M.E. and C. Lewis, 'The role of parent-child relationships in child development', in *Social and Personality Development*, M.E. Lamb and M.H. Bornstein (eds) (Psychology Press, 2013), pp. 267-316.

[607] Silverberg, S.B. and L. Steinberg, 'Adolescent autonomy, parent-adolescent conflict, and parental well-being', *Journal of Youth and Adolescence*, 1987, 16(3): pp. 293-312.

[608] Aquilino, W.S., 'From adolescent to young adult: a prospective study of parent-child relations during the transition to adulthood', *Journal of Marriage and the Family*, 1997, 59(3): pp. 670-686.

[609] Ro, C., 'Dunbar's number: why we can only maintain 150 relationships', BBC Future, accessed July 2020.

[610] Lindenfors, P., A. Wartel, and J. Lind, ' "Dunbar's number" deconstructed', *Biology Letters*, 2021, 17(5): p. 20210158.

[611] Ro, 'Dunbar's number'.

[612] Ampel, B.C., M. Muraven, and E.C. McNay, 'Mental work requires physical energy: self-control is neither exception nor exceptional', *Frontiers in Psychology*, 2018, 9: p. 1005.

[613] Schwartz, B., 'The social psychology of privacy', *American Journal of Sociology*, 1968, 73(6): pp. 741-752.

[614] Giles, D.C., 'Parasocial interaction: a review of the literature and a model for future research', *Media Psychology*, 2002, 4(3): pp. 279-305.

[615] Schiappa, E., M. Allen, and P.B. Gregg, 'Parasocial relationships and television: a meta-analysis of the effects', in *Mass Media Effects Research: Advances Through Meta-analysis*, R.W. Preiss et al. (eds) (Routledge, 2007), pp. 301-314.

[616] Allen, P., et al., 'The hallucinating brain: a review of structural and functional neuroimaging

studies of hallucinations', *Neuroscience & Biobehavioral Reviews*, 2008, 32(1): pp. 175-191.
[617] Blakemore, S.-J., et al., 'The perception of self-produced sensory stimuli in patients with auditory hallucinations and passivity experiences: evidence for a breakdown in self-monitoring', *Psychological Medicine*, 2000, 30(5): pp. 1131-1139.
[618] Behrmann, M., 'The mind's eye mapped onto the brain's matter', *Current Directions in Psychological Science*, 2000, 9(2): pp. 50-54.
[619] Mullally, S.L. and E.A. Maguire, 'Memory, imagination, and predicting the future: a common brain mechanism?', *The Neuroscientist*, 2014, 20(3): pp. 220-234.
[620] Hemmer and Steyvers, 'A Bayesian account'.
[621] Buckner, R.L., 'The role of the hippocampus in prediction and imagination', *Annual Review of Psychology*, 2010, 61: pp. 27-48.
[622] Hassabis, D. and E.A. Maguire, 'Deconstructing episodic memory with construction', *Trends in Cognitive Sciences*, 2007, 11(7): pp. 299-306.
[623] Spreng, R.N., R.A. Mar, and A.S. Kim, 'The common neural basis of autobiographical memory, prospection, navigation, theory of mind, and the default mode: a quantitative meta-analysis', *Journal of Cognitive Neuroscience*, 2009, 21(3): pp. 489-510.
[624] Diekhof, E.K., et al., 'The power of imagination - how anticipatory mental imagery alters perceptual processing of fearful facial expressions', *NeuroImage*, 2011, 54(2): pp. 1703-1714.
[625] Herz and von Clef, 'The influence of verbal labeling'.
[626] Henderson, R.R., M.M. Bradley, and P.J. Lang, 'Emotional imagery and pupil diameter', *Psychophysiology*, 2018, 55(6): p. e13050.
[627] Perse, E.M. and R.B. Rubin, 'Attribution in social and parasocial relationships', *Communication Research*, 1989, 16(1): pp. 59-77.
[628] Brown, W.J., 'Examining four processes of audience involvement with media personae: transportation, parasocial interaction, identification, and worship', *Communication Theory*, 2015, 25(3): pp. 259-283.
[629] Hineline, P.N., 'Narrative: why it's important, and how it works', *Perspectives on Behavior Science*, 2018, 41(2): pp. 471-501.
[630] Green, M.C., 'Transportation into narrative worlds: the role of prior knowledge and perceived realism', *Discourse Processes*, 2004, 38(2): pp. 247-266.
[631] Kelman, H., 'Processes of opinion change', *Public Opinion Quarterly*, 1961, 25: pp. 57-78.
[632] Jenner, G., *Dead Famous: An Unexpected History of Celebrity from Bronze Age to Silver Screen* (Hachette, 2020).
[633] Cohen, J., 'Defining identification: a theoretical look at the identification of audiences with media characters', *Mass Communication & Society*, 2001, 4(3): pp. 245-264.
[634] Moyer-Gusé, E., A.H. Chung, and P. Jain, 'Identification with characters and discussion of taboo topics after exposure to an entertainment narrative about sexual health', *Journal of Communication*, 2011, 61(3): pp. 387-406.
[635] Howard Gola, A.A., et al., 'Building meaningful parasocial relationships between toddlers and media characters to teach early mathematical skills', *Media Psychology*, 2013, 16(4): pp. 390-411.
[636] Calvert, S.L., M.N. Richards, and C.C. Kent, 'Personalized interactive characters for toddlers' learning of seriation from a video presentation', *Journal of Applied Developmental Psychology*, 2014, 35(3): pp. 148-155.
[637] Holt-Lunstad, J., 'The potential public health relevance of social isolation and loneliness: prevalence, epidemiology, and risk factors', *Public Policy & Aging Report*, 2017, 27(4): pp. 127-130.
[638] Derrick, J.L., S. Gabriel, and B. Tippin, 'Parasocial relationships and self-discrepancies: faux

relationships have benefits for low self-esteem individuals', *Personal Relationships*, 2008, 15(2): pp. 261-280.

[639] Singer, J.L., 'Imaginative play and adaptive development', in *Toys, Play, and Child Development*, J.H. Goldstein (ed.) (Cambridge University Press, 1994), pp. 6-26.

[640] Hoff, E.V., 'A friend living inside me – the forms and functions of imaginary companions', *Imagination, Cognition and Personality*, 2004, 24(2): pp. 151-189.

[641] Taylor, M. and S.M. Carlson, 'The relation between individual differences in fantasy and theory of mind', *Child Development*, 1997, 68(3): pp. 436-455.

[642] Pickhardt, C., 'Adolescence and the teenage crush', *Psychology Today*, 10 September 2012.

[643] Erickson, S.E. and S. Dal Cin, 'Romantic parasocial attachments and the development of romantic scripts, schemas and beliefs among adolescents', *Media Psychology*, 2018, 21(1): pp. 111-136.

[644] Knox, J., 'Sex, shame and the transcendent function: the function of fantasy in self development', *Journal of Analytical Psychology*, 2005, 50(5): pp. 617-639.

[645] Tukachinksy, R., 'When actors don't walk the talk: parasocial relationships moderate the effect of actor-character incongruence', *International Journal of Communication*, 2015, 9: p. 17.

[646] Proctor, W., ' "Bitches ain't gonna hunt no ghosts" : totemic nostalgia, toxic fandom and the *Ghostbusters* platonic', *Palabra Clave*, 2017, 20(4): pp. 1105-1141.

[647] Biegler, 'Autonomy, stress'.

[648] McCutcheon, L.E., et al., 'Exploring the link between attachment and the inclination to obsess about or stalk celebrities', *North American Journal of Psychology*, 2006, 8(2): pp. 289-300.

[649] Pickhardt, 'Adolescence and the teenage crush'.

[650] Eyal, K. and J. Cohen, 'When good friends say goodbye: a parasocial breakup study', *Journal of Broadcasting & Electronic Media*, 2006, 50(3): pp. 502-523.

第六章 情感科技

[651] Öhman, C.J. and D. Watson, 'Are the dead taking over Facebook? A Big Data approach to the future of death online', *Big Data & Society*, 2019, 6(1).

[652] Kawamichi, et al., 'Increased frequency of social interaction'.

[653] Krebs, et al., 'Novelty increases the mesolimbic functional connectivity'.

[654] Farrow, T., et al., 'Neural correlates of self-deception and impression-management', *Neuropsychologia*, 2015, 67: pp. 159-174.

[655] Dunbar, R. and R.I.M. Dunbar, *Grooming, Gossip, and the Evolution of Language* (Harvard University Press, 1998).

[656] Dumas, G., et al., 'Inter-brain synchronization during social interaction', *PLOS One*, 2010, 5(8): p. e12166.

[657] Van Baaren, et al., 'Where is the love?'.

[658] Blanchard, et al., 'Risk assessment'.

[659] Windeler, J.B., K.M. Chudoba, and R.Z. Sundrup, 'Getting away from them all: managing exhaustion from social interaction with telework', *Journal of Organizational Behavior*, 2017, 38(7): pp. 977-995.

[660] Ross, S.A., 'Compensation, incentives, and the duality of risk aversion and riskiness', *The Journal of Finance*, 2004. 59(1): pp. 207-225.

[661] Van Dillen, L.F. and H. van Steenbergen, 'Tuning down the hedonic brain: cognitive load reduces neural responses to high-calorie food pictures in the nucleus accumbens', *Cognitive, Affective, & Behavioral Neuroscience*, 2018, 18(3): pp. 447-459.

[662] Legault and Inzlicht, 'Self-determination'.
[663] Landhäußer, A. and J. Keller, 'Flow and its affective, cognitive, and performance-related consequences', in *Advances in Flow Research*, S. Engeser (ed.) (Springer, 2012), pp. 65–85.
[664] Nakamura, J. and M. Csikszentmihalyi, 'The concept of flow', in *Flow and the Foundations of Positive Psychology: The Collected Works of Mihaly Csikszentmihalyi* (Springer, 2014), pp. 239–263.
[665] Landhäußer and Keller, 'Flow'.
[666] Nakamura and Csikszentmihalyi, 'The concept of flow'.
[667] Sutcliffe, A.G., J.F. Binder, and R.I. M. Dunbar, 'Activity in social media and intimacy in social relationships', *Computers in Human Behavior*, 2018, 85: pp. 227–235.
[668] Baltaci, Ö., 'The predictive relationships between the social media addiction and social anxiety, loneliness, and happiness', *International Journal of Progressive Education*, 2019, 15(4): pp. 73–82.
[669] Buchholz, M., U. Ferm, and K. Holmgren, 'Support persons' views on remote communication and social media for people with communicative and cognitive disabilities', *Disability and Rehabilitation*, 2020, 42(10): pp. 1439–1447.
[670] Hinduja, S. and J.W. Patchin, 'Cultivating youth resilience to prevent bullying and cyberbullying victimization', *Child Abuse & Neglect*, 2017, 73: pp. 51–62.
[671] Whittaker, E. and R.M. Kowalski, 'Cyberbullying via social media', *Journal of School Violence*, 2015, 14(1): pp. 11–29.
[672] Bottino, S.M.B., et al., 'Cyberbullying and adolescent mental health: systematic review', *Cadernos de Saude Publica*, 2015, 31: pp. 463–475.
[673] Slonje, R. and P.K. Smith, 'Cyberbullying: another main type of bullying?', *Scandinavian Journal of Psychology*, 2008, 49(2): pp. 147–154.
[674] Sticca, F. and S. Perren, 'Is cyberbullying worse than traditional bullying? Examining the differential roles of medium, publicity, and anonymity for the perceived severity of bullying', *Journal of Youth and Adolescence*, 2013, 42(5): pp. 739–750.
[675] Tehrani, N., 'Bullying: a source of chronic post traumatic stress?', *British Journal of Guidance & Counselling*, 2004, 32(3): pp. 357–366.
[676] Eisenberger, N.I., 'Why rejection hurts: what social neuroscience has revealed about the brain's response to social rejection', *Brain*, 2011, 3(2): p. 1.
[677] Sticca and Perren, 'Is cyberbullying worse than traditional bullying?'.
[678] Weiss, B. and R.S. Feldman, 'Looking good and lying to do it: deception as an impression management strategy in job interviews', *Journal of Applied Social Psychology*, 2006, 36(4): pp. 1070–1086.
[679] Farrow, et al., 'Neural correlates of self-deception'.
[680] Craven, R. and H.W. Marsh, 'The centrality of the self-concept construct for psychological wellbeing and unlocking human potential: implications for child and educational psychologists', *Educational & Child Psychology*, 2008, 25(2): pp. 104–118.
[681] Akanbi, M.I. and A.B. Theophilus, 'Influence of social media usage on self-image and academic performance among senior secondary school students in Ilorin-West Local Goverment, Kwara State', *Research on Humanities and Social Sciences*, 2014, 4(14): pp. 58–62.
[682] Tenney, E.R., et al., 'Calibration trumps confidence as a basis for witness credibility', *Psychological Science*, 2007, 18(1): pp. 46–50.
[683] Bell, N.D., 'Responses to failed humor', *Journal of Pragmatics*, 2009, 41(9): pp. 1825–1836.
[684] Emery, L.F., et al., 'Can you tell that I'm in a relationship? Attachment and relationship visibility on Facebook', *Personality and Social Psychology Bulletin*, 2014, 40(11): pp. 1466–1479.
[685] Scott, K.M., et al., 'Associations between subjective social status and DSMIV mental disorders: results from the World Mental Health surveys', *JAMA Psychiatry*, 2014, 71(12): pp. 1400–1408.

[686] Kessler, R.C., 'Stress, social status, and psychological distress', *Journal of Health and Social Behavior*, 1979: pp. 259–272.
[687] Verduyn, P., N. Gugushvili, and E. Kross, 'The impact of social network sites on mental health: distinguishing active from passive use', *World Psychiatry: Official Journal of the World Psychiatric Association (WPA)*, 2021, 20(1): pp. 133–134.
[688] Escobar-Viera, C.G., et al., 'Passive and active social media use and depressive symptoms among United States adults', *Cyberpsychology, Behavior, and Social Networking*, 2018, 21(7): pp. 437–443.
[689] Swist, T., et al., 'Social media and the wellbeing of children and young people: a literature review', 2015, Prepared for the Commissioner for Children and Young People, Western Australia.
[690] Best, P., R. Manktelow, and B. Taylor, 'Online communication, social media and adolescent wellbeing: a systematic narrative review', *Children and Youth Services Review*, 2014, 41: pp. 27–36.
[691] O'Reilly, M., et al., 'Is social media bad for mental health and wellbeing? Exploring the perspectives of adolescents', *Clinical Child Psychology and Psychiatry*, 2018, 23(4): pp. 601–613.
[692] Burnett, S., et al., 'The social brain in adolescence: evidence from functional magnetic resonance imaging and behavioural studies', *Neuroscience & Biobehavioral Reviews*, 2011, 35(8): pp. 1654–1664.
[693] Kleemans, M., et al., 'Picture perfect: the direct effect of manipulated Instagram photos on body image in adolescent girls', *Media Psychology*, 2018, 21(1): pp. 93–110.
[694] O'Reillg, etal., 'Is social media bad?'.
[695] Quinn, K., 'Social media and social wellbeing in later life', *Ageing & Society*, 2021, 41(6): pp. 1349–1370.
[696] Gentner, D. and A.L. Stevens, *Mental Models* (Psychology Press, 2014).
[697] Brehm, J.W. and A.R. Cohen, *Explorations in Cognitive Dissonance* (John Wiley & Sons, 1962).
[698] Marris, P., *Loss and Change (Psychology Revivals): Revised Edition* (Routledge, 2014).
[699] Hertenstein, M.J., et al., 'The communication of emotion via touch', *Emotion*, 2009, 9(4): p. 566.
[700] Radulescu, A., 'Why do we walk around when talking on the phone?', *Medium*, 13 October 2020.
[701] Oppezzo, M. and D.L. Schwartz, 'Give your ideas some legs: the positive effect of walking on creative thinking', *Journal of Experimental Psychology: Learning, Memory, and Cognition*, 2014, 40(4): p. 1142.
[702] Lee, J., A. Jatowt, and K.S. Kim, 'Discovering underlying sensations of human emotions based on social media', *Journal of the Association for Information Science and Technology*, 2021, 72(4): pp. 417–432.
[703] Gaither, S.E., et al., 'Thinking outside the box: multiple identity mind-sets affect creative problem solving', *Social Psychological and Personality Science*, 2015, 6(5): pp. 596–603.
[704] Panger, G.T., *Emotion in Social Media* (UC Berkeley, 2017).
[705] Hardicre, J., 'Valid informed consent in research: an introduction', *British Journal of Nursing*, 2014, 23(11): pp. 564–567.
[706] Kramer, A.D.I., J.E. Guillory, and J.T. Hancock, 'Experimental evidence of massive-scale emotional contagion through social networks', *Proceedings of the National Academy of Sciences*, 2014, 111(24): pp. 8788–8790.
[707] Goldenberg, A. and J.J. Gross, 'Digital emotion contagion', *Trends in Cognitive Sciences*, 2020, 24(4): pp. 316–328.
[708] Burnett, G., M. Besant, and E.A. Chatman, 'Small worlds: normative behavior in virtual communities and feminist bookselling', *Journal of the Association for Information Science and Technology*, 2001, 52(7): p. 536.
[709] Achar, C., et al., 'What we feel and why we buy: the influence of emotions on consumer decision-

[710] Utz, S., 'Social media as sources of emotions', in *Social Psychology in Action*, K. Sassenberg and M.L.W. Vliek (eds) (Springer, 2019), pp. 205–219.
making', *Current Opinion in Psychology*, 2016, 10: pp. 166–170.
[711] Curtis, A., *The Power of Nightmares: The Rise of the Politics of Fear*, Documentary, BBC, 2004.
[712] Ford, J.B., 'What do we know about celebrity endorsement in advertising?', *Journal of Advertising Research*, 2018, 58(1): pp. 1–2.
[713] Bennet, J., 'The TSA is frighteningly awful at screening passengers', *Popular Mechanics*, 5 November, 2015.
[714] Anderson, N., 'TSA's got 94 signs to ID terrorists, but they're unproven by science', in *Ars Technica* (Condé Nast Digital, 2013).
[715] Gendron, et al., 'Perceptions of emotion'.
[716] Denault, V., et al., 'The analysis of nonverbal communication: the dangers of pseudoscience in security and justice contexts', *Anuario de Psicología Jurídica*, 2020, 30(1): pp. 1–12.
[717] Butalia, M.A., M. Ingle, and P. Kulkarni, 'Facial expression recognition for security', *International Journal of Modern Engineering Research*, 2012, 2(4): pp. 1449–1453.
[718] Wong, S.-L. and Q. Liu, 'Emotion recognition is China's new surveillance craze', *Financial Times*, 1 November 2019.
[719] Matt, S.J., 'What the history of emotions can offer to psychologists, economists, and computer scientists (among others)', *History of Psychology*, 2021, 24(2): p. 121.
[720] Ortmann, A. and R. Hertwig, 'The costs of deception: evidence from psychology', *Experimental Economics*, 2002, 5(2): pp. 111–131.
[721] Warren, G., E. Schertler, and P. Bull, 'Detecting deception from emotional and unemotional cues', *Journal of Nonverbal Behavior*, 2009, 33(1): pp. 59–69.
[722] Rodero, E. and I. Lucas, 'Synthetic versus human voices in audiobooks: the human emotional intimacy effect', *New Media & Society*, June 2021.
[723] Liu, et al., 'Seeing Jesus in toast'.
[724] Seyama, J. and R.S. Nagayama, 'The uncanny valley: effect of realism on the impression of artificial human faces', *Presence*, 2007, 16(4): pp. 337–351.
[725] Lippmann, R.P., 'Neural nets for computing', *ICASSP*, 1988: pp. 1–6.
[726] He, X. and W. Zhang, 'Emotion recognition by assisted learning with convolutional neural networks', *Neurocomputing*, 2018, 291: pp. 187–194.
[727] Kornfield, R., et al., 'Detecting recovery problems just in time: application of automated linguistic analysis and supervised machine learning to an online substance abuse forum', *Journal of Medical Internet Research*, 2018, 20(6): p. e10136.
[728] Birnbaum, M.L., et al., 'Detecting relapse in youth with psychotic disorders utilizing patient-generated and patient-contributed digital data from Facebook', *NPJ Schizophrenia*, 2019, 5(1): pp. 1–9.
[729] Venkatapur, R.B., et al., 'THERABOT an artificial intelligent therapist at your fingertips', *IOSR Journal of Computer Engineering*, 2018, 20(3): pp. 34–38.
[730] Craig, T.K., et al., 'AVATAR therapy for auditory verbal hallucinations in people with psychosis: a single-blind, randomised controlled trial', *The Lancet Psychiatry*, 2018, 5(1): pp. 31–40.
[731] Kothgassner, O.D., et al., 'Virtual reality exposure therapy for posttraumatic stress disorder (PTSD): a meta-analysis', *European Journal of Psychotraumatology*, 2019, 10(1): p. 1654782.
[732] Dunbar and Dunbar, *Grooming, Gossip*.
[733] Wyse, D., *How Writing Works: From the Invention of the Alphabet to the Rise of Social Media* (Cambridge University Press, 2017).
[734] Doosje, B.E., et al., 'Antecedents and consequences of group-based guilt: the effects of ingroup identification', *Group Processes & Intergroup Relations*, 2006, 9(3): pp. 325–338.

[735] Lee, R.S., 'Credibility of newspaper and TV news', *Journalism Quarterly*, 1978, 55(2): pp. 282–287.
[736] Jensen, J.D., et al., 'Public estimates of cancer frequency: cancer incidence perceptions mirror distorted media depictions', *Journal of Health Communication*, 2014, 19(5): pp. 609–624.
[737] McCombs, M. and A. Reynolds, 'How the news shapes our civic agenda', in *Media Effects* (Routledge, 2009), pp. 17–32.
[738] Desai, R.H., M. Reilly, and W. van Dam, 'The multifaceted abstract brain', *Philosophical Transactions of the Royal Society B: Biological Sciences*, 2018, 373(1752): p. 20170122.
[739] Ampel, et al., 'Mental work requires physical energy'.
[740] Cowan, N., 'The magical mystery four: how is working memory capacity limited, and why?', *Current Directions in Psychological Science*, 2010, 19(1): pp. 51–57.
[741] Itti, L., 'Models of bottom-up attention and saliency', in *Neurobiology of Attention* (Elsevier, 2005), pp. 576–582.
[742] Tyng, C.M., et al., 'The influences of emotion on learning and memory', *Frontiers in Psychology*, 2017, 8: p. 1454.
[743] Howard Gola, et al., 'Building meaningful parasocial relationships'.
[744] Zald and Pardo, 'Emotion, olfaction, and the human amygdala'.
[745] Ungerer, F., 'Emotions and emotional language in English and German news stories', in *The Language of Emotions*, S. Niemeier and R. Dirven (eds) (John Benjamins, 1997), pp. 307–328.
[746] Vlasceanu, M., J. Goebel, and A. Coman, 'The emotion-induced belief-amplification effect', *Proceedings of the 42nd Annual Conference of the Cognitive Science Society*, 2020: pp. 417–422.
[747] Dreyer, K.J., et al., *A Guide to the Digital Revolution* (Springer, 2006).
[748] de Melo, L.W.S., M.M. Passos, and R.F. Salvi, 'Analysis of 'flat-earther' posts on social media: reflections for science education from the discursive perspective of Foucault', *Revista Brasileira de Pesquisa em Educação em Ciências*, 2020, 20: pp. 295–313.
[749] Dubois, E. and G. Blank, 'The echo chamber is overstated: the moderating effect of political interest and diverse media', *Information, Communication & Society*, 2018, 21(5): pp. 729–745.
[750] Lowry, N. and D.W. Johnson, 'Effects of controversy on epistemic curiosity, achievement, and attitudes', *The Journal of Social Psychology*, 1981, 115(1): pp. 31–43.
[751] Rozin and Royzman, 'Negativity bias'.
[752] Trussler, M. and S. Soroka, 'Consumer demand for cynical and negative news frames', *The International Journal of Press/Politics*, 2014, 19(3): pp. 360–379.
[753] Gorvett, Z., 'How the news changes the way we think and behave', BBC Future, 12 May 2020.
[754] Asch, S.E., 'Studies of independence and conformity: I. A minority of one against a unanimous majority', *Psychological Monographs: General and Applied*, 1956, 70(9): p. 1.
[755] Smaldino, P.E. and J.M. Epstein, 'Social conformity despite individual preferences for distinctiveness', *Royal Society Open Science*, 2015, 2(3): p. 140437.
[756] Young, E., 'A new understanding: what makes people trust and rely on news', *American Press Institute*, April 2016.
[757] Smith, T.B.M., 'Esoteric themes in David Icke's conspiracy theories', *Journal for the Academic Study of Religion*, 2017, 30(3): pp. 281–302.
[758] Deutsch, M. and H.B. Gerard, 'A study of normative and informational social influences upon individual judgment', *The Journal of Abnormal and Social Psychology*, 1955, 51(3): p. 629.
[759] Spanos, K.E., et al., 'Parent support for social media standards combatting vaccine misinformation', *Vaccine*, 2021, 39(9): pp. 1364–1369.
[760] Wu, L., et al., 'Misinformation in social media: definition, manipulation, and detection', *ACM SIGKDD Explorations Newsletter*, 2019, 21(2): pp. 80–90.
[761] Kenworthy, J.B., et al., 'Building trust in a postconflict society: an integrative model of cross-

group friendship and intergroup emotions', *Journal of Conflict Resolution*, 2015, 60(6): pp. 1041-1070.

[762] Mallinson, D.J. and P.K. Hatemi, 'The effects of information and social conformity on opinion change', *PLOS One*, 2018, 13(5): p. e0196600.

[763] Cummins, R.G. and T. Chambers, 'How production value impacts perceived technical quality, credibility, and economic value of video news', *Journalism & Mass Communication Quarterly*, 2011, 88(4): pp. 737-752.

[764] Abdulla, R.A., et al., 'The credibility of newspapers, television news, and online news', in *Education in Journalism Annual Convention, Florida USA* (Citeseer, 2002).

[765] Tandoc Jr, E.C., 'Tell me who your sources are: perceptions of news credibility on social media', *Journalism Practice*, 2019, 13(2): pp. 178-190.

[766] Wijenayake, S., et al., 'Effect of conformity on perceived trustworthiness of news in social media', *IEEE Internet Computing*, 2020, 25(1): pp. 12-19.

[767] Janis, I.L., 'Groupthink', *IEEE Engineering Management Review*, 2008, 36(1): p. 36.

[768] Lin, A., R. Adolphs, and A. Rangel, 'Social and monetary reward learning engage overlapping neural substrates', *Social Cognitive and Affective Neuroscience*, 2012, 7(3): pp. 274-281.

[769] Nickerson, R.S., 'Confirmation bias: a ubiquitous phenomenon in many guises', *Review of General Psychology*, 1998, 2(2): pp. 175-220.

[770] Bolsen, T., J.N. Druckman, and F.L. Cook, 'The influence of partisan motivated reasoning on public opinion', *Political Behavior*, 2014, 36(2): pp. 235-262.

[771] Nestler, S., 'Belief perseverance', *Social Psychology*, 2010, 41(1): pp. 35-41.

[772] Brehm and Cohen, *Explorations in Cognitive Dissonance*.

[773] Martel, C., G. Pennycook, and D.G. Rand, 'Reliance on emotion promotes belief in fake news', *Cognitive Research: Principles and Implications*, 2020, 5(1): pp. 1-20.

[774] Brady, W.J., et al., 'How social learning amplifies moral outrage expression in online social networks', *Science Advances*, 2021, 7(33).

[775] Holman, E.A., D.R. Garfin, and R.C. Silver, 'Media's role in broadcasting acute stress following the Boston Marathon bombings', *Proceedings of the National Academy of Sciences*, 2014, 111(1): pp. 93-98.

[776] Paravati, E., et al., 'More than just a tweet: the unconscious impact of forming parasocial relationships through social media', *Psychology of Consciousness: Theory, Research, and Practice*, 2020, 7(4): p. 388.

[777] Baum,J. and R. Abdel Rahman, 'Emotional news affects social judgments independent of perceived media credibility', *Social Cognitive and Affective Neuroscience*, 2021, 16(3): pp. 280-291.

[778] Clore, G.L., 'Psychology and the rationality of emotion', *Modern Theology*, 2011, 27(2): pp. 325-338.

[779] Sulianti, A., et al., 'Can emotional intelligence restrain excess celebrity worship in bio-psychological perspective?', in *IOP Conference Series: Materials Science and Engineering* (IOP Publishing, 2018).